面向"十二五"高职高专规划教材

高等职业学校提升专业服务产业发展能力项目课程改革研究成果

金属材料焊接工艺

主　编　张丽红

副主编　郭玉利　张　伟　张永志

北京理工大学出版社

BEIJING INSTITUTE OF TECHNOLOGY PRESS

图书在版编目（CIP）数据

金属材料焊接工艺/张丽红主编. —北京：北京理工大学出版社，2014.3（2018.7 重印）

ISBN 978-7-5640-4443-5

Ⅰ.①金…　Ⅱ.①张…　Ⅲ.①金属材料-焊接　Ⅳ.①TG457.1

中国版本图书馆 CIP 数据核字（2013）第 266171 号

出版发行 / 北京理工大学出版社有限责任公司
社　　址 / 北京市海淀区中关村南大街 5 号
邮　　编 / 100081
电　　话 /（010）68914775（总编室）
　　　　　82562903（教材售后服务热线）
　　　　　68948351（其他图书服务热线）
网　　址 / http：//www.bitpress.com.cn
经　　销 / 全国各地新华书店
印　　刷 / 北京虎彩文化传播有限公司
开　　本 / 710 毫米×1000 毫米　1/16
印　　张 / 15.25
字　　数 / 264 千字
版　　次 / 2014 年 3 月第 1 版　2018 年 7 月第 4 次印刷
定　　价 / 39.00 元

责任编辑 / 张慧峰
文案编辑 / 张慧峰
责任校对 / 周瑞红
责任印制 / 王美丽

前 言

PREFACE

本书是根据教育部高职高专院校培养高素质、高级技能型专门人才的任务，为满足焊接技术及自动化专业岗位能力的需求，由学校专业教师和企业工程技术人员合作编写的适用于高等职业教育焊接技术及自动化专业的工学结合教材。

本书在编写过程中充分考虑了高职高专教育的特色，本着联系企业实际生产、知识够用为原则，突出知识应用能力的培养。其特点是由学校专业教师和企业工程技术人员共同制订本书的编写大纲，确定以金属材料（合金结构钢、不锈钢及耐热钢、铸铁、有色金属）焊接性及其焊接工艺制订，并结合实际生产案例为本书主要内容，初稿完成后集体进行了审阅。

本书由内蒙古机电职业技术学院张丽红担任主编。其中模块一、模块三由内蒙古机电职业技术学院郭玉利编写；模块二由内蒙古机电职业技术学院张丽红编写；模块四由内蒙古瑞龙重工装备制造有限公司张伟编写；模块五由内蒙古国电能源投资有限公司电力工程技术研究院张永志编写。

在编写和审稿过程中，得到了许多焊接相关企业及兄弟院校同仁的大力支持和热情帮助，在此表示衷心的感谢。对所有为本书提供资料、建议和帮助的各方人士，表示诚挚的谢意。

由于编者水平所限，书中错误或不足之处在所难免，敬请读者批评指正。

编者

目　录

CONTENTS

绪　论 …… 1

模块一　焊接性及其试验评定 …… 3

任务一　焊接性及影响因素 …… 3

（一）焊接性的概念 …… 3

（二）影响焊接性的因素 …… 4

任务二　焊接性试验的内容及评定原则 …… 6

（一）焊接性试验的内容 …… 6

（二）评定焊接性的原则 …… 7

（三）焊接性评定方法分类 …… 8

任务三　焊接性的评定及试验方法 …… 10

（一）焊接性的间接评定 …… 10

（二）焊接性的直接试验方法 …… 13

思考题 …… 22

模块二　合金结构钢的焊接 …… 23

任务一　合金结构钢的分类和性能 …… 23

（一）合金结构钢的分类 …… 23

（二）合金结构钢的基本性能 …… 24

任务二　热轧及正火钢的焊接 …… 28

（一）热轧及正火钢的成分和性能 …… 28

（二）热轧及正火钢的焊接性 …………………………… 32
（三）热轧及正火钢的焊接工艺 ………………………… 38
（四）典型案例——工字梁焊接 ………………………… 45
任务三 低碳调质钢的焊接 ……………………………… 47
（一）低碳调质钢的种类、成分及性能 ………………… 47
（二）低碳调质钢的焊接性分析 ………………………… 50
（三）低碳调质钢的焊接工艺特点 ……………………… 57
（四）典型案例——20MnMo 大型模锻压机 C 形特厚板的焊接 ……………………………………………… 61
任务四 中碳调质钢的焊接 ……………………………… 64
（一）中碳调质钢的成分和性能 ………………………… 65
（二）中碳调质钢的焊接性分析 ………………………… 67
（三）中碳调质钢的焊接工艺特点 ……………………… 69
（四）典型案例——齿轮焊接 …………………………… 73
任务五 珠光体耐热钢的焊接 …………………………… 75
（一）珠光体耐热钢的成分及性能 ……………………… 75
（二）珠光体耐热钢的焊接性分析 ……………………… 78
（三）珠光体耐热钢的焊接工艺特点 …………………… 79
（四）典型案例——35CrMo 耐热钢的焊接 ………… 82
任务六 低温钢的焊接 …………………………………… 83
（一）低温钢的分类、成分及性能 ……………………… 83
（二）低温钢的焊接性分析 ……………………………… 87
（三）低温钢的焊接工艺特点 …………………………… 88
（四）典型案例——09MnNiDR 低温钢压缩机机壳的焊接 ………………………………………………… 92
思考题 …………………………………………………… 95

模块三 不锈钢及耐热钢的焊接 ………………………… 96

任务一 不锈钢及耐热钢的分类及特性 ……………… 96
（一）不锈钢的基本定义 ………………………………… 96
（二）不锈钢及耐热钢的分类 …………………………… 97
（三）不锈钢及耐热钢的特性 …………………………… 98
任务二 奥氏体不锈钢的焊接 ………………………… 102

（一）奥氏体不锈钢的类型 …… 102
（二）奥氏体不锈钢焊接性分析 …… 103
（三）奥氏体不锈钢的焊接工艺特点 …… 110
（四）典型案例——1Cr18Ni9Ti 不锈钢小径管的焊条电弧焊 …… 114
任务三　铁素体不锈钢及马氏体不锈钢的焊接 …… 115
（一）铁素体不锈钢的焊接 …… 115
（二）马氏体不锈钢的焊接 …… 120
（三）典型案例——破裂 2Cr13 不锈钢阀杆补焊工艺 …… 125
任务四　奥氏体－铁素体双相不锈钢的焊接 …… 127
（一）奥氏体－铁素体双相不锈钢的类型 …… 127
（二）奥氏体－铁素体双相不锈钢的耐蚀性 …… 128
（三）奥氏体－铁素体双相不锈钢的焊接性分析 …… 129
（四）奥氏体－铁素体双相不锈钢的焊接工艺特点 …… 132
（五）典型案例——00Cr22Ni5Mo3N 双相不锈钢钢管的焊接 …… 133
任务五　奥氏体钢与珠光体钢的焊接 …… 134
（一）异种钢的焊接性分析 …… 135
（二）异种钢的焊接工艺特点 …… 140
（三）典型案例——0Cr18Ni9 不锈钢与 16Mn 法兰的焊接 …… 141
思考题 …… 143

模块四　铸铁焊接 …… 145

任务一　铸铁的种类及石墨化 …… 145
（一）铸铁的种类 …… 145
（二）石墨化过程及其影响因素 …… 147
任务二　铸铁焊接接头白口及淬硬组织 …… 150
任务三　灰铸铁的焊接 …… 153
（一）灰铸铁的焊接性分析 …… 153
（二）灰铸铁的焊接工艺特点 …… 156

（三）典型案例——灰铸铁气缸的焊补 …………… 168
任务四 球墨铸铁的焊接 …………………………… 170
（一）球墨铸铁的焊接性特点 ……………………… 170
（二）球墨铸铁的焊接工艺特点 …………………… 171
思考题 ……………………………………………… 174

模块五 有色金属的焊接 ……………………………… 175

任务一 铝及铝合金的焊接 ………………………… 175
（一）铝及铝合金的分类、成分及性能 …………… 175
（二）铝及铝合金的焊接性 ………………………… 179
（三）铝及铝合金的焊接工艺 ……………………… 192
（四）典型案例——铝合金铁路货车底门的焊接 … 199
任务二 铜及铜合金的焊接 ………………………… 202
（一）铜及铜合金的分类、成分及性能 …………… 202
（二）铜及铜合金的焊接性 ………………………… 204
（三）铜及铜合金的焊接工艺 ……………………… 208
（四）典型案例——船舶铜质螺旋桨的修复技术 … 214
任务三 钛及钛合金的焊接 ………………………… 218
（一）钛及钛合金的分类和性能 …………………… 218
（二）钛及钛合金的焊接性 ………………………… 221
（三）钛及钛合金的焊接工艺 ……………………… 223
（四）典型案例——钛及钛合金板对接钨极氩弧焊 … 229
思考题 ……………………………………………… 232

参考文献 …………………………………………… 233

绪　论

随着科学技术的发展，焊接技术广泛应用于机械、船舶制造、电力、石油化工、建筑、汽车、电子、航空航天等工业部门中。主要应用材料除钢材外，还有不断涌现的有色金属等具有特殊性能的新型结构材料，这对焊接性能提出了更高的要求。

（一）合金结构钢的发展及应用

合金结构钢根据使用温度和环境条件，可分为低温用的合金结构钢，中常温用的（400℃以下）合金结构钢和高温用的合金结构钢，有的还强调使用性能，如耐候性、耐腐蚀性和耐磨性等。

1. 锅炉和压力容器用钢

锅炉和压力容器因运行条件复杂，对钢材的性能提出了更高的要求。与普通结构钢相比，锅炉和压力容器用的低合金钢应具有较高的高温强度、常温和高温冲击性能、抗时效性、抗氢和硫化氢性能以及抗氧化性等。这类钢的合金系是以提高钢材高温性能的合金元素（如 Mn、Mo、Cr、V 等）为基础的。

锅炉和压力容器用钢除了 C－Mn 钢之外，都是以强碳化物形成元素合金的，以保证所要求的高温强度和抗氧化性。这些钢可以以热轧、退火、正火、回火或调质状态供货。

2. 船舶用低合金钢

“二战”期间，大量的焊接船舶在海上发生了灾难性的脆断事故，引起人们对船舶用钢的焊接性和抗脆断性能的高度重视。此后，一系列焊接性良好的船舶用钢被开发出来并得到广泛应用。

对船舶用钢低温冲击韧性的要求，世界各国基本统一分成三级，即 0℃、－20℃和－40℃，最低冲击吸收功按强度等级分别为 27J、31J 和 34J。船舶用钢的合金系统基本上为 C－Mn 和 C－Mn－V－Nb 合金钢。各国标准对各种船舶用钢的化学成分范围的规定大致相同，保证了焊接性的稳定。

3. 低温用钢

近年来，随着石油化学工业的迅速发展，各种液态烯烃低温贮存设备的需求量急剧上升。贮存液化天然气（LNC）和液化石油气（LPC）的低温贮罐也向大型化发展，促使冶金部门开发各种低温用钢以满足不同低温工作条件的要求。目前，世界范围内已形成了较完整的低温钢系列。

工作温度在 -46℃以上，可采用铝镇静的低合金钢；工作温度在 -60℃ ~ -170℃的温度范围内应选用 1.5% ~8% 的镍钢；工作温度达 -170℃以下须选用9%的 Ni 钢和奥氏体钢。对低温钢的性能要求比较高，要在保证良好焊接性的前提下，使其具有足够高的低温韧性。

（二）有色金属的发展及应用

随着科学技术的发展，有色金属的应用越来越多，从原来的航空航天部门逐渐扩展到电子、信息、汽车、交通、轻工等民用领域。有色金属焊接结构也引起人们越来越多的关注。有色金属及合金的分类方法很多，按基体金属可分为铝合金、铜合金、钛合金。

1. 铝及铝合金

铝合金具有密度低、强度高、耐腐蚀、导电导热性好、可焊接以及加工性能好等特点，应用范围之广仅次于钢铁，成为第二大金属。由于轻质的特点，铝合金一直是航空航天飞行器的主要结构材料，主要用于飞机蒙皮和舱体等部位，在军用飞机上，用量达 50%；在民用飞机上最高达到 80%。铝及铝合金广泛应用于汽车、高速列车、地铁车辆、飞机、舰船等交通运载工具中，表现出安全、节能和减少废气排放量等多方面的优越性能，为铝的应用展现了十分广阔的前景。

2. 铜及铜合金

铜及铜合金具有较高的导电导热性、抗磁性、耐蚀性和良好的加工性，除用于一般电器产品外，也是高能物理、超导技术、低温工程等高科技发展中必不可少的材料。尽管铜的资源稀缺，人们正在寻求代用材料，但想要完全替代几乎是不可能的，人们对它的探索研究其势不减。尤其是通过不断研发，更促进了铜及铜合金在工业及现代国防领域中的应用。

3. 钛及钛合金

钛及钛合金作为飞机机体的四大结构材料（铝合金、钢材、树脂基复合材料、钛合金）之一而倍受关注。钛合金由于具有轻质、高强、耐热、抗腐蚀等特点，在飞机机体制造中的用量不断上升。我国也在钛加工技术方面，特别是钛合金的焊接性方面，开展了大量的工作。我国开发的中强 TC4、TA15 钛合金已应用于 J10、J11 飞机和人造卫星，TB8 超高强钛合金已用做 J11 系列飞机后机身，高强、高韧 TC21 钛合金已用于战斗机的重要承力件等。

模块一

焊接性及其试验评定

科学研究和工程实践表明，某些材料具有较高的强度、塑性和耐蚀性等，但用这些材料制造焊接结构时却发现可能出现裂纹、气孔、夹渣等缺陷，或者能得到完整的焊接接头而性能却达不到要求，这大大限制了这些材料的使用范围。单从材料本身的化学成分、物理性能和力学性能不足以判断它在焊接过程中是否会出现问题以及焊接后能否满足使用要求，这就要求从焊接性的角度出发来分析和研究材料的某些特定的性能，也就是材料的焊接性问题。

任务一　焊接性及影响因素

（一）焊接性的概念

焊接性是指材料在制造工艺条件下，能够焊接形成完整接头并满足预期使用要求的能力。换句话说，焊接性是材料焊接加工的适应性，指材料在一定的焊接工艺条件下（包括焊接方法、焊接材料、焊接参数和结构形式等），获得优质焊接接头的难易程度和该焊接接头能否在使用条件下可靠运行。材料焊接性的概念有两个方面的内容：一是材料在焊接加工中是否容易形成接头或产生缺陷；二是焊接完成的接头在一定的使用条件下可靠运行的能力。

1. 工艺焊接性和使用焊接性

从理论上分析，任何金属或合金，只要在熔化后能够互相形成固溶体或共晶，都可以经过熔焊形成接头。同种金属或合金之间可以形成焊接接头，一些异种金属或合金之间也可以形成焊接接头，但有时需要通过加中间过渡层的方式实现焊接。可以认为，上述几种情况都可以看作是“具有一定焊接性”，差别在于有的工艺过程简单，有的工艺过程复杂；有的接头质量高、性能好，有的接头质量低、性能差。所以，焊接工艺过程简单而接头质量高、性能好的，就称为焊接性好；反之，就称为焊接性差。因此，必须联系工艺条件和使用性能来分析焊接性问题，由此提出了“工艺焊接性”和“使用焊接性”的概念。

工艺焊接性是指金属或材料在一定的焊接工艺条件下，能否获得优质致密、无缺陷和具有一定使用性能的焊接接头的能力。它涉及焊接制造工艺过程中的焊接缺陷问题，如裂纹、气孔、断裂等。使用焊接性是指焊接接头或整体焊接结构满足技术条件所规定的各种性能的程度，包括常规的力学性能（强度、塑性、韧性等）或特定工作条件下的使用性能，如低温韧性、断裂韧性、高温蠕变强度、持久强度、疲劳性能以及耐蚀性、耐磨性等。

2. 冶金焊接性和热焊接性

对于熔焊来说，焊接过程一般包括冶金过程和热过程这两个必不可少的过程。在焊接接头区域，冶金过程主要影响焊缝金属的组织和性能，而热过程主要影响热影响区的组织和性能，由此提出了冶金焊接性和热焊接性的概念。

（1）冶金焊接性。冶金焊接性是指熔焊高温下的熔池金属与气相、熔渣等相互之间发生冶金反应所引起的焊接性变化。这些冶金过程包括：合金元素的氧化、还原、蒸发，从而影响焊缝的化学成分和组织性能；氧、氢、氮等的溶解、析出对生成气孔或对焊缝性能的影响。除材料本身化学成分和组织性能的影响之外，焊接材料、焊接方法、保护气体等对冶金焊接性有重要的影响。除了在研制新材料时可以改善冶金焊接性之外，还可以通过发展新焊接材料、新焊接工艺等途径来改善冶金焊接性。

（2）热焊接性。焊接过程中要向接头区域输入很多热量，对焊缝附近区域形成加热和冷却过程，这对靠近焊缝的热影响区的组织性能有很大影响，从而引起热影响区硬度、强度、韧性、耐蚀性等的变化。

与焊缝金属不同，焊接时热影响区的化学成分一般不会发生明显的变化，而且不能通过改变焊接材料来进行调整，即使有些元素可以由熔池向熔合区或热影响区粗晶区扩散，那也是很有限的。因此，母材本身的化学成分和物理性能对热焊接性具有十分重要的意义。工业上大量应用的金属或合金，对焊接热过程有反应，会发生组织和性能的变化。

为了改善热焊接性，除了选择母材之外，还要正确选定焊接方法和热输入。例如，在需要减少焊接热输入时，可以选用能量密度大、加热时间短的电子束焊、等离子弧焊等方法，并采用热输入小的焊接参数以改善热焊接性。此外，焊前预热、缓冷、水冷、加冷却垫板等工艺措施也都可以影响热焊接性。

（二）影响焊接性的因素

影响焊接性的四大因素是材料、设计、工艺及服役环境。材料因素包括钢的化学成分、冶炼轧制状态、热处理、组织状态和力学性能等。设计因素是指焊接结构的安全性，它不但受到材料的影响，而且在很大程度上还受到结构形式的影响。工艺因素包括施工时所采用的焊接方法、焊接工艺规程（如焊接热输入、焊接材料、预热、焊接顺序等）和焊后热处理等。服役环境因素是指焊接结构的工作温度、负荷条件（动载、静载、冲击等）和工作环境（化工区、沿海及腐蚀介质等）。

1. 材料因素

材料因素包括母材本身和使用的焊接材料，如焊条电弧焊时的焊条、埋弧焊时的焊丝和焊剂、气体保护焊时的焊丝和保护气体等。母材和焊接材料在焊接过程中直接参与熔池或熔合区的冶金反应，对焊接性和焊接质量有重要影响。母材或焊接材料选用不当时，会造成焊缝成分不合格、力学性能和其他使用性能降低，甚至导致裂纹、气孔、夹渣等焊接缺陷，也就是使工艺焊接性变差。因此，正确选用母材和焊接材料是保证焊接性良好的重要因素。

2. 设计因素

对体积和重量有要求的焊接结构，设计中应选择强度较高的材料，如轻合金材料，以达到缩小体积、减轻重量的目的。对体积和重量无特殊要求的焊接结构，选用强度等级较高的材料也有其技术经济意义，不仅可减轻结构自重，节约大量钢材和焊接材料，避免大型结构吊装和运输上的困难，而且能承受较高的载荷。

焊接接头的结构设计会影响应力状态，从而对焊接性产生影响。设计结构时应使接头处的应力处于较小的状态，能够自由收缩，这样有利于减小应力集中和防止焊接裂纹。接头处的缺口、截面突变、堆高过大、交叉焊缝等都容易引起应力集中，要尽量避免。不必要的增大母材厚度或焊缝体积，会产生多向应力，也应避免。

3. 工艺因素

对于同一种母材，采用不同的焊接方法和工艺措施，所表现出来的焊接性有很大的差异。例如，铝及其合金用气焊较难进行焊接，但用氩弧焊就能取得良好的效果；钛合金对氧、氮、氢极为敏感，用气焊和焊条电弧焊不可能焊好，而用氩弧焊或电子束焊就比较容易焊接。

焊接方法对焊接性的影响，首先表现在焊接热源能量密度、温度以及热量输入上，其次表现在保护熔池及接头附近区域的方式上，如渣保护、气体保护、渣—气联合保护以及在真空中焊接等。对于有过热敏感性的高强度钢，从防止过热出发，可选用窄间隙气体保护焊、脉冲电弧焊、等离子弧焊等，有利于改善其焊接性。

工艺措施对防止焊接缺陷，提高接头使用性能有重要的作用。最常见的工艺措施是焊前预热、缓冷和焊后热处理，这些工艺措施对防止热影响区淬硬变脆、减小焊接应力、避免氢致冷裂纹等都是较有效的措施。合理安排焊接顺序也能减小应力和变形，原则上应使被焊工件在整个焊接过程中尽量处于无拘束而自由膨胀和收缩的状态。焊后热处理可以消除残余应力，也可以使氢逸出而防止延迟裂纹。

4. 服役环境

焊接结构的服役环境多种多样，如工作温度高低、工作介质种类及辐射、载荷性质等都属于环境条件。高温工作的焊接结构，要求材料具有足够的高温强度，良好的化学稳定性与组织稳定性，较高的蠕变强度等；常温下工作的焊接结构，要求材料在自然环境下具有良好的力学性能；工作温度低或载荷为冲击载荷时，要特别注意材料在最低环境温度下的性能，尤其是韧性，以防止发生低温脆性破坏。焊接结构根据其服役情况的不同，可能承受不同的静载荷、疲劳载荷、冲击载荷等。对承受动载荷的构件，要求材料有较好的动态断裂韧性和吸振性。工作介质有腐蚀性时，要求焊接区具有耐腐蚀性。在核辐照环境下工作的焊接结构，由于中子辐射的作用，会导致材料屈服点提高、塑性下降、脆性转变温度升高、韧性下降，使材料呈现明显的辐照脆性。使用条件越不利，焊接性就越不易保证。

总之，焊接性与材料、设计、工艺和服役环境等因素有密切关系，人们不可能脱离这些因素而简单地认为某种材料的焊接性好或不好，也不能只用某一种指标来概括某种材料的焊接性。因此，为了分析和解决焊接性问题，必须根据焊接结构使用条件的要求，正确地选择母材、焊接方法和焊接材料，采取适当的工艺措施，避免各种焊接缺陷的产生。

任务二　焊接性试验的内容及评定原则

（一）焊接性试验的内容

从获得完整的和具有一定使用性能的焊接接头出发，针对材料的不同性能特点和不同的使用要求，焊接性试验的内容有以下几种。

1. 焊缝金属抵抗产生热裂纹的能力

热裂纹是一种经常发生又危害严重的焊接缺陷，热裂纹的产生与母材和焊接材料有关。焊缝熔池金属在结晶时，由于存在S、P等有害元素（如形成低熔点的共晶物）并受到较大热应力作用，可能在结晶末期产生热裂纹，这是焊接中必须避免的一种缺陷。焊缝金属抵抗产生热裂纹的能力常常被作为衡量金属焊接性的一项重要内容。通常通过热裂纹敏感指数和热裂纹试验来评定焊缝的热裂纹敏感性。

2. 焊缝及热影响区抵抗产生冷裂纹的能力

冷裂纹在合金结构钢焊接中是最为常见的缺陷，这种缺陷的发生具有延迟性并且危害很大。在焊接热循环作用下，焊缝及热影响区由于组织、性能发生变化，加之受焊接应力作用以及扩散氢的影响，可能产生冷裂纹（或延迟裂纹），这也是焊接中必须避免的严重缺陷。焊缝及热影响区抵抗产生冷裂纹的能力常被作为衡量金属焊接性的重要内容。一般通过间接计算和焊接性试验来评定冷裂纹敏感性。

3. 焊接接头抗脆性断裂的能力

由于受焊接冶金反应、热循环、结晶过程的影响，可能使焊接接头的某一部分或整体发生脆化（韧性急剧下降），尤其对在低温条件下使用的焊接结构影响更大。对于在低温下工作的焊接结构和承受冲击载荷的焊接结构，经冶金反应、结晶、固态相变等过程，焊接接头由于受脆性组织、硬脆的非金属夹杂物、热应变时效脆化、冷作硬化等作用，发生所谓的焊接接头脆性转变。所以焊接接头抗脆性断裂（或抗脆性转变）的能力也是焊接性试验的一项内容。

4. 焊接接头的使用性能

根据焊接结构使用条件对焊接性提出的性能要求来确定试验内容，包括力学性能和产品要求的其他使用性能，如不锈钢的耐腐蚀性、低温钢的低温冲击韧性、耐热钢的高温蠕变强度或持久强度等。此外，厚板钢结构要求抗层状撕裂性能，就须做 Z 向拉伸或 Z 向窗口试验，以测定钢材抗层状撕裂的能力；某些低合金钢需要做再热裂纹试验、应力腐蚀试验等。

（二）评定焊接性的原则

评定焊接性的目的主要包括：一是评定焊接接头产生工艺缺陷的倾向，为制订合理的焊接工艺提供依据；二是评定焊接接头能否满足结构使用性能的要求。目前现有的焊接性试验方法已经有许多种，随着技术的发展及要求的提高，焊接性试验方法还会不断地增加。选择已有的或设计新的焊接性试验方法应符合下述的原则。

（1）可比性。焊接性试验条件应尽可能接近实际焊接时的条件，只有在这样有可比性的情况下，才有可能使试验结果比较确切地反映实际焊接结构的焊接性本质。试验条件相同时，试验结果才有可比性。

（2）针对性。所选择或自行设计的试验方法，应针对具体的焊接结构制订试验方案，其中包括母材、焊接材料、接头形式、接头应力状态、焊接工艺参数等。同时试验条件还应考虑到产品的使用条件。国家或国际上已经颁布的标准试验方法，应优先选择，并严格按标准的规定进行试验。还没有建立相应标准的，应选择国内外同行中较为通用的或公认的试验方法。这样才能使焊接性试验具有良好的针对性，试验结果才能比较确切地反映出实际生产中可能出现的问题。

(3) 再现性。焊接性试验的结果要稳定可靠，具有较好的再现性。实验数据不可过于分散，否则难以找出变化规律和导出正确的结论。应尽量减少或避免人为因素对试验结果的影响，多采用自动化及机械化的操作方法。如果试验结果很不稳定，数据很分散，就很难找到规律性，更不可能用于指导生产。

(4) 经济性。在符合上述原则并可获得可靠的试验结果的前提下，应力求做到消耗材料少、加工容易、试验周期短，以节省试验费用。此外，在考虑试验成本的同时，还应考虑材料加工、焊接难易程度的不同对产品整体制造费用的影响。

(三) 焊接性评定方法分类

1. 模拟类方法

这类焊接性评定方法一般不需要进行实际焊接，只是利用焊接热模拟装置，模拟焊接热循环，人为制造缺口或电解充氢等，估计材料焊接过程中焊缝或热影响区可能发生的组织性能变化和出现的问题，为制订合理的焊接工艺提供依据。这类方法的优点是节省材料和加工费用，试验周期也比较短，而且可以将接头内某一区域局部放大，使有些因素独立出来，便于分析研究和寻求改善焊接性的途径。因为很多条件被简化，这类方法与实际焊接相比有一些差别。

2. 实焊类方法

这类方法是比较直观地将施焊的接头甚至产品在使用条件下进行各种性能试验，以实际试验结果来评定其焊接性。这类方法的特点在于要在一定条件下进行焊接，通过实焊过程来评价焊接性。试验方法主要有：裂纹敏感性试验、焊接接头的力学性能试验、低温脆性试验、断裂韧性试验、高温蠕变及持久强度试验等。

较小的焊接构件可以直接用产品做试验，在生产条件下进行焊接，然后检查焊接接头是否产生裂纹等缺陷，然后再进行力学性能或其他使用要求的试验。大型焊接构件只能对“焊接试样”进行试验，即使用一定形状尺寸的试板在规定的条件下进行试验，然后再做各种检测项目。属于这类评定方法的焊接性试验很多，一般都规定了严格的试验条件，可针对不同的材料和产品类型进行选择，例如：

（1）焊接冷裂纹试验。常用的有斜Y形坡口对接裂纹试验、插销试验、拉伸拘束裂纹试验（TRC）、刚性拘束裂纹试验（RRC）等。

（2）焊接热裂纹试验。常用的有可调拘束裂纹试验、压板对接（FISCO）焊接裂纹试验等。

（3）再热裂纹试验。常用的有斜Y形坡口再热裂纹试验、H形拘束试验、插销式再热裂纹试验等。

（4）层状撕裂试验。常用的有*Z*向拉伸试验、*Z*向窗口试验等。

（5）应力腐蚀裂纹试验。有U形弯曲试验、缺口试验等。

3. 理论分析和计算类方法

（1）利用物理性能分析。材料的熔点、热导率、线膨胀系数、密度和热容量等，都会对焊接热循环、熔化结晶、相变等产生影响，从而影响焊接性。例如，铜、铝等热导率高的材料，熔池结晶快，易于产生气孔；而热导率低的材料（如钛、不锈钢等），焊接时温度梯度陡，应力大，易导致变形大，特别是线膨胀系数大的材料，接头的应力增大和变形将更加严重。

（2）利用化学性能分析。与氧亲和力强的材料（如铝、镁、钛等）在焊接高温下极易氧化，需要采取较可靠的保护方法，如采用惰性气体保护焊或真空焊接等，有时焊缝背面也需要保护。例如，钛的化学活性很强，对氧、氮、氢等气体元素很敏感，吸收这些气体后，力学性能显著降低，特别是韧性急剧降低，因此要严格控制氧、氮、氢对焊缝及热影响区的污染。

（3）利用状态图或SHCCT图分析。合金状态图和焊接连续冷却组织转变图（SHCCT）反映了焊接热影响区从高温连续冷却时，热影响区显微组织和室温硬度与冷却速度的关系。利用状态图和热影响区SHCCT图可以方便地预测热影响区组织、性能和硬度变化，预测某种钢焊接热影响区的淬硬倾向和产生冷裂纹的可能性。同时也可以作为调整焊接热输入、改进焊接工艺（焊前预热和焊后热处理等）的依据。

（4）利用经验公式计算。这是一类在生产实践和科学研究的基础上归纳总结出来的理论计算方法。这类评定方法一般不需要焊出焊缝，主要是根据材料或焊缝的化学成分、金相组织、力学性能之间的关系，联系焊接热循环过程，加上考虑其他条件（如接头拘束度、焊缝扩散氢含量等），然后通过一定的经验公式进行计算，评估冷裂纹、热裂纹、再热裂纹的倾向，确定焊接性优劣以及所需要的焊接条件。由于是经验公式，这些方法的应用是有条件限制的，而且大多是间接、粗略地估计焊接性问题。属于这一类的方法主要有：碳当量法、焊接裂纹敏感指数法、热影响区最高硬度法等。

任务三　焊接性的评定及试验方法

评定焊接性的方法分为间接法和直接试验法两类。间接方法是以化学成分、热模拟组织和性能、焊接连续冷却转变图以及焊接热影响区的最高硬度等来判断焊接性，各种碳当量公式和裂纹敏感指数经验公式等也都属于焊接性的间接评定方法。直接试验法主要是指各种抗裂性试验以及对实际焊接结构焊缝和接头的各种性能试验等。

评价材料焊接性的试验方法很多，但每一种试验方法都是从某一特定的角度来考核或阐明焊接性的某一方面，往往需要进行一系列的试验才可能较全面地阐明焊接性，从而为确定焊接方法、焊接材料、焊接工艺等提供试验和理论依据。

（一）焊接性的间接评定

1. 碳当量法

由于焊接热影响区的淬硬及冷裂纹倾向与钢种的化学成分有密切关系，因此可以用化学成分间接地评估钢材冷裂纹的敏感性。各种元素中，碳对冷裂敏感性的影响最显著。可以把钢中合金元素的含量按相当于若干碳含量折算并叠加起来，作为粗略评定钢材冷裂倾向的参数指标，即所谓碳当量（*CE* 或 C_{eq}）。

由于世界各国和各研究单位所采用的试验方法和钢材的合金体系不同，各自建立了有一定适用范围的碳当量计算公式，见表 1－1。

表 1－1　常用合金结构钢碳当量公式

序号	碳当量公式	适用钢种
1	国际焊接学会（IIW）推荐： C_{eq}（IIW）$=C+\frac{Mn}{6}+\frac{Cr+Mo+V}{5}+\frac{Cu+Ni}{15}$,%	含碳量较高（$w_C \geqslant 0.18\%$）、强度级别中等（$\sigma_b=500\sim900$MPa）的非调质低合金高强钢
2	日本 JIS 标准规定： C_{eq}（JIS）$=C+\frac{Mn}{6}+\frac{Si}{24}+\frac{Ni}{40}+\frac{Cr}{5}+\frac{Mo}{4}+\frac{V}{14}$,%	低合金高强钢（$\sigma_b=500\sim1\,000$MPa）化学成分：$w_C \leqslant 0.2\%$；$w_{Si} \leqslant 0.55\%$；$w_{Mn} \leqslant 1.5\%$；$w_{Cu} \leqslant 0.5\%$；$w_{Ni} \leqslant 2.5\%$；$w_{Cr} \leqslant 1.25\%$；$w_{Mo} \leqslant 0.7\%$；$w_V \leqslant 0.1\%$；$w_B \leqslant 0.006\%$

续表

序号	碳当量公式	适用钢种
3	美国焊接学会（AWS）推荐： C_{eq}（AWS）$=C+\frac{Mn}{6}+\frac{Si}{24}+\frac{Ni}{15}+\frac{Cr}{5}+\frac{Mo}{4}+\left(\frac{Cu}{13}+\frac{P}{2}\right)$，%	碳钢和低合金高强钢化学成分：$w_C<0.6\%$；$w_{Mn}<1.6\%$；$w_{Ni}<3.3\%$；$w_{Mo}<0.6\%$；$w_{Cr}<1.0\%$；$w_{Cu}=0.5\%\sim1\%$；$w_P=0.05\%\sim0.15\%$
①公式中的元素符号即表示该元素的质量分数（后同）。		

表 1－1 各公式中，碳当量的数值越大，被焊钢材的淬硬倾向越大，焊接区越容易产生冷裂纹。因此可以用碳当量的大小来评定钢材焊接性的优劣，并按焊接性的优劣提出防止产生焊接裂纹的工艺措施。应指出，用碳当量法估计焊接性是比较粗略的，因为公式中只包括了几种元素，实际钢材中还有其他元素，而且元素之间的相互作用也不能用简单的公式反映，特别是碳当量法没有考虑板厚和焊接条件的影响。所以，碳当量法只能用于对钢材焊接性的初步分析。

使用美国焊接学会（AWS）推荐的碳当量公式时，应根据计算出来的某钢种的碳当量再结合焊件的厚度，先从图 1－1 中查出该钢材焊接性的优劣等级，再从表 1－2 中确定出不同焊接性等级钢材的最佳焊接工艺措施。

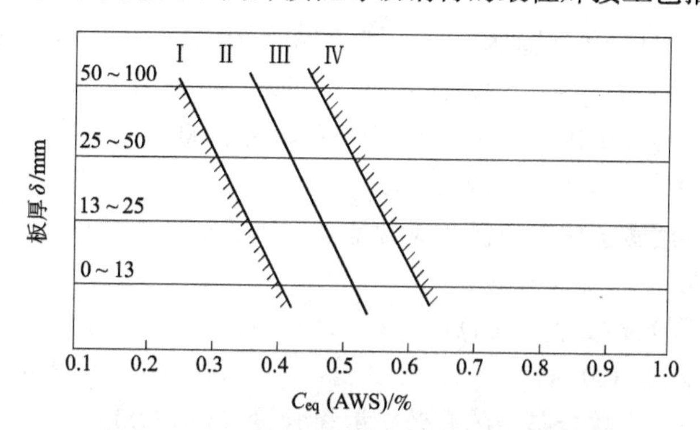

图 1－1　碳当量（C_{eq}）与板厚 δ 的关系

表 1－2　不同焊接性等级钢材的最佳焊接工艺措施

焊接性等级	酸性焊条	碱性低氢型焊条	消除应力	敲击焊缝
Ⅰ（优良）	不需预热	不需预热	不需	不需
Ⅱ（较好）	预热 40℃～100℃	－10℃以上不预热	任意	任意
Ⅲ（尚好）	预热 150℃	预热 40℃～100℃	希望	希望
Ⅳ（尚可）	预热 150℃～200℃	预热 100℃	希望	希望

2. 焊接冷裂纹敏感指数法

合金结构钢焊接时产生冷裂纹的原因除化学成分外，还与焊缝金属组织、扩散氢含量、接头拘束度等密切相关。表1-3列出了这些冷裂纹敏感性公式、应用条件及确定焊前预热温度的计算公式。

表1-3 冷裂纹敏感性公式及焊前预热温度的确定

冷裂纹敏感性公式	预热温度/℃	应用条件
$P_C = P_{cm} + \frac{[H]}{60} + \frac{\delta}{600}$	$T_o = 1\,440P_C - 392$	斜Y形坡口试件，适用于 $w_C \leqslant$ 0.17%的低合金钢，［H］=1～5mL/100g，$\delta = 19 \sim 50$mm
$P_W = P_{cm} + \frac{[H]}{60} + \frac{R}{400\,000}$		
$P_H = P_{cm} + 0.075\lg[H] + \frac{R}{400\,000}$	$T_o = 1\,600P_H - 408$	斜Y形坡口试件，适用于 $w_C \leqslant$ 0.17%的低合金钢，［H］>5mL/100g，$R = 500 \sim 33\,000$N/mm^2
$P_{HT} = P_{cm} + 0.088\lg[\lambda H'_D] + \frac{R}{400\,000}$	$T_o = 1\,400P_{HT} - 330$	斜Y形坡口试件，P_{HT}考虑了氢在熔合区附近的聚集

表中 P_{cm} 为冷裂纹敏感系数

$$P_{cm} = C + \frac{Si}{30} + \frac{Mn + Cu + Cr}{20} + \frac{Ni}{60} + \frac{Mo}{15} + \frac{V}{10} + 5B, \% \qquad (1-1)$$

上式适用的成分范围为：$w_C = 0.07\% \sim 0.22\%$；$w_{Si} \leqslant 0.60\%$；$w_{Mn} = 0.40\% \sim 1.40\%$；$w_{Cu} \leqslant 0.50\%$；$w_{Ni} \leqslant 1.20\%$；$w_{Cr} \leqslant 1.20\%$；$w_{Mo} \leqslant 0.70\%$；$w_V \leqslant 0.12\%$；$w_{Nb} \leqslant 0.04\%$；$w_{Ti} \leqslant 0.50\%$；$w_B \leqslant 0.005\%$。板厚 $\delta = 19 \sim 50$mm；扩散氢含量［H］=1.0～5.0mL/100g。

［H］——熔敷金属中的扩散氢含量（日本JIS甘油法与我国GB/T 3965—1995测氢法等效），（mL/100g）。

δ——被焊金属板厚（mm）。

R——拘束度（MPa）。

［H'_D］——熔敷金属中的有效扩散氢含量（mL/100g）。

λ——有效系数（低氢型焊条 $\lambda = 0.6$，［H'_D］=［H］；酸性焊条 $\lambda = 0.48$，［H'_D］=［H］/2）。

3. 热裂纹敏感性指数法

考虑化学成分对焊接热裂纹敏感性的影响，在试验研究的基础上提出可预测或评估低合金结构钢热裂纹敏感性指数的方法。热裂纹敏感系数（简称*HCS*），其计算公式为：

$$HCS=\frac{C\left(S+P+\frac{Si}{25}+\frac{Ni}{100}\right)}{3Mn+Cr+Mo+V}\times 10^{3} \quad (1-2)$$

当 $HCS\leqslant 4$ 时，一般不会产生热裂纹。HCS 越大的金属材料，其热裂纹敏感性越高。该式适用于一般低合金高强钢，包括低温钢和珠光体耐热钢。

（二）焊接性的直接试验方法

焊接性的直接试验方法大多是针对钢材在焊接过程中出现的裂纹而设计的，因为裂纹是焊接中最常见且危害性最大的缺陷。采用焊接性的直接试验方法，可以通过在焊接过程中观察是否发生某种焊接缺陷或发生缺陷的程度，直观地评价焊接性的优劣。例如可以定性或定量地评定被焊金属产生某种裂纹的倾向，揭示产生裂纹的原因和影响因素。由此确定防止裂纹等焊接缺陷必要的焊接工艺措施，包括焊接方法、焊接材料、工艺参数、预热和焊后热处理等。

1. 焊接冷裂纹试验方法

焊接冷裂纹是在焊后冷却至较低温度下产生的一种常见裂纹，主要发生在低中合金结构钢的焊接热影响区或熔合区。表 1－4 列出了常用的低合金钢焊接冷裂纹试验方法及主要特点。

表 1－4　常用的低合金钢焊接冷裂纹试验方法

试验方法名称	焊接方法	焊接层数	裂纹部位	拘束形式	特　点
斜 Y 形坡口对接裂纹试验（GB/T 4675.1—1984）	焊条电弧焊，CO_2焊	单道	焊缝 热影响区	拉伸自拘束	用于评定高强度钢第一层焊缝及热影响区的裂纹倾向，试验方法简便，是国际上采用较多的抗裂性试验方法之一，亦称“小铁研”试验
刚性固定对接裂纹试验	焊条电弧焊，CO_2焊，SAW 焊	单道或多道	焊缝 热影响区		此法拘束度很大，容易产生裂纹，往往在试验中发生裂纹而在实际生产中不出现裂纹，多用于大厚焊件
十字接头裂纹试验	焊条电弧焊，MIG	单道	热影响区	自拘束	主要用于测定热影响区的冷裂纹倾向
插销试验（GB/T 9446—1988）	焊条电弧焊，CO_2焊	单道	热影响区	可变拘束	需专用设备，评定高强度钢热影响区冷裂倾向，简便、省材
刚性拘束裂纹试验（RRC 试验）	焊条电弧焊，CO_2焊	单道	焊缝 热影响区		需专用设备，可用于研究冷裂机理，临界拘束应力、热输入、扩散氢含量、预热温度等对冷裂倾向的影响

(1) 斜Y形坡口对接裂纹试验（GB/T 4675.1—1984）。主要用于评定低合金结构钢焊缝及热影响区的冷裂纹敏感性，在实际生产中应用很广泛，通常称为“小铁研”试验。

1）试件制备。试板形状及尺寸如图1－2所示。被焊钢材板厚$\delta=9\sim38$mm。对接接头坡口用机械方法加工。试板两端各在60mm范围内施焊拘束焊缝，采用双面焊，注意防止角变形和未焊透。保证中间待焊试样焊缝处有2mm间隙。

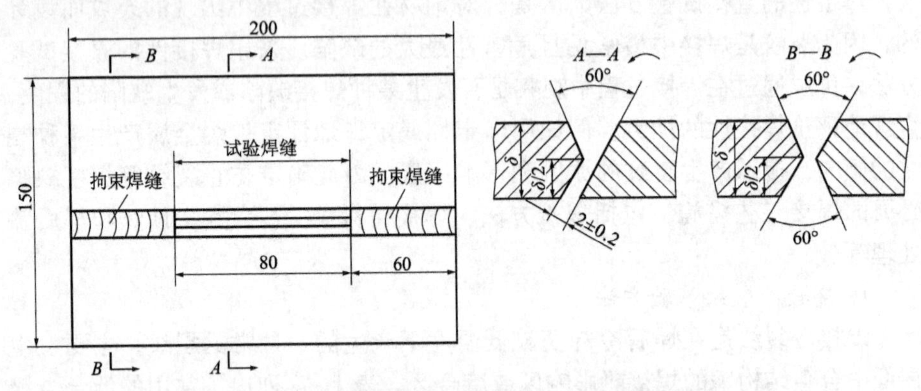

图1－2　斜Y形坡口对接试件的形状及尺寸

2）试验条件。试验焊缝选用的焊条应与母材相匹配，所用焊条应严格烘干。推荐采用下列焊接参数：焊条直径4mm，焊接电流（170±10）A，焊接电压（24±2）V，焊接速度（150±10）mm/min。用焊条电弧焊施焊的试验焊缝如图1－3（a）所示，用自动送进装置施焊的试验焊缝如图1－3（b）所示。试验焊缝可在各种不同温度下施焊，试验焊缝只焊一道，不填满坡口。焊后静置并自然冷却24h后，截取试样，进行裂纹检测。

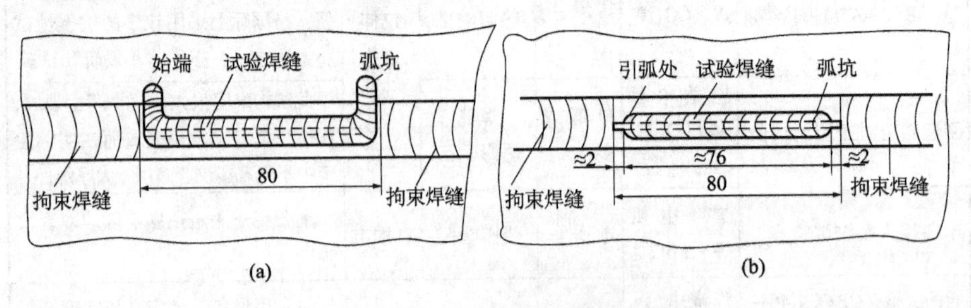

图1－3　施焊时的试验焊缝

（a）焊条电弧焊试验焊缝；（b）焊丝自动送进的试验焊缝

3）检测与裂纹率计算。用肉眼或手持5～10倍放大镜来检测焊缝和热影响区的表面和断面是否有裂纹。按下列方法分别计算试样的表面裂纹率、根部裂纹率和断面裂纹率。

①表面裂纹率 C_f。表面裂纹率根据图 1－4（a）所示按下式计算：

$$C_f = \frac{\sum l_f}{L} \times 100\% \tag{1-3}$$

式中 $\sum l_f$——表面裂纹长度之和（mm）；

L——试验焊缝长度（mm）。

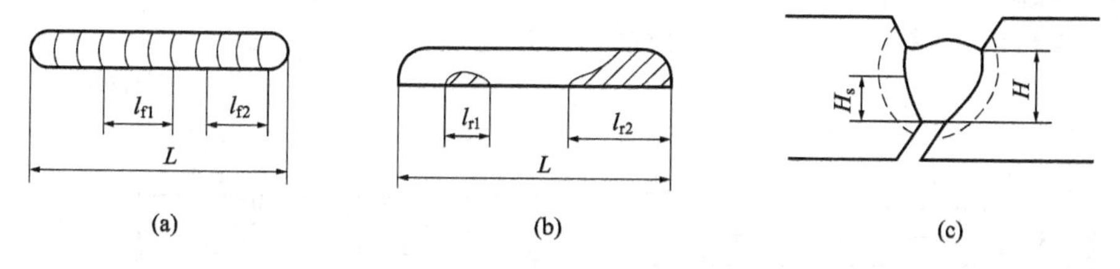

图 1－4 试样裂纹长度计算

（a）表面裂纹；（b）根部裂纹；（c）断面裂纹

②根部裂纹率 C_r。试样先经着色检验，然后将其拉断，根据图 1－4（b）所示根部裂纹长度，然后按下式计算根部裂纹率 C_r，即：

$$C_r = \frac{\sum l_r}{L} \times 100\% \tag{1-4}$$

式中 $\sum l_r$——根部裂纹长度之和（mm）。

③断面裂纹率 C_s。用机械加工方法在试验焊缝上等分截取出 4～6 块试样，检查 5 个横断面上的裂纹深度 H_s，如图 1－4（c）所示，按下式计算断面裂纹率 C_s，即：

$$C_s = \frac{\sum H_s}{\sum H} \times 100\% \tag{1-5}$$

式中 $\sum H_s$——5 个断面裂纹深度的总和（mm）；

$\sum H$——5 个断面焊缝最小厚度的总和（mm）。

目前国内外没有评定“小铁研”试验裂纹敏感性的统一标准，但可以根据裂纹率进行相对评定。一般认为低合金钢“小铁研”试验表面裂纹率小于 20% 时，用于一般焊接结构生产是安全的。

如果试验用的焊接工艺参数不变，用不同预热温度进行试验，就可以测定出防止冷裂纹的临界预热温度，作为评定钢材冷裂纹敏感性的指标。这种试验方法用料省、试件易加工、不需特殊试验装置、试验结果可靠。生产中多采用这种方法评定低合金钢的抗冷裂性能。

(2) 插销试验方法。这是测定低合金钢焊接热影响区冷裂纹敏感性的一种定量试验方法。插销试验的设备附加其他装置，也可用于测定再热裂纹敏感性和层状撕裂敏感性。这种方法因消耗材料少、试验结果稳定，所以应用较广泛。

1) 试样制备。将被焊钢材加工成圆柱形的插销试棒，沿轧制方向取样并注明插销在厚度方向的位置。插销试棒的形状如图 1－5 所示，各部位尺寸见表 1－5。试棒上端附近有环形或螺形缺口。将插销试棒插入底板相应的孔中，使带缺口一端与底板表面平齐，如图 1－6 所示。根据焊接热输入的变化，缺口与端面的距离 a 可按表 1－6 作适当调整。

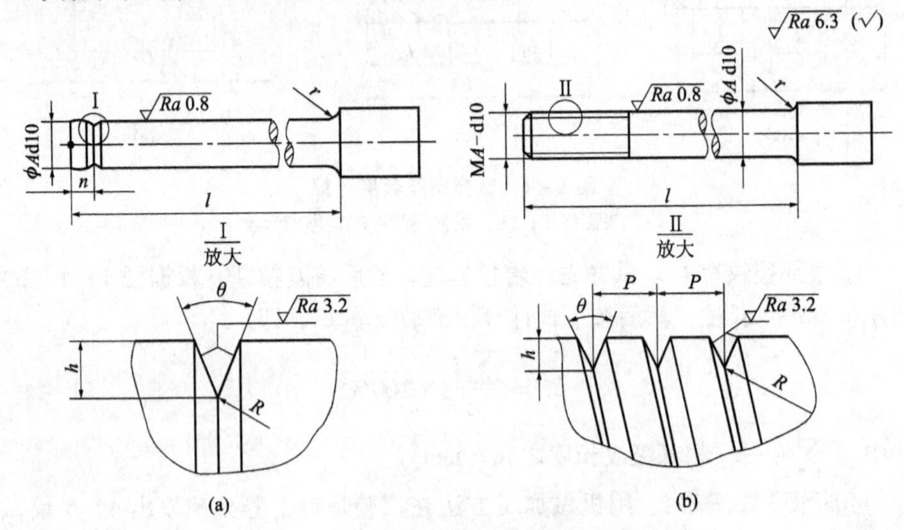

图 1－5　插销试棒的形状

(a) 环形缺口插销；(b) 螺形缺口插销

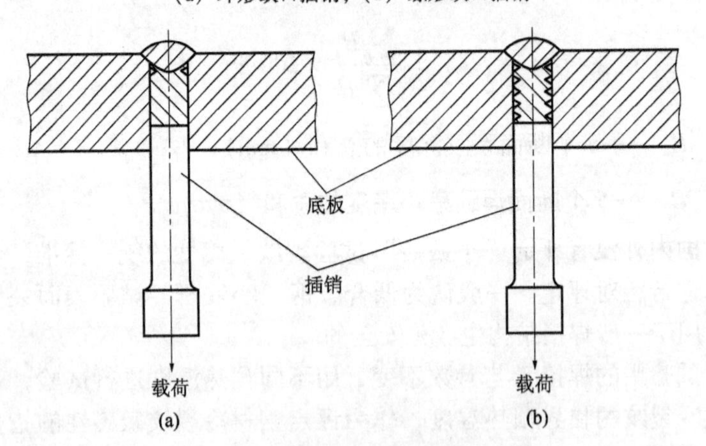

图 1－6　插销试棒、底板及熔敷焊道

(a) 环形缺口插销；(b) 螺形缺口插销

表1－5　插销试棒的尺寸

缺口类别	ϕA/mm	h/mm	θ/（°）	R/mm	P/mm	l/mm
环形	8	$0.5^{+0.05}_{-0.05}$	40^{+2}_{-2}	$0.1^{+0.2}_{-0.2}$	—	大于底板的厚度，一般为30～150
螺形					1	
环形	6	$0.5^{+0.05}_{-0.05}$	40^{+2}_{-2}	$0.1^{+0.2}_{-0.2}$	—	
螺形					1	

表1－6　缺口位置 a 与焊接热输入 E 的关系

E/（$kJ \cdot cm^{-1}$）	9	10	13	15	16	20
a/mm	1.35	1.45	1.85	2.0	2.1	2.4

底板材料应与被焊钢材相同或热物理常数基本一致。底板厚度为20mm，形状和尺寸如图1－7所示。底板钻孔数应小于或等于4个，位于底板纵向中线上，孔间距为33mm。

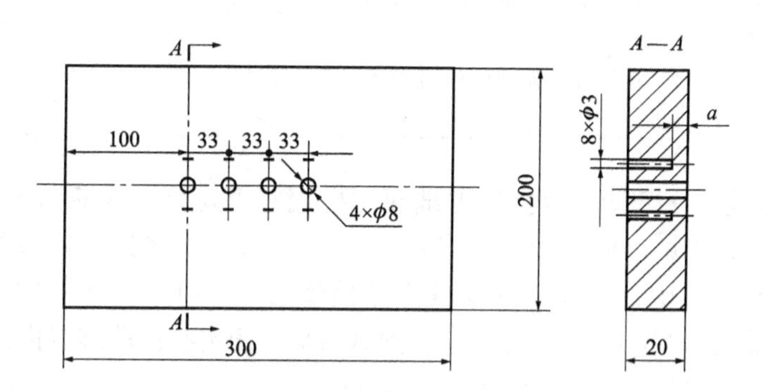

图1－7　底板的形状及尺寸

2）试验过程。按选定的焊接方法和严格控制的工艺参数，在底板上熔敷一层堆焊焊道，焊道中心线通过试棒的中心，其熔深应使缺口尖端位于热影响区的粗晶区。焊道长度 L 为100～150mm。

施焊时应测定800℃～500℃的冷却时间 $t_{8/5}$ 值。不预热焊接时，焊后冷却至100℃～150℃时加载；焊前预热时，应在高于预热温度50℃～70℃时加载。载荷应在1min之内且在冷却至100℃或高于预热温度50℃～70℃之前施加完毕。如有后热，应在后热之前加载。

为了获得焊接热循环的有关参数（$t_{8/5}$、t_{100} 等），可将热电偶焊在底板焊道下的盲孔中（见图1－7），盲孔直径3mm，深度与插销试棒的缺口处一致。测点的最高温度应不低于1 100℃。

当加载试棒时，插销可能在载荷持续时间内发生断裂，记下承载时间。

在不预热条件下，载荷保持16h而试棒未断裂即可卸载。预热条件下，载荷保持至少24h才可卸载。可用金相或氧化等方法检测缺口根部是否存在断裂。经多次改变载荷，可求出在试验条件下不出现断裂的临界应力 σ_{cr}。临界应力 σ_{cr} 可以用启裂准则，也可以用断裂准则，但应注明。根据临界应力 σ_{cr} 的大小可相互比较材料抵抗产生冷裂纹的能力。

2. 焊接热裂纹试验方法

焊接热裂纹是在焊接过程处在高温下产生的一种裂纹，其特征大多数是沿原奥氏体晶界扩展和开裂。表1-7列出几种常用的低合金钢焊接热裂纹试验方法。

表1-7　常用的低合金钢焊接热裂纹试验方法

试验方法名称	用途	焊接方法	拘束形式	备注
可变刚性裂纹试验	测定低合金钢对接焊缝产生裂纹的倾向性	焊条电弧焊、CO_2焊	可变拘束	—
压板对接（FISCO）焊接裂纹试验	评定低合金钢的热裂纹敏感性	焊条电弧焊	固定拘束	GB/T 4675.4—1984
可调拘束裂纹试验	测定低合金钢的热裂纹敏感性	焊条电弧焊、CO_2焊	可变拘束	—

压板对接（FISCO）焊接裂纹试验主要用于评定低合金钢焊缝金属的热裂纹敏感性，也可以做钢材与焊条匹配的性能试验。试验装置如图1-8所示。在C形夹具中，垂直方向用14个紧固螺栓以 3×10^5N的力压紧试板，横向用4个螺栓以 6×10^4N的力定位，把试板牢牢固定在试验装置内。

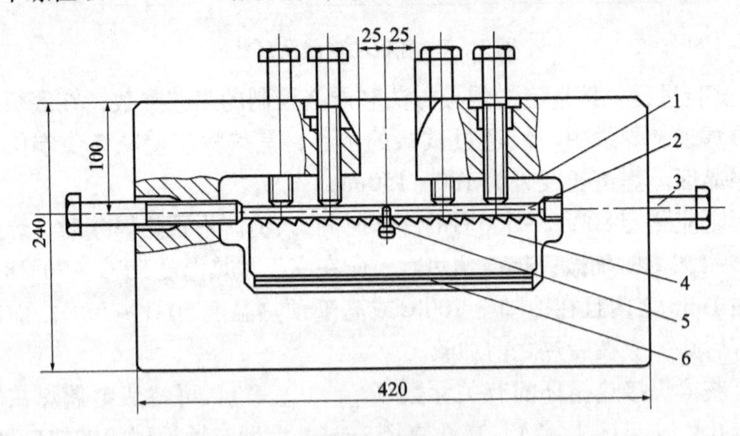

图1-8　压板对接（FISCO）试验装置

1—C形拘束框架；2—试板；3—紧固螺栓；4—齿形底座；5—定位塞片；6—调节板

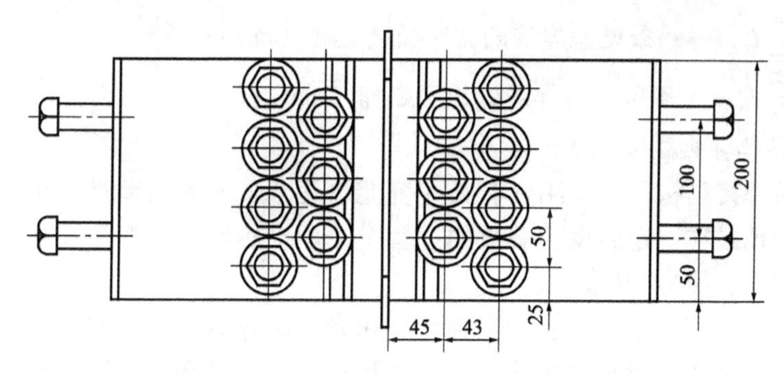

图 1－8　压板对接（FISCO）试验装置（续）

1）试件制备。试件的形状与尺寸如图 1－9（a）所示。坡口形状为 I 形，选用厚板时可用 Y 形坡口，采用机械加工，坡口附近表面要打磨干净。

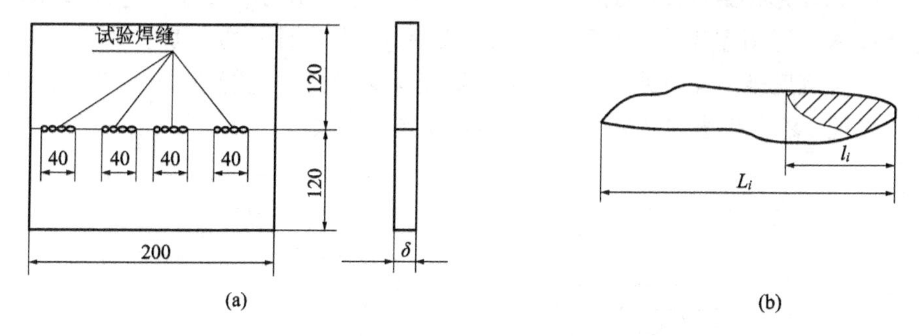

图 1－9　压板对接（FISCO）试板尺寸及裂纹计算

（a）试板尺寸；（b）焊缝裂纹长度计算

2）试验步骤。将试件安装在试验装置内，在试件坡口的两端按试验要求装入相应尺寸的定位塞片，以保证坡口间隙（变化范围 0～6mm）。先将横向螺栓紧固，再将垂直方向的螺栓用指针式扭力扳手紧固。按生产上使用的工艺参数，按图 1－9（a）所示顺序焊接 4 条长度约 40mm 的试验焊缝，焊缝间距约 10mm，弧坑不必填满。焊后经过 10min 后将试件从装置上取出，待试件冷却至室温后，将试板沿焊缝纵向弯断，观察断面有无裂纹并测量裂纹长度，如图 1－9（b）所示。

3）裂纹率计算方法。对 4 条焊缝断面上测得的裂纹长度按下式计算其裂纹率，即：

$$C_f = \frac{\sum l_i}{\sum L_i} \times 100\% \qquad (1-6)$$

式中　C_f——压板对接（FISCO）试验的裂纹率（%）；

$\sum l_i$——4 条试验焊缝的裂纹长度之和（mm）；

$\sum L_i$——4 条试验焊缝的长度之和（mm）。

3. 焊接再热裂纹试验方法

厚板焊接结构，并采用含有某些沉淀强化合金元素的钢材，在进行消除应力热处理或在一定温度下服役的过程中，焊接热影响区部位发生的裂纹称为再热裂纹，简称 SR 裂纹。

再热裂纹多发生在低合金高强钢、珠光体耐热钢、奥氏体不锈钢和某些镍基合金的焊接热影响区粗晶部位。再热裂纹的敏感温度，视其钢种的不同在 550℃～650℃。这种裂纹具有沿晶开裂的特点，但本质上与结晶裂纹不同。再热裂纹可采用如下几种试验方法进行评定。

（1）H 形拘束试验。试件形状及尺寸如图 1－10 所示。试板厚为 $\delta=25$mm，焊前预热及层间温度为 150℃～200℃，采用直径 4mm 焊条，焊接电流 150～180A，直流反接。焊后进行无损检测，确定无裂纹后再进行 500℃～700℃×2h 回火处理。然后检查焊接热影响区是否出现再热裂纹。

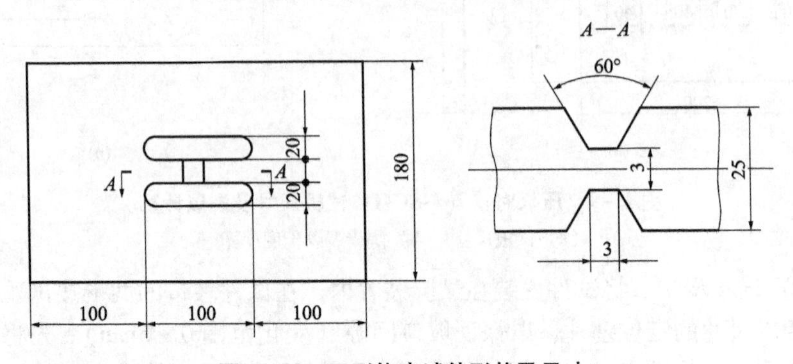

图 1－10 H 形拘束试件形状及尺寸

（2）斜 Y 形坡口再热裂纹试验。采用与斜 Y 形坡口冷裂纹试验方法完全相同的试件形状及尺寸，试验过程及要求也基本一致。为了防止产生焊接冷裂纹，焊前应适当预热，焊后检查无裂纹后再进行消除应力热处理。热处理的工艺参数一般为 500℃～700℃×2h。然后进行再热裂纹检测。

4. 层状撕裂试验方法

当焊接大型厚壁结构时，如果在钢板厚度方向受到较大的拉伸应力，就可能在钢板内部出现沿钢板轧制方向发展的具有阶梯状的裂纹，这种裂纹称为层状撕裂。低合金钢层状撕裂的温度不超过 400℃，是在较低温度下的开裂。主要影响因素是轧制钢材内部存在不同程度的分层夹杂物（硫化物和氧化物），在焊接时产生垂直于钢板表面的拉应力，致使热影响区附近或稍远的部位产生呈“台阶”形的层状开裂，并可穿晶扩展。

Z 向拉伸试验利用钢板厚度方向（即 Z 向）的断面收缩率来测定钢材的层状撕裂敏感性。对于板厚 $\delta > 25$mm 的材料，可直接沿板厚方向（Z 向）截取小型拉伸试棒，试件的制取及其形状尺寸如图 1－11（a）所示。如板厚 $\delta <$ 25mm 或需制备常规拉伸试棒时，应按图 1－11（b）所示加工试棒。

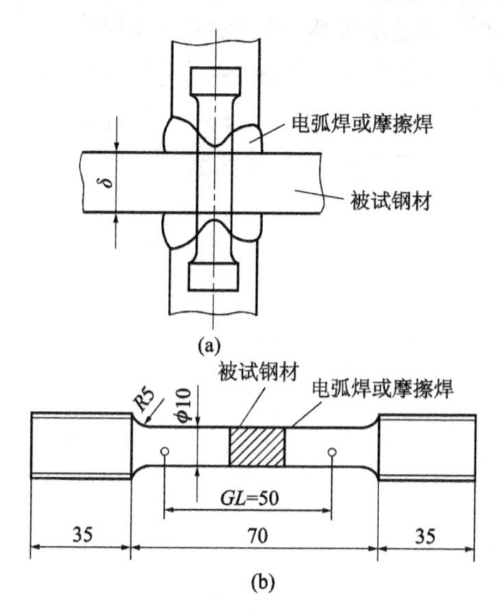

图 1－11　Z 向拉伸试验

（a）小型试样的截取部位；（b）试件尺寸形状

同常规拉伸试验一样，对试件进行拉伸试验。试棒拉伸破坏后，以 Z 向断面收缩率 ψ_z（%）作为层状撕裂敏感性的评定指标。目前国内尚没有层状撕裂试验统一标准，一般参考日本对低合金钢抗层状撕裂的标准，见表 1－8。当 $\psi_z < 5\%$ 时，层状撕裂敏感性就很严重；当 $\psi_z > 25\%$ 时，才能较好地抵抗层状撕裂。

表 1－8　抗层状撕裂标准分类

级别	硫的质量分数/%	Z 向断面收缩率 ψ_Z/%	备注
ZA 级	≤0.010	未规定	一般应≥15%
ZB 级	≤0.008	≥15～20	一般
ZC 级	≤0.006	≤25	良好
ZD 级	≤0.004	≤30	优异

思考题

1. 什么是焊接性、工艺焊接性、使用焊接性？影响焊接性的主要因素有哪些？

2. 什么是热焊接性和冶金焊接性？各涉及焊接中的什么问题？

3. 举例说明工艺焊接性好的金属材料使用焊接性不一定好。

4. “小铁研”试验的目的是什么？适用于何种场合？

5. 分析获得优质焊接接头的条件是什么。

模块二

合金结构钢的焊接

用于机械零件和各种工程结构的钢材统称为结构钢，最早使用的结构钢是碳素结构钢。随着社会和科学技术的发展，对结构用钢的性能提出了越来越高的要求。对一些特定条件下应用的钢材，还要求具有更高的使用性能，这就促进了合金结构钢的产生和发展。在碳素钢基础上加入一定量的合金元素即构成合金结构钢。合金结构钢具有优良的综合性能，经济效益显著，应用范围涉及国民经济和国防建设的各个领域，是焊接结构中用量最大的一类工程材料。合金结构钢的主要特点是强度高，韧性、塑性和焊接性也较好，广泛用于压力容器、工程机械、石油化工、桥梁、船舶制造和其他钢结构，在经济建设和社会发展中发挥着重要的作用。

任务一　合金结构钢的分类和性能

（一）合金结构钢的分类

合金结构钢的应用领域广泛，种类繁多，分类的方法也很多。有根据用途来进行分类的，也有根据化学成分、合金系统或组织状态等进行分类的。低合金结构钢中合金元素的总含量一般不超过5%，以提高钢的强度并保证其具有一定的塑性和韧性。合金元素的总含量在5%～10%的合金结构钢称为中合金钢，合金元素的总含量大于10%的合金结构钢称为高合金钢。对于焊接生产中常用的一些合金结构钢，综合考虑了它们的性能和用途后，大致可以分为强度用钢和特殊用钢两大类。

1. 强度用钢

这类钢材即通常所说的高强钢（屈服强度 $\sigma_s \geq 294$MPa 的强度用钢均可称为高强钢），主要应用于要求常规条件下能承受静载和动载的机械零件和工程结构，要求具有良好的力学性能。合金元素的加入是为了在保证足够的塑性和韧性的条件下获得不同的强度等级，同时也可改善焊接性能。

（1）热轧及正火钢。屈服强度为294～490MPa，在热轧或正火状态下使用，属于非热处理强化钢。包括微合金化控轧钢、抗层状撕裂的 Z 向钢等。这类钢广泛应用于常温下工作的一些受力结构，如压力容器、动力设备、工程机械、桥梁、建筑结构和管线等。

（2）低碳调质钢。屈服强度为 490～980MPa，在调质状态下供货使用，属于热处理强化钢。这类钢的特点是含碳量较低（一般为 0.22% 以下），既有高的强度，又兼有良好的塑性和韧性，可以直接在调质状态下进行焊接，焊后不需进行调质处理。这类钢在焊接结构中得到了越来越广泛的应用，可用于大型工程机械、压力容器及舰船制造等。

（3）中碳调质钢。屈服强度一般在 880～1 176MPa 以上，钢中含碳量较高（0.25%～0.5%），也属于热处理强化钢。它的淬硬性比低碳调质钢高得多，具有很高的硬度和强度，但韧性相对较低，给焊接带来了很大的困难。这类钢常用于强度要求很高的产品或部件，如火箭发动机壳体、飞机起落架等。

2. 特殊用钢

特殊用钢主要用于一些特定条件下工作的机械零件和工程结构。因此，除了要满足通常的力学性能外，还必须能适应特殊环境下工作的要求。根据对不同使用性能的要求，特殊用钢分为：珠光体耐热钢、低温钢和低合金耐蚀钢等。

（1）珠光体耐热钢。以 Cr、Mo 为基础的低中合金钢，随着工作温度的提高，还可加入 V、W、Nb、B 等合金元素，具有较好的高温强度和高温抗氧化性，主要用于工作温度 500℃～600℃的高温设备，如热动力设备和化工设备等。

（2）低温钢。大部分是一些含 Ni 或无 Ni 的低合金钢，一般在正火或调质状态使用，主要用于各种低温装置（－40℃～－196℃）和在严寒地区的一些工程结构，如液化石油气、天然气的储存容器等。与普通低合金钢相比，低温钢必须保证在相应的低温下具有足够高的低温韧性，对强度无特殊要求。

（3）低合金耐蚀钢。除具有一般的力学性能外，必须具有耐腐蚀性能这一特殊要求。主要用于在大气、海水、石油化工等腐蚀介质中工作的各种机械设备和焊接结构。由于所处的介质不同，耐蚀钢的类型和成分也不同。耐蚀钢中应用最广泛的是耐大气和耐海水腐蚀用钢。

（二）合金结构钢的基本性能

1. 化学成分

低合金结构钢是在低碳钢基础上（低碳钢的化学成分为：$w_C = 0.10\%$ ～

0.25%，w_{Si}≤0.3%，Mn=0.5%～0.8%）添加一定量的合金元素构成的。碳是最能提高钢材强度的元素，但易于引起焊接淬硬及焊接裂纹，所以在保证强度的条件下，碳的加入量越少越好。低合金钢加入的元素有Mn、Si、Cr、Ni、Mo、V、Nb、B、Cu等，杂质元素P、S的含量要限制在较低的程度。

加入合金元素能细化晶粒，而且各种合金元素在不同程度上改变了钢的奥氏体转变动力，直接影响钢的淬硬倾向。如C、Mn、Cr、Mo、V、W、Ni和Si等元素能提高钢的淬硬倾向，而Ti、Nb、Ta等碳化物形成元素则降低钢的淬硬倾向。

合金结构钢中，氮作为一种合金元素被广泛采用。氮在钢中的作用与碳相似，当它溶解在铁中时，将扩大γ区。氮能与钢中的其他合金元素形成稳定的氮化物，这些氮化物往往以弥散的微粒分布，从而细化晶粒，提高钢的屈服点和抗脆断能力。氮的影响既决定于其浓度，也决定于在钢中存在的其他合金元素的种类和数量。Al、Ti和V等合金元素对氮具有较高的亲和力，并能形成较稳定的氮化物。因此，为了充分发挥氮作为合金元素的作用，钢中必须同时加入Al、V和Ti等氮化物形成元素。

此外，添加一些合金元素，如Mn、Cr、Ni、Mo、V、Nb、B、Cu等，主要是为了提高钢的淬透性和马氏体的回火稳定性。这些元素可以推迟珠光体和贝氏体的转变，使产生马氏体转变的临界冷却速率降低。低合金调质高强钢由于含碳量低，淬火后得到低碳马氏体，而且发生“自回火”现象，脆性小，具有良好的焊接性。

2. 力学性能

合金结构钢的强度越高，屈服强度与抗拉强度之差也越小。屈服强度与抗拉强度之比称为屈强比（σ_s/σ_b）。钢材的强度越高，屈强比越大。低碳钢的屈强比约为0.7，控轧钢板的屈强比为0.70～0.85，800MPa级高强钢的屈强比约为0.95。

低合金高强钢的低温拉伸性能如图2-1（a）所示。温度下降时，钢材的抗拉强度升高，但韧性下降。一般-100℃以上时钢材强度变化较小，温度再低时，抗拉强度和屈服强度急剧升高，韧性急剧下降，当在液氮温度（-196℃）附近时，延伸率很小。低合金高强钢的使用温度多在-50℃以上，在此温度范围内其强度性能变化不大。

低合金高强钢高温时强度性能的变化如图2-1（b）所示。200℃以下强度缓慢下降，温度进一步升高时，强度开始上升，300℃附近达到最大值，350℃以上逐渐下降。

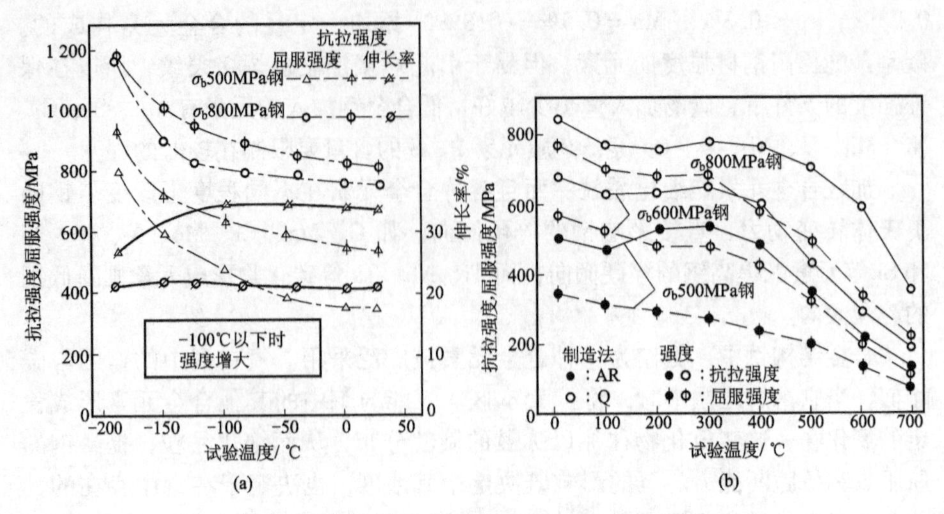

图 2-1　低合金高强钢的低温和高温拉伸性能

（a）低温拉伸性能；（b）高温拉伸性能

缺口韧性是用于表示材料抵抗脆性破坏的一项指标。脆性破坏是在低应力条件下（一般是在屈服强度以下）发生的，多为瞬时破坏，是低合金钢焊接结构安全方面最值得注意的破坏现象。世界各国多采用却贝冲击吸收功作为缺口韧性的评价方法，采用 10mm × 10mm × 55mm 的长方形试样，在试样中央开深度 2mm 的 V 形缺口，尖端半径为 0.25mm。逐渐改变试样温度做冲击试验，用试样破断时所需的能量（称为吸收能）及断口形貌（塑性断口和脆性断口）来评价钢材缺口韧性。

吸收能可以反映出某一温度范围韧性急剧变化的转变现象。当吸收能变小时，由塑性断口转变为脆性断口。脆性断口率为零时的吸收能称为“上平台能”，上平台能一半时的温度称为韧脆转变温度（用$_{V}T_{rs}$表示）。钢材的韧脆转变温度越低，韧性越好。根据大量的脆性破坏事故案例调查的结果，许多国家建议采用冲击功 21J 或 48J 时的温度作为 V 形缺口却贝韧性试验的特性值。

合金结构钢具有较高的强度和良好的塑性和韧性，采用不同的合金成分和热处理工艺，可以获得具有不同综合性能的低中合金结构钢。

3. 显微组织

低合金结构钢为了获得满意的强度和韧性的组合，晶粒尺寸必须细小、均匀，而且应是等轴晶。经调质处理后的钢材具有较高的强度、韧性和良好焊接性，裂纹敏感性小，热影响区组织性能稳定。

低合金钢热影响区中的显微组织主要是低碳马氏体、贝氏体、M－A 组元和珠光体类组织，导致具有不同的硬度、强度性能、塑性和韧性。几种典型组织（特别是贝氏体组织）对低合金钢强度和韧性的影响如图 2－2 所示。

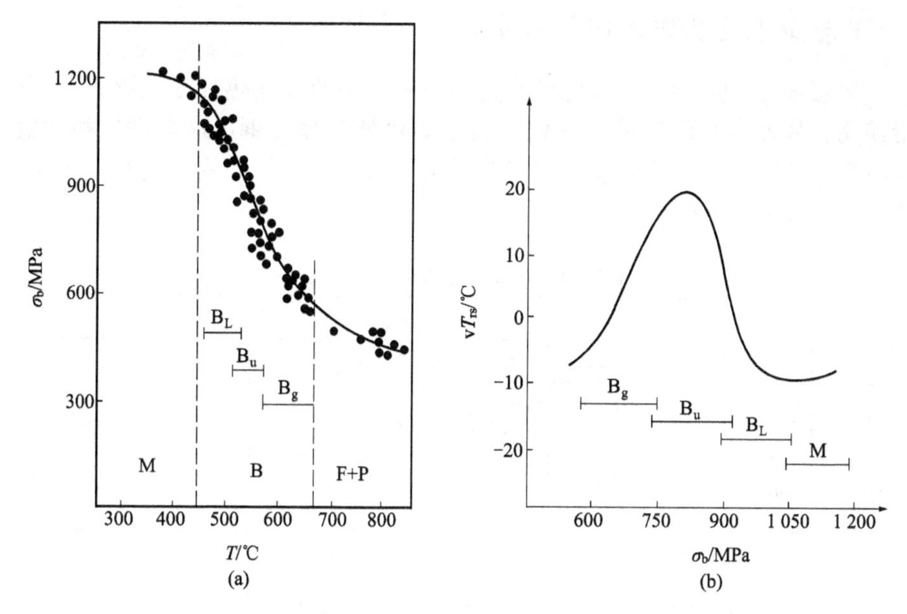

图 2－2　不同组织对强度和韧性的影响（w_C = 0.09% ~ 0.10% 低合金钢）

（a）对强度的影响；（b）对韧性的影响

低合金高强钢不同比例混合组织的维氏硬度和相应金相组织的显微硬度见表 2－1。应指出，即使是同样的显微组织，也具有不同的硬度，这与钢的含碳量、合金含量及晶粒度有关。高碳马氏体的硬度可达 600HV，而低碳马氏体的硬度只有 350 ~ 390HV。同时二者在性能上也有很大不同，前者是针状马氏体（孪晶马氏体），属脆硬相；后者是低碳板条马氏体（位错马氏体），硬度虽高，但仍有较好的韧性。

表 2－1　常见金相组织及不同混合组织的硬度

金相组织百分比/%				维氏硬度/HV	显微硬度/HM			
铁素体	珠光体	贝氏体	马氏体		铁素体	珠光体	贝氏体	马氏体
10	7	83	0	212	202 ~ 246	232 ~ 249	240 ~ 285	—
1	0	70	29	298	216 ~ 258	—	273 ~ 336	245 ~ 283
0	0	19	81	384	—	—	293 ~ 323	446 ~ 470
0	0	0	100	393	—	—	—	454 ~ 508

任务二 热轧及正火钢的焊接

(一) 热轧及正火钢的成分和性能

屈服强度 294 ~490MPa 的低合金高强钢，一般是在热轧或正火状态下供货使用，故称为热轧钢或正火钢，属于非热处理强化钢。这类钢价格便宜，具有良好的综合力学性能和加工工艺性能，应用广泛。常用热轧及正火钢的化学成分和力学性能见表 2-2 和表 2-3。

表 2-2 热轧及正火钢的化学成分

牌号	化学成分/%									
	w_C	w_{Si}	w_{Mn}	w_V	w_{Mo}	w_{Cr}	w_{Nb}	w_{Ti}	w_S	w_P
09MnV	≤0.12	0.20 ~ 0.60	0.80 ~ 1.2	0.04 ~ 0.12	—	—	—	—	≤0.045	≤ 0.05
09MnNb	≤0.12	0.20 ~ 0.60	0.80 ~ 1.20	—	—	—	0.015 ~ 0.050	—	≤0.045	≤ 0.050
14MnNb	0.12 ~ 0.18	0.20 ~ 0.60	0.80 ~ 1.20	—	—		0.015 ~ 0.050	—	≤0.045	≤ 0.050
16Mn	0.12 ~ 0.20	0.20 ~ 0.60	1.20 ~ 1.60	—	—	—	—	—	≤0.045	≤ 0.050
15MnV	0.12 ~ 0.18	0.20 ~ 0.60	1.20 ~ 1.60	0.04 ~ 0.12	—	—	—	—	≤0.045	≤ 0.050
15MnTi	0.12 ~ 0.18	0.20 ~ 0.60	1.20 ~ 1.60	—	—	—	—	0.12 ~ 0.20	≤0.05	≤ 0.050
15MnVN	0.12 ~ 0.20	0.20 ~ 0.60	1.30 ~ 1.70	0.10 ~ 0.20	—	—	—	w_N0.012 ~ 0.02	≤0.045	≤ 0.050
18MnMoNb	0.17 ~ 0.23	0.17 ~ 0.37	1.35 ~ 1.65	—	0.45 ~ 0.65		0.025 ~ 0.05	—	≤0.035	≤0.035
14MnMoV	0.10 ~ 0.18	0.20 ~ 0.50	1.20 ~ 1.60	0.05 ~ 0.15	0.40 ~ 0.65	—	—	—	≤0.035	≤0.035
19Mn5	0.17 ~ 0.23	0.40 ~ 0.60	1.0 ~ 1.30	—	—	—	—	—	≤ 0.05	≤ 0.050
X60，X65	≤0.12	0.15 ~ 0.40	1.00 ~ 1.30	—	—	—	0.02 ~ 0.05	w_{Re}/w_S 2.0 ~ 2.5	≤0.025	≤0.03
X70	≤0.10	≤0.30	≤1.60	≤0.08	≤0.50	w_{Ni} ≤ 0.35	≤0.04	≤ 0.025	≤0.010	≤0.025

表2-3　热轧及正火钢的力学性能

钢　号	热处理状态	力学性能			
		屈服强度 σ_s/MPa	抗拉强度 σ_b/MPa	伸长率 δ_5/%	冲击功 A_{KU}/J
09MnV	热　轧	≥294	≥431	≥22	≥59
09MnNb	热　轧	≥294	≥412	≥22	≥59
14MnNb	热　轧	≥343	≥490	≥20	≥59
16Mn	热　轧	≥343	≥490	≥21	≥59
15MnV	热　轧	≥392	≥529	≥18	≥59
15MnTi	热　轧	≥392	≥529	≥19	≥59
15MnVN	正　火	≥441	≥588	≥17	≥59
18MnMoNb	正火+回火	≥490	≥637	≥16	≥69
14MnMoV	正火+回火	≥490	≥637	≥16	≥69
19Mn5	正火+回火	≥304	510~608	—	≥49
X60	控　轧	≥414	≥517	20.5~23.5	-10℃≥54 (A_{KV})
X65	控　轧	≥450 (48)	≥530 (54)	20.5~23.5	-10℃≥54 (A_{KV})
X70	控　轧	483~586	≥566	≥22.5	—

1. 热轧钢

屈服强度σ_s为294~392MPa的普通低合金钢都属于热轧钢，这类钢是在w_C≤0.2%的基础上通过Mn、Si等合金元素的固溶强化作用来保证钢的强度，属于C-Mn或Mn-Si系的钢种。也可再加入V、Nb以达到细化晶粒和沉淀强化的作用。

热轧钢主要是用Mn进行合金化以达到所要求的性能，这类钢的基本成分为：w_C≤0.2%，w_{Si}≤0.55%，w_{Mn}≤1.5%。Si含量超过0.6%后对冲击韧性不利，使韧脆转变温度提高。w_C超过0.3%和w_{Mn}超过1.6%后，焊接时易出现裂纹，在热轧钢焊接区还会出现脆性的淬硬组织。

16Mn是我国于20世纪50年代（1957年）研制和生产应用最广泛的热轧钢，用于武汉长江大桥和我国第一艘万吨远洋货轮。我国低合金钢系列中的许多钢种是在16Mn基础上发展起来的。在16Mn基础上加入少量V（0.03%~0.2%）、Nb（0.01%~0.05%）、Ti（0.10%~0.20%）等，利用V、Nb、Ti的碳化物和氮化物的析出可进一步提高钢的强度，细化晶粒，如12MnV、14MnNb、15MnV、16MnNb等。

热轧钢通常为铝镇静的细晶粒铁素体 + 珠光体组织的钢，一般在热轧状态下使用。在特殊情况下，如要求提高冲击韧性以及板厚时，也可在正火状态下使用。例如，16Mn 在个别情况下，为了改善综合性能，特别是厚板的冲击韧性，可进行 900℃ ~920℃ 正火处理，正火后强度略有降低，但塑性、韧性（特别是低温冲击韧性）有所提高。

2. 正火钢

当要求钢的屈服强度 $\sigma_s \geqslant 392$MPa 时，在固溶强化的同时，必须加强合金元素的沉淀强化作用。正火钢是在固溶强化的基础上，加入一些碳、氮化合物形成元素（如 V、Nb、Ti 和 Mo 等），通过沉淀强化和细化晶粒进一步提高钢材的强度和保证韧性。正火处理的目的是为了使这些合金元素形成的碳、氮化合物以细小的化合物质点从固溶体中沉淀析出，弥散分布在晶内和晶界，起细化晶粒的作用，减少了固溶强化，可以在提高钢材强度的同时，改善钢材的塑性和韧性，避免过分固溶强化所造成的脆性降低。

这类钢实际上是在 16Mn 基础上加入一些沉淀强化的合金元素，如 V、Nb、Ti、Mo 等强碳化物、氮化物形成元素。利用这些元素形成的碳、氮化物弥散质点所起的沉淀强化和细化晶粒的作用来达到良好的综合性能，使屈服强度 σ_s 由 Mn－V 钢的 392MPa 提高到 441MPa，同时降低回火脆性。

对于含 Mo 钢来说，正火后还必须进行回火才能保证良好的塑性和韧性。因此，正火钢又可分为正火状态下使用的钢和正火 + 回火状态使用的含 Mo 钢。

（1）正火状态下使用的钢：主要是含 V、Nb、Ti 的钢，如 15MnV、14MnNb、15MnTi 等，主要特点是屈强比较高；

（2）正火 + 回火状态使用的含 Mo 钢，如 14MnMoV、18MnMoNb 等。低合金钢中加入一定量的 Mo，可细化晶粒，提高强度，还可以提高钢材的中温性能，含 Mo 的低合金正火钢适于制造中温厚壁压力容器。含 Mo 钢在较高的正火温度或较快速度的连续冷却下，得到的组织为上贝氏体和少量的铁素体，因此正火钢必须回火后才能保证获得良好的塑性和韧性。

属于正火钢的还包括抗层状撕裂的 Z 向钢，屈服强度 $\sigma_s \geqslant 343$MPa。由于冶炼中采用了钙或稀土处理和真空除气等特殊的工艺措施，使 Z 向钢具有 S 含量低（$\leqslant 0.005\%$）、气体含量低和 Z 向断面收缩率高（$\psi_Z \geqslant 35\%$）等特点。

3. 微合金控轧钢

加入 0.1% 左右对钢的组织性能有显著或特殊影响的微量合金元素的钢，称为微合金钢。多种微合金元素（如 Nb、Ti、Mo、V、B、Re）的共同作用称为多元微合金化，微合金钢单一微合金元素的含量通常在0.25%以下。通过细晶强化可进一步降低低合金高强钢的碳含量，减少固溶的合金元素，使其冲击韧性得到进一步提高。

微合金控轧钢是热轧及正火钢中的一个重要的分支，是近年来发展起来的一类新钢种。它采用微合金化（加入微量Nb、V、Ti）和控制轧制等技术达到细化晶粒和沉淀强化相结合的效果。在冶炼工艺上采取了降C、降S、改变夹杂物形态、提高钢的纯净度等措施，使钢材具有均匀的细晶粒等轴晶铁素体基体。微合金化钢就其本质来讲与正火钢类似，它是在低碳的C－Mn钢基础上通过V、Nb、Ti微合金化及炉外精炼、控轧、控冷等工艺，获得细化晶粒和综合力学性能良好的微合金钢。

控轧钢具有高强度、高韧性和良好的焊接性等优点。控轧钢的晶粒比一般正火钢的晶粒细，强度和韧性也高一些，因为正火钢的奥氏体化温度一般为900℃，而控轧时的终轧温度约为850℃。但控轧钢的板厚受到一定限制，板厚增加时晶粒细化和沉淀强化的效果会受到影响。

钢的晶粒尺寸在50μm以下的钢种称为细晶粒钢，细化晶粒可使钢获得强韧性匹配良好的综合力学性能。细化晶粒所采取的主要工艺为控轧或控冷。控轧主要是控制钢材的变形温度和变形量，利用位错强化来韧化钢材；控冷主要是控制钢材的开始形变温度和终了形变温度，以及随后的冷却速度。与控轧相比，控冷对钢材晶粒细化的效果更显著。控轧后立即加速冷却所制造的钢，称为TMCP（Thermo－Mechanical Control Process）钢。

TMCP钢通过控轧控冷技术的应用晶粒尺寸可小于50μm，最小可达到10μm。超细晶粒钢可使晶粒尺寸达到0.1～10μm。TMCP钢具有良好的加工性和焊接性，满足了石油和天然气等工业的需要，这类钢还将在更多的钢结构中得到应用。

控轧钢可用于制造石油、天然气的输送管线，如X60、X65和X70等管线钢为低碳Nb微合金控轧钢，钢中加入微量Nb后，固溶于钢中的Nb使奥氏体再结晶高温转变延迟到低温，形成细小弥散分布的Nb（C、N）化合物，具有沉淀强化以及阻碍轧制过程中再结晶的作用。通过微合金化及控轧作用，获得强度和韧性良好的细晶组织。X60、X65钢中加入适量稀土（Re/S＝2.0～2.5）的目的是提高钢的韧性，改善各向异性。X70钢中除含Nb、V、Ti外，还加入了少量的Ni、Cr和Cu，特别是Mo，使铁素体的形成降到更低的温度，并有利于低温下贝氏体转变，是一种高韧性、高强度的管线钢。

控轧管线钢焊接的主要问题是过热区晶粒粗大使抗冲击性能下降，改善措施是在钢中加入沉淀强化元素（形成 TiO_2、TiN）以防止晶粒长大，优化焊接工艺及规范。

（二）热轧及正火钢的焊接性

低合金钢的焊接性主要取决于它的化学成分和轧制工艺。随着钢材强度级别的提高和合金元素含量的增加，焊接性也随之发生变化。

1. 冷裂纹及影响因素

热轧钢含有少量的合金元素，碳当量比较低，一般情况下冷裂倾向不大。正火钢由于含合金元素较多，淬硬倾向有所增加。强度级别及碳当量较低的正火钢，冷裂纹倾向不大；但随着正火钢碳当量及板厚的增加，淬硬性及冷裂倾向随之增大，需要采取控制焊接线能量、降低扩散氢含量、预热和及时焊后热处理等措施，以防止焊接冷裂纹的产生。

微合金控轧钢的碳含量和碳当量都很低，冷裂纹敏感性较低。除超厚焊接结构外，490MPa 级的微合金控轧钢焊接一般不需要预热。

（1）碳当量（C_{eq}）。淬硬倾向主要取决于钢的化学成分，其中以碳的作用最明显。可以通过碳当量公式来大致估算不同钢种的冷裂敏感性。通常碳当量越高，冷裂敏感性越大。一般认为 $C_{eq} \leqslant 0.4\%$ 时，钢材在焊接过程中基本无淬硬倾向，冷裂敏感性小。屈服强度为 294 ~ 392MPa 的热轧钢的碳当量一般都小于 0.4%，焊接性良好，除钢板厚度很大和环境温度很低等情况外，一般不需要预热和严格控制焊接线能量。碳当量 C_{eq} 为 0.4% ~ 0.6% 时，钢的淬硬倾向逐渐增加，属于有淬硬倾向的钢。屈服强度为 441 ~ 490MPa 的正火钢基本上处于这一范围，其中碳当量不超过 0.5% 时，淬硬倾向不算严重，焊接性尚好，但随着板厚增加需要采取一定的预热措施，如 15MnVN 就是这样。18MnMoNb 的碳当量在 0.5% 以上，它的冷裂敏感性较大，焊接时为避免冷裂纹的产生，需要采取较严格的工艺措施，如严格控制线能量、预热和焊后热处理等。

（2）淬硬倾向。焊接热影响区产生淬硬的马氏体或（M + B + F）混合组织时，对氢致裂纹敏感；而产生 B 或 B + F 组织时，对氢致裂纹不敏感。淬硬倾向可以通过焊接热影响区连续冷却转变图（SHCCT）或钢材的连续冷却组织转变图（CCT）来进行分析。凡是淬硬倾向大的钢材，连续冷却转变曲线都是往右移。

①热轧钢的淬硬倾向。与低碳钢相比，16Mn 在连续冷却时，珠光体转变右移较多，使快冷过程中（如图 2 - 3（a）上的 c 点以左）铁素体析出后剩下的富碳奥氏体来不及转变为珠光体，而是转变为含碳较高的贝氏体和马氏体，具

有淬硬倾向。从图 2－3（a）可以看到 16Mn 手工电弧焊冷速快时，热影响区会出现少量铁素体、贝氏体和大量马氏体。而低碳钢手工电弧焊时（见图 2－3（b）），则出现大量铁素体、少量珠光体和部分贝氏体。因此，16Mn 热轧钢与低碳钢的焊接性有一定差别。但当冷却速度不大时，两者很相近。

②正火钢的淬硬倾向。随着合金元素和强度级别的提高而增大，如 15MnVN 和 18MnMoNb 相比（见图 2－4（a），（b）），两者的差别较大。18MnMoNb 的过冷奥氏体比 15MnVN 稳定得多，特别是在高温转变区。因此，18MnMoNb 冷却下来很容易得到贝氏体和马氏体，它的整个转变曲线比 15MnVN 靠右，淬硬性高于 15MnVN，故冷裂敏感性也比较大。

2. 热裂纹和再热裂纹

（1）焊缝热裂纹。热轧及正火钢一般碳含量较低、而 Mn 含量较高，因此这类钢的 Mn/S 比能达到要求，具有较好的抗热裂性能，焊接过程中的热裂纹倾向较小，正常情况下焊缝中不会出现热裂纹。但个别情况下也会在焊缝中出现热裂纹，这主要与热轧及正火钢中 C、S、P 等元素含量偏高或严重偏低有关。

焊缝中的碳含量越高，为了防止硫的有害作用，所需的 Mn 含量也要求越高；随着碳含量的增加，要求 Mn/S 比也提高。当碳含量是 0.12% 时，Mn/S 比不应低于 10，而碳含量是 0.16% 时，Mn/S 比就应大于 40 才能不出现热裂纹。

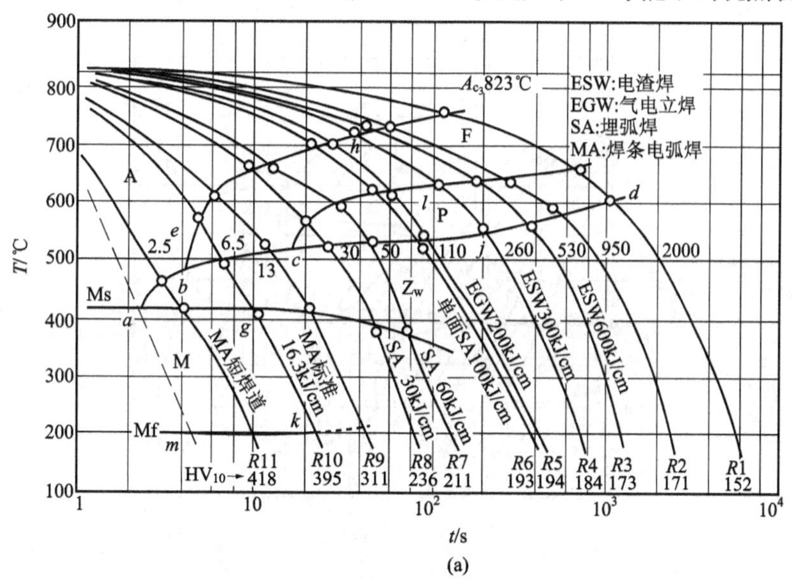

(a)

图 2－3　热轧钢（16Mn）和低碳钢的焊接连续冷却组织转变图（SHCCT）

（a）16Mn（w_C0.15%，w_{Si} 0.37%，w_{Mn}1.32%，w_P0.012%，w_S0.009%，w_{Cu}0.03%，T_m 1 350℃）

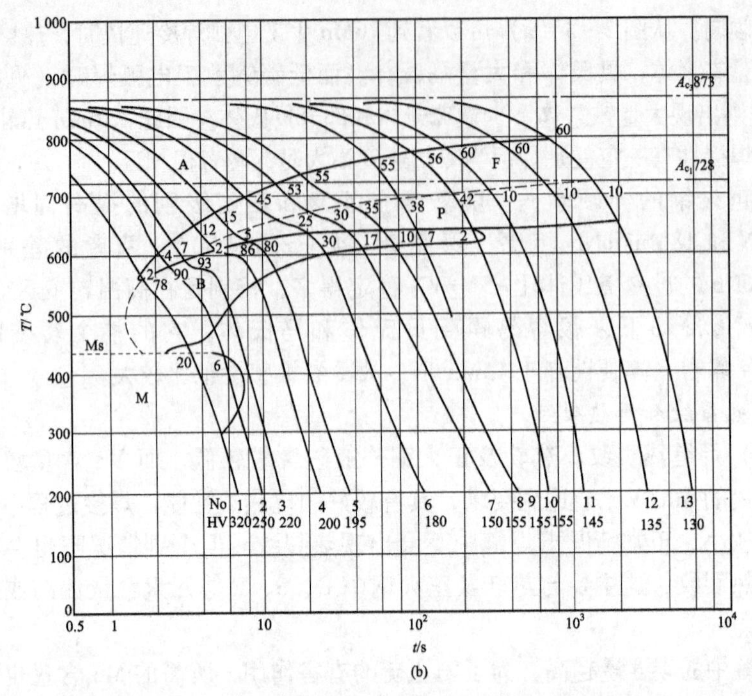

图 2-3 热轧钢（16Mn）和低碳钢的焊接连续冷却组织转变图（SHCCT）（续）

（b）低碳钢（w_C0.18%，w_{Si}0.25%，w_{Mn}0.50%，w_P0.018%，w_S0.022%，T_m 1 300℃）

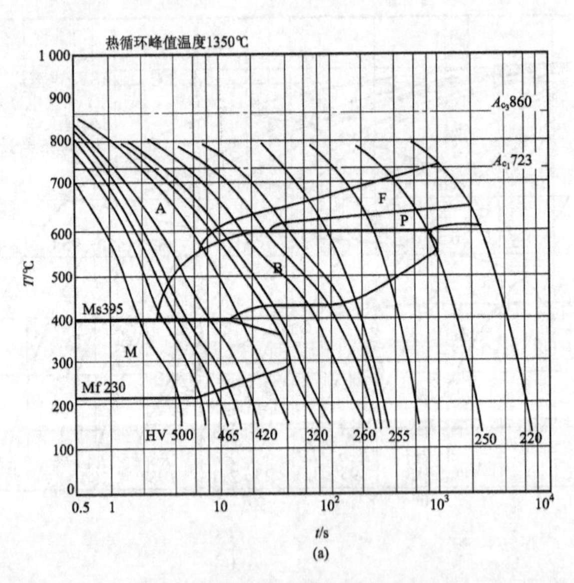

图 2-4 正火钢的焊接连续冷却组织转变图（SHCCT）

（a）15MnVN（w_C0.20%，w_{Si}0.32%，w_{Mn}1.64%，w_P0.013%，w_S0.016%，w_V0.16%，w_N0.016%，T_m1 350℃）

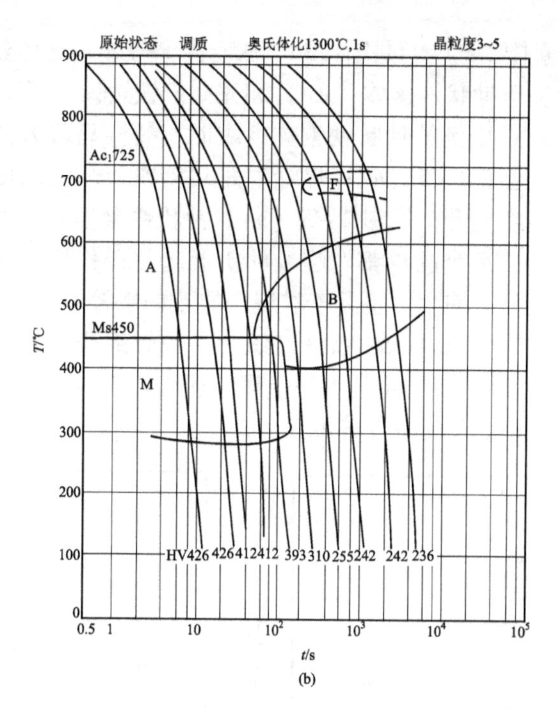

图 2-4　正火钢的焊接连续冷却组织转变图（SHCCT）（续）

(b) 18MnMoNb (w_C0.21%, w_{Si}0.32%, w_{Mn}1.55%, w_P0.014%, w_S0.017%, w_{Mo}0.55%, w_{Nb}0.036%, T_m1 300℃)

（2）再热裂纹。含 Mo 正火钢厚壁压力容器之类的焊接结构，进行焊后消除应力热处理或焊后再次高温加热（包括长期高温使用）的过程中，可能出现另一种形式的裂纹，即再热裂纹（简称 SR 裂纹）。其他有沉淀强化的钢或合金（如珠光体耐热钢、奥氏体不锈钢等）的焊接接头中，也可能产生再热裂纹。

再热裂纹一般产生在热影响区的粗晶区，裂纹沿熔合区方向在粗晶区的奥氏体晶界断续发展，产生原因与杂质元素在奥氏体晶界偏聚及碳化物析出"二次硬化"导致的晶界脆化有关。再热裂纹的产生一般须有较大的焊接残余应力，因此在拘束度大的厚大工件中或应力集中部位更容易出现再热裂纹。

3. 焊缝的组织和韧性

韧性是表征金属对脆性裂纹产生和扩展难易程度的性能。低合金钢组织对韧性的影响受多种因素的控制，如显微组织、夹杂和析出物等。即使是相同的组织，其数量、晶粒尺寸、形态等不同，韧性也不一样。尽管影响焊缝金属韧性的因素很复杂，但起决定作用的是显微组织。低合金高强钢焊缝金属的组织主要包括：先共析铁素体 PF（也叫晶界铁素体 GBF）、侧板条铁素体FSP、针状铁素体AF、上贝氏体Bu、珠光体P等，马氏体较少。

焊缝韧性取决于针状铁素体（AF）和先共析铁素体（PF）组织所占的比例。焊缝中存在较高比例的针状铁素体组织时，韧性显著升高，韧脆转变温度（vT_{rs}）降低，见图2-5（a）；焊缝中先共析铁素体组织比例增多则韧性下降，韧脆转变温度上升，见图2-5（b）。针状铁素体晶粒细小，晶粒边界交角大且相互交叉，每个晶界都对裂纹的扩展起阻碍作用；而先共析铁素体沿晶界分布，裂纹易于萌生、也易于扩展，导致韧性较差。

进一步研究表明，以针状铁素体组织为主的焊缝金属，屈强比一般大于0.8；以先共析铁素体组织为主的焊缝金属，屈强比多在0.8以下；焊缝金属中有上贝氏体存在时，屈强比小于0.7。

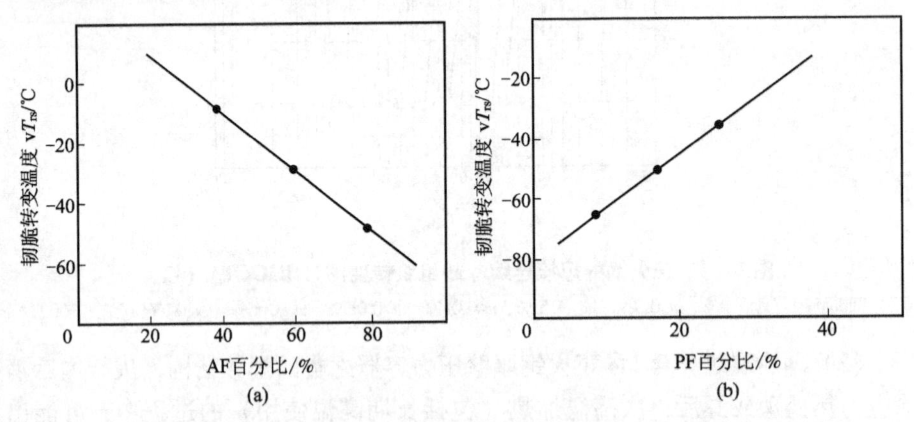

图2-5 不同铁素体形态对高强钢焊缝韧性的影响

（a）AF对vT_{rs}的影响；（b）PF对vT_{rs}的影响

4. 热影响区脆化

（1）粗晶区脆化。被加热到1 200℃以上的热影响区过热区可能产生粗晶区脆化，韧性明显降低。这是由于热轧钢焊接时，采用过大的焊接线能量，粗晶区将因晶粒长大或出现魏氏组织而降低韧性；焊接线能量过小，粗晶区中马氏体组织所占的比例增大而降低韧性，这在焊接碳含量偏高的热轧钢时较明显。

含有碳、氮化物形成元素的正火钢（如15MnVN等）采用过大的焊接线能量时，粗晶区的V（C、N）析出相基本固溶，这时V（C、N）化合物抑制奥氏体晶粒长大及组织细化作用被削弱，粗晶区易出现粗大晶粒及上贝氏体、M-A组元等，导致粗晶区韧性降低和时效敏感性的增大。

采用小焊接线能量是避免这类钢过热区脆化的一个有效措施。对含碳量偏高的热轧钢，焊接线能量要适中；对于含有碳、氮化物形成元素的正火钢，应选用较小的焊接线能量。如果为了提高生产率而采用大线能量时，焊后应采用800℃ ~1 050℃正火处理来改善韧性。但正火温度超过1 100℃，晶粒会迅速长大，将导致焊接接头和母材的韧性急剧下降。

在主要合金元素相同的条件下，钢中含有不同类型和不同数量杂质时，热影响区粗晶区的韧性也会显著降低。S 和 P 均降低热影响区的韧性（见图2 -6），特别是大线能量焊接时，P 的影响较为严重。$w_P > 0.013\%$ 时，韧性明显下降。

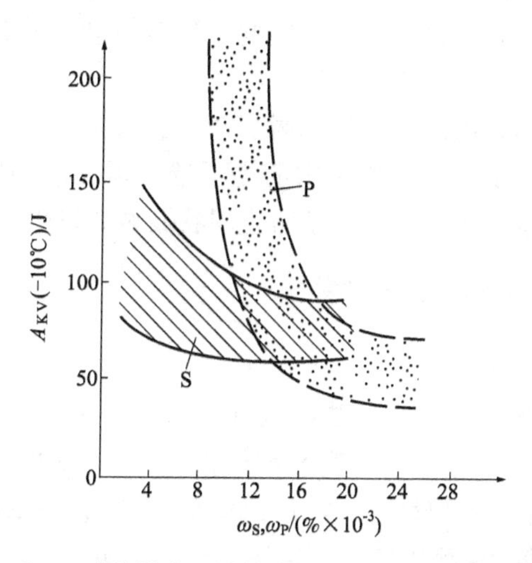

图2 -6　S、P 对热影响区韧性的影响（低合金钢三丝埋弧焊）

（2）热应变脆化。产生在焊接熔合区及最高加热温度低于 A_{c_1} 的亚临界热影响区。对于 C - Mn 系热轧钢及氮含量较高的钢，一般认为热应变脆化是由于氮、碳原子聚集在位错周围，对位错造成钉轧作用造成的。一般认为在200℃ ~400℃时热应变脆化最为明显，当焊前已经存在缺口时，会使亚临界热影响区的热应变脆化更为严重。熔合区易于产生热应变脆化与此区域常存在缺口性质的缺陷和不利组织有关。

热应变脆化易于发生在一些固溶 N 含量较高而强度级别不高的低合金钢中，如抗拉强度 490MPa 级的 C - Mn 钢。在钢中加入足够量的氮化物形成元素（如 Al、Ti、V 等），可以降低热应变脆化倾向，如 15MnVN 比 16Mn 的热应变脆化倾向小。退火处理也可大幅度恢复韧性，降低热应变脆化，如 16Mn 经 600℃ ×1h 退火处理后，韧性大幅度提高，热应变脆化倾向明显减小。

5. *层状撕裂*

层状撕裂是一种特殊形式的裂纹，它主要发生于要求熔透的角接接头或丁字接头的厚板结构中。焊接大型厚板焊接结构（如海洋工程、锅炉吊架、核反应堆及船舶等）时，如果在钢材厚度方向承受较大的拉伸应力时，可能沿钢材轧制方向发生呈明显阶梯状的层状撕裂。

层状撕裂的产生不受钢材种类和强度级别的限制，从 Z 向拘束力考虑，层状撕裂与板厚有关，板厚在 16mm 以下一般不会产生层状撕裂。从钢材本质来说，主要取决于冶炼质量，钢中的片状硫化物与层状硅酸盐或大量成片地密集于同一平面内的氧化物夹杂都使 Z 向塑性降低，导致层状撕裂的产生，其中层片状硫化物的影响最为严重。因此，硫含量和 Z 向断面收缩率是评定钢材层状撕裂敏感性的主要指标。

合理选择层状撕裂敏感性小的钢材、改善接头形式以减轻钢板 Z 向所承受的应力应变、在满足产品使用要求前提下选用强度级别较低的焊接材料及采用预热及降氢等辅助措施，有利于防止层状撕裂的发生。

（三）热轧及正火钢的焊接工艺

1. 焊接方法的选择

热轧及正火钢焊接对焊接方法的选择无特殊要求，手工电弧焊、埋弧自动焊、气体保护焊、电渣焊、压焊等焊接方法都可以采用。可根据材料厚度、产品结构、使用性能要求及生产条件等选择。其中，手工电弧焊、埋弧自动焊、CO_2气体保护焊是热轧及正火钢常用的焊接方法。

2. 坡口加工、装配及定位焊

坡口加工可采用机械加工，其加工精度较高，也可采用火焰切割或碳弧气刨。对强度级别较高、厚度较大的钢材，经过火焰切割和碳弧气刨的坡口应用砂轮仔细打磨、清除氧化皮及凹槽；在坡口两侧约 50mm 范围内，应去除水、油、锈及脏物等。

焊接件的装配间隙不应过大，尽量避免强力装配，减小焊接应力。为防止定位焊缝开裂，要求定位焊缝应有足够的长度（一般不小于 50mm），对厚度较薄的板材定位焊缝应不小于 4 倍板厚。定位点固焊应选用同类型的焊接材料，也可选用强度稍低的焊条或焊丝。定位焊的顺序应能防止过大的拘束、允许工件有适当的变形，点固焊缝应对称均匀分布。定位焊所用的焊接电流可稍大于焊接时的焊接电流。

3. 焊接材料的选择

低合金钢选择焊接材料时必须考虑两方面的问题：一是不能有裂纹等焊接缺陷；二是能满足使用性能要求。选择焊接材料的依据是保证焊缝金属的强度、塑性和韧性等力学性能与母材相匹配。

热轧及正火钢焊接一般是根据其强度级别选择焊接材料，而不要求与母材同成分，其要点如下：

（1）选择与母材力学性能匹配的相应级别的焊接材料。从焊接区力学性能“等强匹配”的角度选择焊接材料，一般要求焊缝的强度性能与母材相同或稍低于母材。焊缝中的碳含量不应超过0.14%，焊缝中其他合金元素也要求低于母材中的含量，以防止裂纹及焊缝强度过高。

（2）考虑熔合比和冷却速度的影响。焊缝的化学成分和性能与母材的熔入量（熔合比）有很大关系，而焊缝组织的过饱和度与冷却速度有很大关系。采用同样的焊接材料，由于熔合比或冷却速度不同，所得焊缝的性能会有很大差别。因此，焊条或焊丝成分的选择应考虑到板厚和坡口形式的影响。薄板焊接时熔合比较大，应选用强度较低的焊接材料，厚板深坡口则相反。

（3）考虑焊后热处理对焊缝力学性能的影响。当焊缝强度余量不大时，焊后热处理（如消除应力退火）后焊缝强度有可能低于要求。因此，对于焊后要进行正火处理的焊缝，应选择强度高一些的焊接材料。

热轧及正火钢焊接材料的选用见表2－4。为保证焊接过程的低氢条件，焊丝应严格去油，必要时应对焊丝进行真空除氢处理。保护气体水分含量较多时要进行干燥处理。刚性较大的焊接结构件，对焊前不便预热、焊后不能进行热处理的部位，在不要求母材与焊缝金属等强度的条件下，可采用奥氏体不锈钢焊条，如E309－15、E310－15等。

表2－4　热轧及正火钢焊接用的焊接材料

牌号	强度级别 σ_s/MPa	手弧焊焊条	埋弧焊		电渣焊		CO_2气体保护焊
			焊剂	焊丝	焊剂	焊丝	焊丝
09Mn2 09Mn2Si 09MnV	294	E4301 E4303 E4315 E4316	HJ430 HJ431 SJ301	H08A H08MnA	—	—	H10MnSi H08Mn2Si H08Mn2SiA
16Mn 16MnCu 14MnNb	343	E5001 E5003 E5015 E5015－G E5016 E5016－G E5018 E5028	SJ501	薄板：H08A H08MnA	HJ431 HJ360	H08MnMoA	H08Mn2Si H08Mn2SiA YJ502－1 YJ502－3 YJ506－4
			HJ430 HJ431 SJ301	不开坡口对接 H08A 中板开坡口对接 H08MnA H10Mn2			
			HJ350	厚板深坡口 H10Mn2 H08MnMoA			

续表

<table>
<tr><th rowspan="2">牌号</th><th>强度级别</th><th>手弧焊</th><th colspan="2">埋弧焊</th><th colspan="2">电渣焊</th><th>CO_2气体保护焊</th></tr>
<tr><th>σ_s/MPa</th><th>焊条</th><th>焊剂</th><th>焊丝</th><th>焊剂</th><th>焊丝</th><th>焊丝</th></tr>
<tr><td rowspan="2">15MnV
15MnVCu
16MnNb</td><td rowspan="2">392</td><td rowspan="2">E5001
E5003
E5015
E5015 - G
E5016
E5016 - G
E5018
E5028
E5515 - G
E5516 - G</td><td>HJ430
HJ431</td><td>不开坡口对接
H08MnA
中板开坡口对接
H10Mn2
H10MnSi</td><td rowspan="2">HJ431
HJ360</td><td rowspan="2">H10MnMo
H08Mn2MoVA</td><td rowspan="2">H08Mn2Si
H08Mn2SiA</td></tr>
<tr><td>HJ250
HJ350
SJ101</td><td>厚板深坡口
H08MnMoA</td></tr>
<tr><td rowspan="2">15MnVN
15MnVTiRE
15MnVNCu</td><td rowspan="2">441</td><td rowspan="2">E5515 - G
E5516 - G
E6015 - D_1
E6015 - G
E6016 - D</td><td>HJ431</td><td>H10Mn2</td><td rowspan="2">HJ431
HJ360</td><td rowspan="2">HH10MnMo
H08Mn2MoVA</td><td rowspan="2">H08Mn2Si
H08Mn2SiA</td></tr>
<tr><td>HJ350
HJ250
SJ101</td><td>H08MnMoA
H08Mn2MoA</td></tr>
<tr><td>18MnMoNb
14MnMoV
14MnMoVCu</td><td>490</td><td>E6015 - D_1
E6015 - G
E6016 - D_1
E7015 - D_2
E7015 - G</td><td>HJ250
HJ350
SJ101</td><td>H08Mn2MoA
H08Mn2MoVA
H08Mn2NiMo</td><td>HJ431
HJ360
HJ250</td><td>H10Mn2MoA
H10Mn2MoVA
H10Mn2NiMoA</td><td>H08Mn2SiMoA</td></tr>
<tr><td>X60
X65</td><td>414
450</td><td>E4311
E5011
E5015</td><td>HJ431
SJ101</td><td>H08Mn2MoA
H08MnMoA</td><td>—</td><td>—</td><td>—</td></tr>
</table>

4. *焊接工艺参数的确定*

（1）焊接线能量。焊接线能量取决于接头区是否出现冷裂纹和热影响区脆化。对于碳当量（C_{eq}）小于0.40%的热轧及正火钢，如09Mn2、09Mn2Si和16Mn，焊接线能量的选择可适当放宽。碳当量大于0.40%的钢种，随其碳当量和强度级别的提高，所适用的焊接线能量的范围随之变窄。焊接碳当量为0.40%～0.60%的热轧及正火钢时，由于淬硬倾向加大，马氏体含量也增加，小线能量时冷裂倾向会增大，过热区的脆化也变得严重，在这种情况下线能量偏大一些比较好。但在加大线能量、降低冷速的同时，会引起接头区过热的加剧（增大线能量对冷速的降低效果有限，但对过热的影响较明显）。在这种情况下采用大线能量的效果不如采用小线能量＋预热更有效。预热温度控制恰当时，既能避免产生裂纹，又能防止晶粒过热。

焊接线能量对热轧及正火钢热影响区晶粒尺寸和冲击韧性的影响见图2－7。对于一些含Nb、V、Ti的正火钢，为了避免焊接中由于沉淀析出相的溶入以及晶粒过热引起的热影响区脆化，焊接线能量应偏小一些。焊接屈服强度440MPa以上的低合金钢或重要结构件，严禁在非焊接部位引弧。多层焊的第一道焊缝需用小直径的焊条及小线能量进行焊接，减小熔合比。

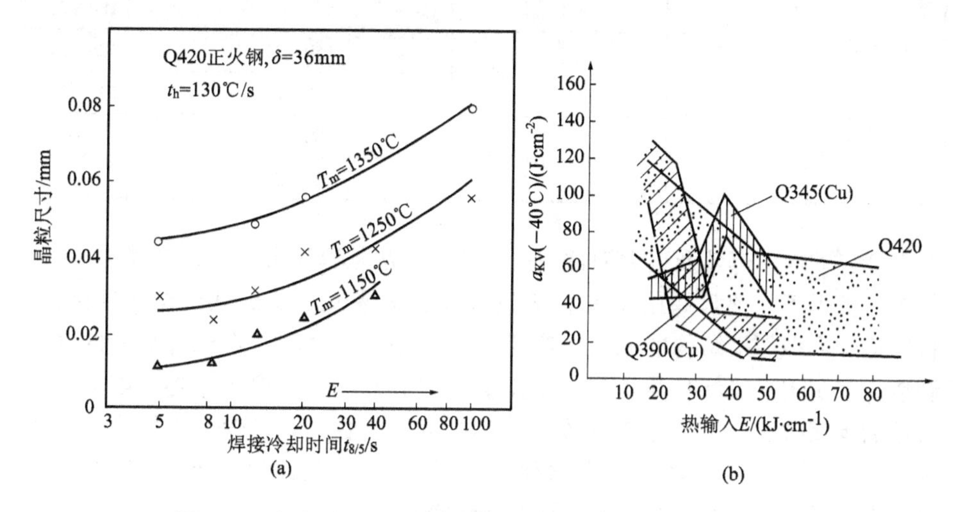

图2－7　焊接线能量对热影响区晶粒尺寸和冲击韧性的影响

（a）冷却时间 $t_{8/5}$ 与晶粒尺寸的关系；（b）线能量对热影响区韧性的影响

热轧及正火钢焊接的典型工艺参数如下。

①手工电弧焊。适用于各种不规则形状、各种焊接位置的焊缝。主要根据焊件厚度、坡口形式、焊缝位置等选择焊接工艺参数。多层焊的第一层以及非平焊位置焊接时，焊条直径应小一些。热轧及正火钢的焊接性良好，在保证焊接质量的前提下，应尽可能采用大直径焊条和适当稍大的焊接电流，以提高生产率。热轧及正火钢手工电弧焊的工艺参数见表2－5。

表2－5　热轧及正火钢手工电弧焊的工艺参数

焊缝空间位置	坡口形式	焊件厚度/mm	第一层焊缝		其他各层焊缝		封底焊缝	
			焊条直径/mm	焊接电流/A	焊条直径/mm	焊接电流/A	焊条直径/mm	焊接电流/A
平对接焊缝	I形	2	2	55～60	—	—	2	55～60
		2.5～4	3.2	90～120	—	—	3.2	90～120
		4～5	3.2	100～130	—	—	3.2	100～130
			4	160～200	—	—	4	160～120

续表

焊缝空间位置	坡口形式	焊件厚度/mm	第一层焊缝		其他各层焊缝		封底焊缝	
			焊条直径/mm	焊接电流/A	焊条直径/mm	焊接电流/A	焊条直径/mm	焊接电流/A
	V形	5~6	4	160~210	—	—	3.2	100~130
							4	180~210
		≥6	4	160~210	4	160~210	4	180~210
					5	220~280	5	220~260
	X形	≥12	4	160~210	4	160~210	—	—
					5	220~280	—	—

②自动焊。热轧及正火钢常用的自动焊方法是埋弧自动焊、电渣焊、CO_2气体保护焊等。埋弧焊由于具有熔敷率高、熔深大以及机械化操作的优点，特别适于大型焊接结构的制造，广泛用于船舶、管道和要求长直焊缝的结构制造，多用于平焊和平角焊。对于厚壁压力容器等大型厚板结构，电渣焊是常用的焊接方法，由于电渣焊焊缝及热影响区晶粒粗化，焊后需要进行正火处理。CO_2气体保护焊具有操作方便、生产率高、焊接热输入小、热影响区窄等优点，适于不同位置焊缝的低合金钢焊接。

16Mn 钢对接和角接埋弧焊的工艺参数见表 2-6。热轧及正火钢 CO_2气体保护焊的工艺参数见表 2-7。

表 2-6 16Mn 钢对接和角接埋弧焊的工艺参数

接头形式	焊件厚度/mm	焊缝次序（层数）	焊丝直径/mm	焊接电流/A	焊接电压/V	焊接速度/($m \cdot h^{-1}$)	焊丝+焊剂
不开坡口（双面焊）	8	正	4.0	550~580	34~36	34.5	H08A+HJ431
		反		600~650			
	10~12	正	4.0	620~680	36~38	32	H08A+HJ431
		反		680~700			
V形坡口（双面焊）α=60°~70°	14~16	正	4.0	600~640	34~36	29.5	H08A+HJ431
		反		620~680			
	18~20	正	4.0	680~700	36~38	27.5	H08MnA+HJ431
		反		700~720			
	22~25	正	4.0	700~720	36~38	21.5	H08MnA+HJ431
		反		720~740			
T形接头不开坡口（双面焊）	16~18	（2）	4.0	600~650	32~34	34~38	H08A+HJ431
				680~720	36~38	24~29	
	20~25	（2）	4.0	600~700	32~34	30~36	H08A+HJ431
				720~760	36~38	21~26	

表2-7　热轧及正火钢 CO_2 气体保护焊的工艺参数

焊　接	焊丝直径/mm	保护气体	气体流量/(L·min⁻¹)	预热或层间温度/℃	焊接参数		
					焊接电流/A	焊接电压/V	焊接速度/(cm·min⁻¹)
单道焊	1.2	CO_2	8~15	~100	100~150	21~24	12~18
多道焊			8~15	≤100	160~240	22~26	14~22
单道焊	1.6	CO_2	10~18	~100	300~360	33~35	20~26
多道焊			10~18	≤100	280~340	30~32	18~24

③氩弧焊。用于一些重要低合金钢多层焊缝的打底焊、管道打底焊或管-板焊接，以保证焊缝根部的焊接质量（焊缝根部往往是最容易产生裂纹的部位）。热轧及正火钢钨极氩弧焊的工艺参数见表2-8，熔化极氩弧焊的工艺参数见表2-9。

表2-8　热轧及正火钢钨极氩弧焊的工艺参数

焊件厚度/mm	钨棒直径/mm	焊丝直径/mm	焊接电流/A	焊接电压/V	气体流量/(L·min⁻¹)
1.0~1.5	1.5	1.6	35~80	11~15	3.5~5.0
2.0	2.0	2.0	75~120	11~15	5.0~6.0
3.0	2.0~2.5	2.0	110~160	11~15	6.0~7.0

表2-9　热轧及正火钢熔化极氩弧焊的工艺参数

对接形式	焊件厚度/mm	焊丝直径/mm	焊接电流/A	焊接电压/V	焊接速度/(cm·min⁻¹)	焊接层数	氩气流量/(L·min⁻¹)
I形坡口	2.5~3.0	1.6~2.0	190~300	20~30	30~60	1	6~8
	4.0	2.0~2.5	240~330	20~30	30~60	1	7~9
V形坡口	6.0~8.0	2.0~3.0	300~430	20~30	25~50	1~2	9~15
	10	2.0~3.0	360~460	20~30	25~50	2	12~17

（2）预热和焊后热处理。预热和焊后热处理的目的主要是为了防止裂纹，也有一定的改善组织、性能的作用。强度级别较高或钢板厚度较大的结构件焊前应预热，焊后进行热处理。

1）预热。预热温度与钢材的淬硬性、板厚、拘束度和氢含量等因素有关，工程中必须结合具体情况经试验后才能确定，推荐的一些预热温度只能作为参考。多层焊时应保持层间温度不低于预热温度，但也要避免层间温度过高引起的不利影响，如韧性下降等。不同环境温度下焊接16Mn钢的预热温度见表2－10。

表2－10 不同环境温度下焊接16Mn钢的预热温度

板厚/mm	预热温度
16以下	不低于－10℃不预热，－10℃以下预热100℃～150℃
16～24	不低于－5℃不预热，－5℃以下预热100℃～150℃
25～40	不低于0℃不预热，0℃以下预热100℃～150℃
40以上	均预热100℃～150℃

2）焊后热处理。除了电渣焊由于接头区严重过热而需要进行正火处理外，其他焊接条件应根据使用要求来考虑是否需要焊后热处理。热轧及正火钢一般不需要焊后热处理，但对要求抗应力腐蚀的焊接结构、低温下使用的焊接结构和厚板结构等，焊后需进行消除应力的高温回火。确定焊后回火温度的原则是：

①不要超过母材原来的回火温度，以免影响母材本身的性能。

②对于有回火脆性的材料，要避开出现回火脆性的温度区间。

例如，对含V或V＋Mo的低合金钢，回火时应提高冷却速度，避免在600℃左右的温度区间停留较长时间，以免因V的二次碳化物析出而造成脆化；15MnVN的消除应力热处理的温度为550℃±25℃。

如焊后不能及时进行热处理，应立即在200℃～350℃保温2～6h，以便焊接区的氢扩散逸出。为了消除焊接应力，焊后应立即轻轻锤击焊缝金属表面，但这不适用于塑性较差的钢件。强度级别较高或重要的焊接结构件，应用机械方法（砂轮等）修整焊缝外形，使其平滑过渡到母材，减小应力集中。热轧及正火钢的预热和焊后热处理工艺参数见表2－11。

表2－11 热轧及正火钢预热和焊后热处理的工艺参数

强度级别 σ_s/MPa	典型钢种	预热温度	焊后热处理工艺	
			电弧焊	电渣焊
294	09Mn2，09MnV 09Mn2Si	不预热 （一般供应的板厚$\delta\leqslant$16mm）	一般热处理	—
343	16Mn 14MnNb	100℃～150℃ （$\delta\geqslant$16mm）	一般不进行， 或600℃～650℃回火	900℃～930℃正火 600℃～650℃回火
393	15MnV 15MnTi 16MnNb	100℃～150℃ （$\delta\geqslant$28mm）	560℃～590℃或 630℃～650℃回火	950℃～980℃正火 560℃～590℃或 630℃～650℃回火

续表

强度级别 σ_s/MPa	典型钢种	预热温度	焊后热处理工艺	
			电弧焊	电渣焊
442	15MnVN 15MnVTiRE	100℃～150℃ （δ≥25mm）	—	950℃正火 650℃回火
491	18MnMoNb 14MnMoV	≥200℃	600℃～650℃回火	950℃～980℃正火 600℃～650℃回火

（四）典型案例——工字梁焊接

某大型车间按工艺要求布置，共设置H形36m长钢梁6根，钢梁规格及截面形式见图2－8，其材质为16Mn。

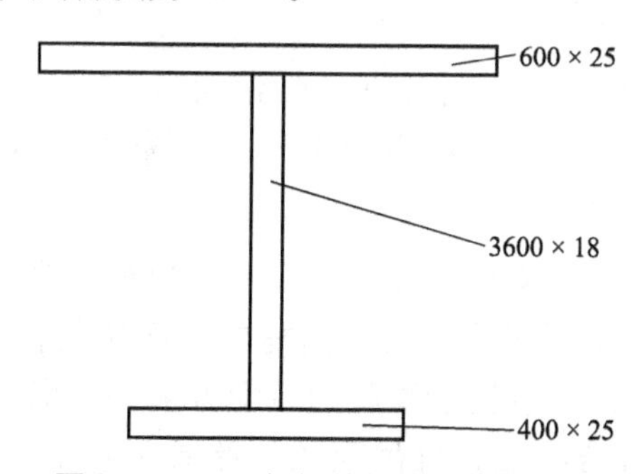

图2－8　36m钢梁的规格及截面形式

钢梁上、下翼板及腹板的拼装，装配H形梁，四条角焊缝采用埋弧自动焊。上翼板与腹板的连接焊缝要求焊透，其中下翼受拉区的对接焊缝质量等级为Ⅰ级，其他部位等强拼接，级别为Ⅱ级。焊接材料见表2－12。

表2－12　焊接材料

焊接方法	焊接材料	焊条（丝）牌号	焊条（丝）直径/mm
手工焊	16Mn	E5015	4.0
埋弧焊	16Mn	H08MnA	4.0

1. 组装要求

（1）梁的高度误差不得超过15mm；

（2）接口截面错位≤2mm；

（3）两端支承面最外侧距离为10mm±0.5mm。

2. 梁焊接

坡口一律采用半自动切割，坡口形式根据经验选择，因36m钢梁板厚为18~30mm，坡口加工宜开单面或双面坡口（如图2-9），钝边$P=1/3\delta$。拼接及H形梁装配焊接时，为减少起弧、熄弧时对焊缝质量的影响，焊接前必须加引弧、熄弧板，工艺规范同母材。对头道打底焊焊缝，实施反面清根工艺。通过焊接模拟试验，得出反面气刨清根是焊透必备的工艺，清根后用砂轮打磨，形成U形坡口，对可能出现焊偏的部位用直径ϕ3.2低氢型焊条打底，再实施焊接。

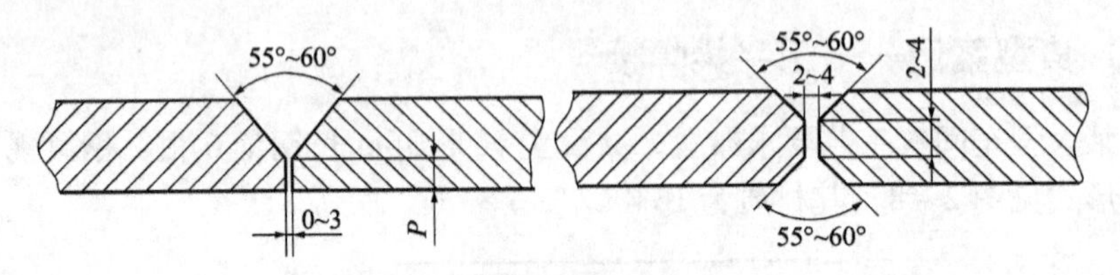

图2-9 坡口形式

(a) 腹板加工坡口形式；(b) 上、下翼板坡口形式

3. 钢梁装配

工字梁装配需保证翼缘板中心与腹板中心相对位置，即中心重合，盖板与腹板相互垂直。加工现场采用制作简易的装配胎具，要求采用腹板水平，上、下翼板垂直地面，并可调节高度的装配方法，装配后的工字梁，点焊要牢固。几何尺寸检查合格后，可吊至船形胎具上待焊。点焊焊缝要求$K\geqslant$6mm，长30~50mm。

4. 焊接工艺

对钢梁工地拼装、腹板装配等不便于自动施焊的焊缝采用手工电弧焊，其余均采用埋弧自动焊。最大焊角高度为16mm，钢梁材质为16Mn，碳当量为0.345%~0.491%。在低温下或大刚性、大厚度结构上施焊，应适当降低焊接速度，增加焊接电流，有助于避免淬硬组织或裂纹。多数情况下，裂纹往往出现在头道焊缝或焊根上，所以头道焊缝及点固焊的焊接工艺很关键。施焊要求必须等同正式焊接要求。

5. 焊接顺序

腹板焊接：腹板拼焊时为减少焊后变形，原则上先焊短焊缝，后焊长焊缝，焊接顺序为1-2-3，见图2-10。工字梁焊接顺序为1-4-2-3，见图2-11。

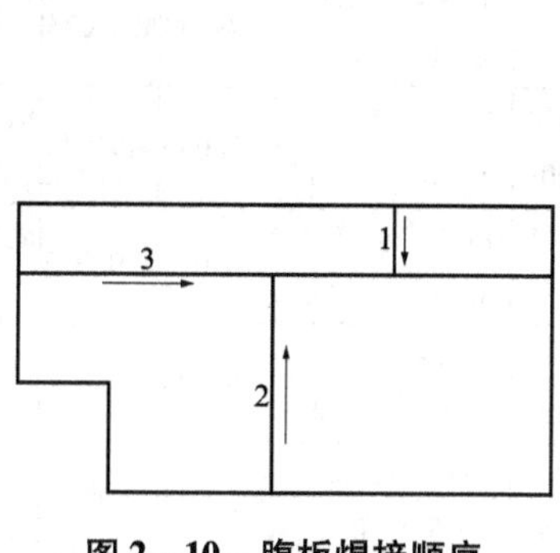

图 2-10 腹板焊接顺序

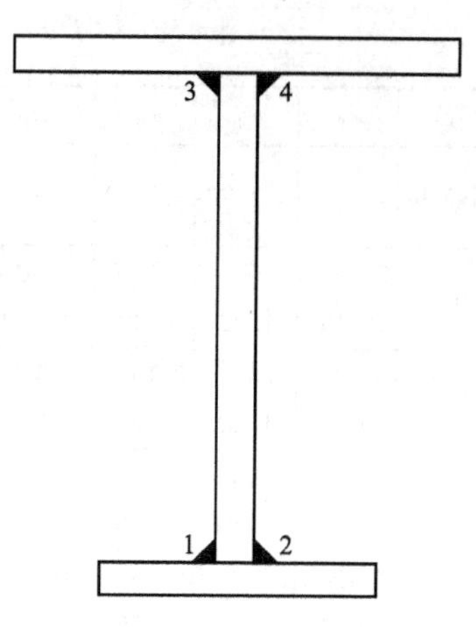

图 2-11 工字梁焊接顺序

焊后的工字梁仍有少量的角变形，可用火焰矫正，在翼缘表面采用 5 号加热嘴中性焰，长条形法加热，加热温度 700℃ ~900℃，以母材出现樱红色为宜。在 36m H 形钢梁施工过程中，由于采取了有效的工艺措施，保证了焊接质量。

任务三 低碳调质钢的焊接

热轧及正火钢依靠增添合金元素和通过固溶强化、弥散强化的途径提高强度到一定程度之后，会导致塑、韧性的下降。因此，抗拉强度 $\sigma_b \geqslant 600$MPa 的高强度钢都采用调质处理，通过组织强韧化获得很高的综合力学性能。低碳调质钢的抗拉强度（σ_b）一般为 600 ~ 1 300MPa，属于热处理强化钢。这类钢既具有较高的强度，又有良好的塑性和韧性。

（一）低碳调质钢的种类、成分及性能

低碳调质钢具有较高的强度和良好的塑性、韧性和耐磨性，特别是裂纹敏感性低，在工程结构制造中有广阔的应用前景。低碳调质钢的化学成分和力学性能见表 2-13 和表 2-14。

表 2-13 低碳调质钢的化学成分 %

钢 号	w_C	w_{Mn}	w_{Si}	w_{Ni}	w_{Cr}	w_{Mo}	w_V	w_S	w_P	其 他
14MnMoVN	0.14	1.41	0.30	—	—	0.47	0.13	0.025	0.012	w_N0.015
14MnMoNbB	0.12 ~ 0.18	1.30 ~ 1.80	0.15 ~ 0.35	—	—	0.45 ~ 0.70	—	≤0.03	≤0.03	w_{Nb}0.04 w_B0.001

续表

钢　号	w_C	w_{Mn}	w_{Si}	w_{Ni}	w_{Cr}	w_{Mo}	w_V	w_S	w_P	其　他
15MnMoVNRe	≤0.18	≤1.70	≤0.60	—	—	0.35～0.60	0.03～0.08	≤0.030	≤0.035	w_{Re}0.10～0.20
HQ70	0.09～0.16	0.60～1.20	0.15～0.40	0.30～1.00	0.30～0.60	0.20～0.40	V+Nb ≤0.10	≤0.030	≤0.030	w_B0.0005～0.0030
HQ80C	0.10～0.16	0.60～1.20	0.15～0.35	Cu 0.15～0.5	0.60～1.20	0.20～0.40	0.03～0.08	≤0.015	≤0.025	w_B0.0005～0.0050
HQ100	0.10～0.18	0.80～1.40	0.15～0.35	0.70～1.50	0.40～0.80	0.30～0.60	0.03～0.08	≤0.030	≤0.030	—
（美）T-1	0.12～0.21	0.60～1.0	0.15～0.35	0.70～1.0	0.40～0.65	0.40～0.6	0.03～0.08	≤0.035	≤0.04	w_{Cu}0.30 w_B0.004
（美）HY-80	0.12～0.18	0.10～0.40	0.15～0.35	2.0～3.25	1.0～1.80	0.20～0.60	≤0.03	≤0.025	≤0.025	w_{Cu}≤0.25 w_{Ti}≤0.02
（美）HY-100	0.12～0.20	0.10～0.40	0.15～0.35	2.25～3.50	1.00～1.80	0.20～0.60	～0.03	≤0.025	≤0.025	w_{Cu}≤0.25 w_{Ti}≤0.02
（美）HY-130	≤0.12	0.60～0.90	0.15～0.35	4.75～5.25	0.40～0.70	0.30～0.65	0.05～0.10	≤0.005	≤0.010	—
（日）WEL-TEN80	≤0.16	0.60～1.20	0.15～0.35	0.40～1.50	0.40～0.80	0.30～0.60	≤0.10	≤0.030	≤0.030	w_{Cu}0.15～0.50
（日）NS80C	≤0.10	0.35～0.90	0.15～0.40	3.50～4.5	0.30～1.00	0.20～0.60	≤0.10	≤0.010	≤0.015	w_{Cu}≤0.15

表2-14　低碳调质钢的力学性能

钢　号	板厚/mm	拉伸性能			冲击性能		
		抗拉强度 σ_b/MPa	屈服强度 σ_s/MPa	伸长率 δ/%	试验温度/℃	缺口形式	冲击功 A_{KV}/J
14MnMoVN	18～40	≥690	≥590	≥15	-40	U	≥27
14MnMoNbB	<8 10～50	≥755	≥686	≥12 ≥13	-40	U	≥31
15MnMoVNRe	≤16 17～30	—	≥686 ≥666	—	-40	U	≥27
HQ70	—	≥680	≥590	≥17	-10℃ -40℃	V V	≥39 ≥29
HQ80	—	≥785	≥685	≥16	-10℃ -40℃	V V	≥47 ≥29
HQ100	—	≥950	≥880	≥10	-25℃	V	≥27

续表

钢　号	板厚/mm	拉伸性能			冲击性能		
		抗拉强度 σ_b/MPa	屈服强度 σ_s/MPa	伸长率 δ/%	试验温度/℃	缺口形式	冲击功 A_{KV}/J
（美）T-1	5~64 65~150	794~931 725~951	686 617	18 16	-46	V	≥68
（美）HY-80	<16 16~51	—	540~686 540~656	≥19 ≥20	-85	V	≥81 ≥81
（美）HY-100	—	—	≥675	≥20	—	—	—
（美）HY-130	<16 16~100	882~1029	≥895	≥14 ≥15	-18	V	≥68
（日）WEL-TEN80	6~50	784~931	≥686	≥16	-18	V	≥35

低碳调质钢含碳量限制在0.18%以下，为了保证较高的缺口韧性，一般含有较高的Ni和Cr，具有高强度，特别是具有优异的低温缺口韧性。Ni能提高钢的强度、塑性和韧性，降低钢的脆性转变温度。Ni与Cr一起加入时可显著增加淬透性，得到高的综合力学性能。Cr元素在钢中从提高淬透性出发，上限一般约为1.6%，继续增加反而对韧性不利。

由于采用了先进的冶炼工艺，钢中气体含量及S、P等杂质明显降低，氧、氮、氢含量均较低。高纯洁度使这类钢母材和焊接热影响区具有优异的低温韧性。这类钢的热处理工艺一般为奥氏体化→淬火→回火，回火温度越低，强度级别越高，但塑性和韧性有所降低。经淬火+回火后的组织是回火低碳马氏体、下贝氏体或回火索氏体，这类组织可以保证得到高强度、高韧性和低的脆性转变温度。

为了改善焊接施工条件和提高低温韧性，近年来发展起来的焊接无裂纹钢（简称CF钢）实际上是C含量降得很低（<0.09%）的微合金化调质钢。几种焊接无裂纹钢（CF钢）的化学成分和力学性能见表2-15。

为了提高钢材的抗冷裂性能和低温韧性，降低C含量是有效措施，但C含量过低会牺牲钢材的强度。通过加入多种微量元素（特别是像B等对淬透性有强烈影响的元素）提高淬透性，可弥补强度的损失。与同等强度级别的低合金高强钢相比，焊接无裂纹钢具有碳当量低和裂纹敏感指数P_{cm}低的特点，低温冲击韧性高。钢板厚度50mm以下或在0℃环境下可不预热进行焊接，是很有发展前景的钢种。

表 2-15 几种焊接无裂纹钢（CF 钢）的化学成分和力学性能

化学成分/%										
钢 号	C	Mn	Si	Ni	Cr	Mo	V	S	P	其他
Welten62CF	≤0.09	1.0~1.60	0.15~0.30	≤0.60	≤0.30	≤0.30	≤0.10	≤0.03	≤0.03	—
WCF-60 WCF-62	≤0.09	1.10~1.50	0.15~0.35	≤0.50	≤0.30	≤0.30	0.02~0.06	≤0.02	≤0.03	B≤0.003
WCF-80	0.06~0.11	0.80~1.20	0.15~0.35	0.60~1.20	0.30~0.60	0.30~0.55	0.02~0.06	≤0.01	≤0.03	B≤0.003

力学性能					
钢 号	拉伸性能			冲击功 A_{kV}/J	
	抗拉强度 σ_b/MPa	屈服强度 σ_s/MPa	伸长率 δ_5/%	-20℃	-40℃
Welten62CF	608~725	≥490	≥19	≥47	—
WCF-60	590~720	≥455	≥17	≥47	—
WCF-62	610~740	≥495	≥17	≥47	—
WCF-80	785~930	≥685	≥15	≥35	≥29

HQ100 和 HQ130 主要用于高强度焊接结构要求承受冲击磨损的部位。HQ100 不仅强度高、低温缺口韧性好，而且具有优良的焊接性能。HQ130 是高强度工程机械用钢（$\sigma_b \geq 1\ 300$MPa），含有 Cr、Mo、B 等多种合金元素，具有高淬透性。这两种钢经淬火+回火的热处理后获得综合性能较好的低碳回火马氏体，具有高强度、高硬度以及较好的塑性和韧性。

美国 HY-80、HY100 和 HY-130 是较早开发的含 Ni 低碳调质高强高韧性钢，在低温下具有高的缺口韧性和抗爆性能，主要用于海军舰船制造、海洋开发和宇航等重要结构上。我国开发的屈服强度 $\sigma_s > 700$MPa 的 12Ni3CrMoV 和 $\sigma_s > 800$MPa 的 10Ni5CrMoV 也属于低碳调质高强高韧性钢。当 $\sigma_s > 882$MPa 以后，一般要在钢中加入更多的 Ni。例如，屈服强度 $\sigma_s > 1\ 225$MPa的美国 HP-9-4-20 钢（合金系为 9Ni-4Co-Cr-Mo-V）。

（二）低碳调质钢的焊接性分析

低碳调质钢主要是作为高强度的焊接结构用钢，因此碳含量限制得较低，在合金成分设计上考虑了焊接性的要求。低碳调质钢的碳含量不超过 0.18%，焊接性能远优于中碳调质钢。由于这类钢焊接热影响区形成的是低碳马氏体，马氏体开始转变温度 M_s较高，所形成的马氏体具有“自回火”特性，使得焊接冷裂纹倾向比中碳调质钢小。

1. 焊缝强韧性匹配

对于焊缝金属强度选择问题，传统上大多主张焊缝强度等于或大于母材的强度，即所谓等强匹配或超强匹配，认为焊缝强度高一些更为安全。但是，焊缝金属的强度越高，韧性往往越低，甚至低于母材的韧性水平。即使是低强度钢，采用大线能量的焊接方法（如埋弧焊、电渣焊等）时，焊缝金属的韧性也常常低于母材，要保持焊缝金属与母材的强韧性匹配，有时是比较困难的。随着高强钢和超高强钢的迅速发展，焊缝强韧性与母材的匹配问题，显得越来越突出。

韧性是焊缝金属性能评定中的一个重要指标。特别是针对800MPa级以上低合金高强钢的焊接，韧性下降是焊接中一个很突出的问题。高强钢焊缝金属与母材的强韧性匹配如图2－12所示。可见，焊缝金属总是未能达到母材的韧性水平；与氩弧焊相比，手工电弧焊更为逊色。而且，随着屈服强度σ_s的提高，要求钢材安全工作的断裂韧性K_{IC}也要相应提高，而钢材实际具有的韧性水平却随着σ_s提高而降低，这是现实存在的矛盾。

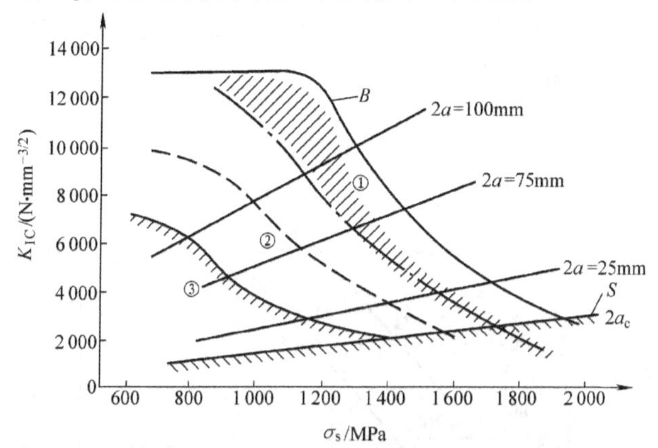

图2－12 高强钢焊缝金属与母材在强度和韧性上的匹配水平

B—母材韧性水平；S—安全工作界限

①—TIG焊缝韧性水平；②—MIG焊缝韧性水平；③—SMAW焊缝韧性水平

图中$2a$为裂纹长度，a_c为临界裂纹尺寸

对于较低强度的钢，无论是母材或焊缝都有较高的韧性储备（见图2－12），所以按等强匹配选用焊接材料，既可保证接头区具有较高的强度，也不会损害焊缝的韧性。但对于高强钢，特别是超高强钢（见图2－12），焊缝韧性储备是不高的。

因此，对于抗拉强度$\sigma_b \geq 800$MPa的高强钢，除考虑强度外，还必须考虑焊接区韧性和裂纹敏感性。就焊缝金属而言，强度越高，可达到的韧性水平越低。例如，工程中一些高强钢焊接结构脆性破坏时，强度及伸长率都是合格的，主要是由于韧性不足而引起脆断。

近年来“低强匹配”在工程结构中被大量采用，例如，日本学者认为，“低强匹配”焊缝若要求其强度能达到母材的95%，其匹配系数下限为0.86。美国海军研究实验室（NRL）提出：高强钢焊接可采用在强度方面与母材相匹配或比母材低140MPa的焊缝，有利于防止脆断。

实践表明，对于承受压应力的焊缝“低强匹配”焊材可以满足使用要求。但对于承受拉应力的焊缝，这方面的研究结果分歧很大。分歧焦点主要集中于：不同强度级别和不同使用要求的钢材，“低强匹配”焊缝金属的强、韧性界限值究竟多大才能满足工程要求？

图2－13所示是采用等强匹配、低强匹配和低氢抗潮型焊条等不同匹配焊条为防止焊接冷裂纹所需的预热温度。可以看出，采用“等强匹配”焊条（E11016－G）时，含氢量为2.9mL/100g，为防止裂纹的预热温度为125℃。而在相同含氢量条件下采用“低强匹配”焊条（E9016－G）只需预热至100℃。若采用“低强匹配”更低氢的抗潮型焊条（含氢量1.7mL/100g），预热温度仅70℃即可防止裂纹。降低预热温度，能明显改善生产条件，同时也降低了能耗，有良好的经济效益。

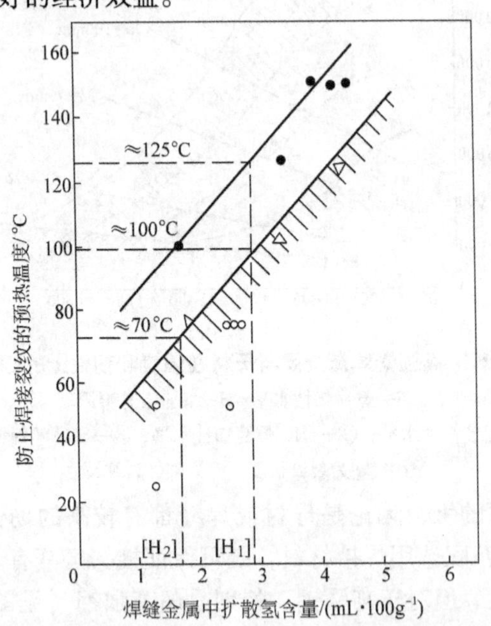

图2－13 不同匹配焊条为防止焊接冷裂纹所需的预热温度

●等强匹配焊条（E11016－G）；△低强匹配焊条（E9016－G）；○抗潮低强匹配焊条

H_1—含氢量2.9mL/100g；H_2—含氢量1.7mL/100g

高强钢焊接采用“低强匹配”能提高焊接区的抗裂性。特别是对于抗拉强度$\sigma_b \geqslant 800$MPa的高强钢，以采用低强匹配为宜，因为它能有效地防止裂纹。但焊缝强度与母材强度不能相差太大，实践经验表明，抗拉强度$\sigma_b = 800 \sim 900$MPa的高强钢，“低强匹配”焊缝金属的抗拉强度不应低于650MPa。也就是说，只要焊缝金属的强度不低于母材强度的80%，仍可保证焊接接头的强度性能。实际上，即使是低强度钢，提高焊缝金属的韧性储备也比过分提高强度更为有利。

2. 冷裂纹

低碳调质钢的合金化原则是在低碳基础上通过加入多种提高淬透性的合金元素，来保证获得强度高、韧性好的低碳“自回火”马氏体和部分下贝氏体的混合组织。这类钢由于淬硬性大，在焊接热影响区粗晶区有产生冷裂纹和韧性下降的倾向。但热影响区淬硬组织为M_s点较高的低碳马氏体，具有一定韧性，裂纹敏感性小。

从HQ80C的焊接连续冷却转变图（见图2－14）可以看到，它的过冷奥氏体的稳定性很高，尤其是在高温转变区，使曲线大大地向右移。这类钢的淬硬倾向相当大，本应有很大的冷裂纹倾向，但由于这类钢的特点是马氏体中的碳含量很低，所以它的开始转变温度M_s点较高。如果在该温度下冷却较慢，生成的马氏体来得及进行一次“自回火”处理，因而实际冷裂纹倾向并不大。也就是说，在马氏体形成后如果能从工艺上提供一个“自回火”处理的条件，即保证马氏体转变时的冷却速度较慢，得到强度和韧性都较高的回火马氏体和回火贝氏体，焊接冷裂纹是可以避免的；如果马氏体转变时的冷却速度很快，得不到“自回火”效果，冷裂纹倾向就会增大。

此外，限制焊缝含氢量在超低氢水平对于防止低碳调质钢焊接冷裂纹十分重要。钢材强度级别越高，冷裂倾向越大，对低氢焊接条件的要求越严格。

3. 热裂纹及再热裂纹

这类钢碳含量较低、Mn含量较高，而且对S、P的控制也较严格，因此热裂纹倾向较小。但对高Ni低Mn类型的钢种有一定的热裂纹敏感性，主要产生于热影响区过热区（称为液化裂纹）。

液化裂纹的产生也和Mn/S比有关。碳含量越高，要求的Mn/S比也越高。当碳含量不超过0.2%，Mn/S比大于30时，液化裂纹敏感性较小；Mn/S比超过50后，液化裂纹的敏感性很低。此外，Ni对液化裂纹的产生起着明显的作用。对于HY－80钢，由于Mn/S比较低，Ni含量又较高，所以对液化裂纹也较敏感。相反，HY－130钢的Ni含量比HY－80更高，但由于碳含量很低（≤0.12%），S含量也很低（≤0.01%），Mn/S比高达60～90，因此它

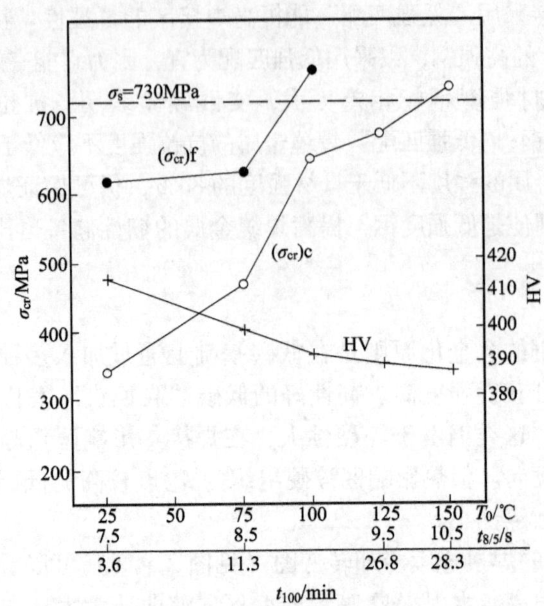

(a)

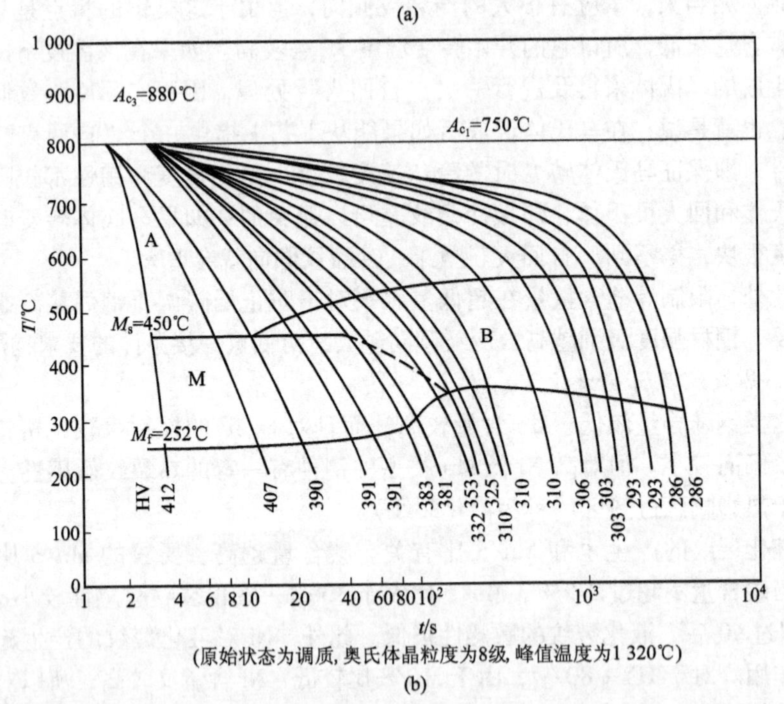

(b)

图 2-14 HQ80C 钢的冷裂倾向及焊接连续冷却转变图（SHCCT）

（a）HQ80C 钢的冷裂倾向；（b）HQ80C 钢焊接连续冷却转变图（SHCCT）

对热影响区的液化裂纹并不敏感。

V 对再热裂纹的影响最大，Mo 次之，而当 V 和 Mo 同时加入时就更为敏感。在 Cr－Mo 和 Cr－Mo－V 钢中，当 $w_{Cr}<1\%$ 时，随着 Cr 含量的增加再热裂纹的倾向加大；当 $w_{Cr}>1\%$ 后，继续增加 Cr 含量时再热裂纹倾向减小。一般认为 Mo－V 钢，特别是 Cr－Mo－V 钢对再热裂纹较敏感，Mo－B 钢也有一定的再热裂纹倾向。含 Nb 的 14MnMoNiB 对再热裂纹较敏感。此外，焊接 Cr－Ni－Mo、Cr－Ni－Mo－V 和 Ni－Mo－V 等类型钢时，都要注意再热裂纹的问题。

工艺因素对焊接区液化裂纹的形成也有很大的影响。焊接线能量越大，热影响区晶粒越粗大，晶界熔化越严重，晶粒之间的液态晶间层存在的时间也越长，液化裂纹产生的倾向就越大。因此，为了防止液化裂纹的产生，从工艺上应采用小线能量的焊接方法，并注意控制熔池形状、减小熔合区凹度等。

4. 热影响区性能变化

低碳调质钢热影响区是组织性能极不均匀的部位，突出的特点是同时存在脆化（即韧性下降）和软化现象。即使低碳调质钢母材本身具有较高的韧性，结构运行中微裂纹也易在热影响区脆化部位产生和发展，存在接头区域出现脆性断裂的可能性。受焊接热循环影响，低碳调质钢热影响区可能存在强化效果的损失现象（称为软化或失强），焊前母材强化程度越大，焊后热影响区的软化程度越大。

（1）热影响区脆化。在焊接热循环作用下（$t_{8/5}$继续增加时），低碳调质钢热影响区过热区易发生脆化，即冲击韧性明显降低。热影响区脆化的原因除了奥氏体晶粒粗化的原因外，更主要的是由于上贝氏体和 M－A 组元的形成。

M－A 组元形成条件与上贝氏体（Bu）相似，故 Bu 的形成常伴随 M－A 组元。上贝氏体在 500℃～450℃温度范围形成，长大速度很快，而碳的扩散较慢，由条状铁素体包围着的岛状富碳奥氏体区一部分转变为马氏体，另一部分保持为残余奥氏体，即形成 M－A 组元。M－A 组元的韧性低是由于残余奥氏体增碳后易于形成孪晶马氏体，夹杂于贝氏体与铁素体板条之间，在界面上产生微裂纹并沿 M－A 组元的边界扩展。因此，M－A 组元的存在导致脆化，M－A 组元数量越多脆化越严重。M－A 组元实质上成为潜在的裂纹源，起了应力集中的作用。因此 M－A 组元产生对低碳调质钢热影响区韧性有不利的影响。

冷却时间 $t_{8/5}$对 M－A 组元数量的影响如图 2－15 所示。可见，M－A 组元一般只在一定的冷却速度时形成，调整工艺参数可以控制热影响区 M－A 组元的产生。控制焊接线能量和采用多层多道焊工艺，使低碳调质钢热影响区避免出现高硬度的马氏体或 M－A 混合组织，可改善抗脆能力，对提高热影响区冲击韧性有利。

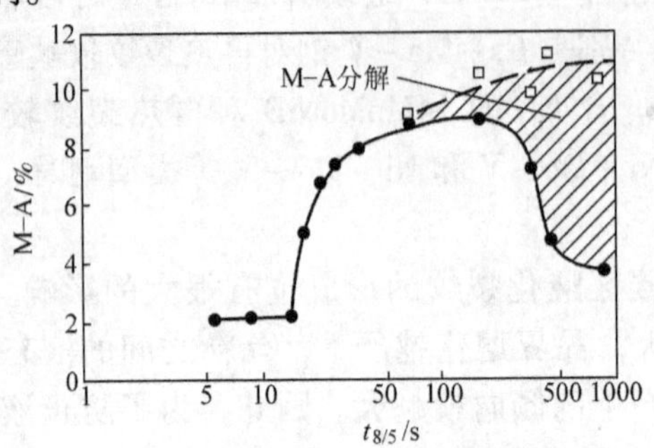

图 2－15 冷却时间 $t_{8/5}$ 对 M－A 组元数量的影响

（2）热影响区软化。低碳调质钢热影响区峰值温度高于母材回火温度至 A_{C1} 的区域会出现软化（强度、硬度降低）。从强度考虑，热影响区软化区是焊接接头中的一个薄弱环节，对焊后不再进行调质处理的调质钢来说尤为重要。焊前母材强化程度越高（母材调质处理的回火温度越低），焊后热影响区的软化（或称失强率）越严重，如图 2－16 所示。

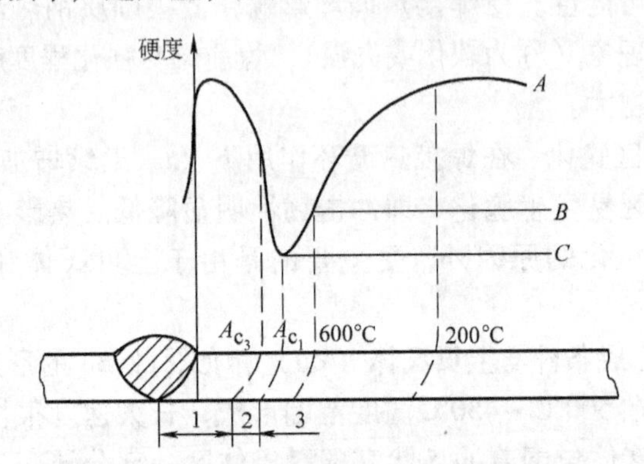

图 2－16 调质钢焊接热影响区的硬度分布

A—焊前淬火＋低温回火；B—焊前淬火＋高温回火；C—焊前退火

1—淬火区；2—部分淬火区；3—回火区

低碳调质钢热影响区软化的实质是母材的强化特性，只能通过一定的工艺手段防止软化。减小焊接线能量有利于缩小软化区宽度，软化程度也有所降低。低碳调质钢的强度级别越高，母材焊前调质处理的回火温度越低（即强化程度越大），热影响区软化区的范围越宽，焊后热影响区的软化问题越突出。软化区的宽度与软化程度与焊接方法和线能量有很大关系，减小焊接线能量可使其热影响区软化区宽度减小。

（三）低碳调质钢的焊接工艺特点

这类钢的特点是碳含量低，基体组织是强度和韧性都较高的低碳马氏体 + 下贝氏体，这对焊接有利。但是，调质状态下的钢材，只要加热温度超过它的回火温度，性能就会发生变化。因此焊接时由于热的作用使热影响区强度和韧性的下降几乎是不可避免的。因此，低碳调质钢焊接时要注意两个基本问题：

①要求马氏体转变时的冷却速度不能太快，使马氏体有“自回火”作用，以防止冷裂纹的产生；

②要求在800℃～500℃之间的冷却速度大于产生脆性混合组织的临界速度。

这两个问题是制定低碳调质钢焊接工艺的主要依据。此外，在选择焊接材料和制订焊接工艺参数时，应考虑焊缝及热影响区组织状态对焊接接头强韧性的影响。

1. *焊接方法和焊接材料的选择*

低碳调质钢焊接要解决的问题一是防止裂纹；二是在保证满足高强度要求的同时，提高焊缝金属及热影响区的韧性。为了消除裂纹和提高焊接效率，一般采用熔化极惰性气体保护焊（MIG）或活性气体保护焊（MAG）等自动化或半自动机械化焊接方法。

对于调质钢焊后热影响区强度和韧性下降的问题，可以焊后重新调质处理。对于焊后不能再进行调质处理的，要限制焊接过程中热量对母材的作用。低碳调质钢常用的焊接方法有手工电弧焊、CO_2焊和 Ar + CO_2混合气体保护焊等。

低碳调质钢焊后一般不再进行热处理，在选择焊接材料时要求焊缝金属在焊态下应接近母材的力学性能。特殊条件下，如结构的刚度很大，冷裂纹很难避免时，应选择比母材强度稍低一些的材料作为填充金属。不同强度级别低碳调质钢焊接材料的选用见表2－16。

表2－16　低碳调质钢焊接材料的选用

钢　号	强度级别 σ_b/MPa	焊　条	气体保护焊	
			焊丝	保护气体
14MnMoVN	700MPa	E6015，E7015	H08Mn2SiA H08Mn2MoA	CO_2或 Ar + CO_2混合气体
14MnMoNbB 15MnMoVNRe	750MPa	E7015，E7515	H08Mn2MoA H08MnNi2Mo	CO_2或 Ar + CO_2混合气体

续表

钢号	强度级别 σ_b/MPa	焊条	气体保护焊	
			焊丝	保护气体
HQ70	700MPa	E7015G	GHS－70	CO_2或 Ar＋CO_2混合气体
HQ80	800MPa	E7515，E8015	H08Mn2Ni3CrMo (ER100S)	CO_2或 Ar＋CO_2混合气体
HQ100	1000MPa	E9015，E10015	H08Mn2Ni3SiCrMo	Ar＋CO_2混合气体
12Ni3CrMoV	≥590	专用焊条	H08Mn2Ni2CrMo	Ar＋CO_2混合气体
10Ni5CrMoV	≥785	专用焊条	H08Mn2Ni3SiCrMoA	Ar＋CO_2混合气体
［美］HY－80	≥540	E11018，E9018	Mn－Ni－Cr－Mo专用焊丝	Ar＋2%CO_2混合气体
［美］HY－130	≥880	E14018	Mn－Ni－Cr－Mo专用焊丝	Ar＋2%CO_2混合气体

强度级别不同的两种低碳调质钢焊接时的淬硬性很大，有产生焊接裂纹的倾向。采用"低强匹配"焊材和CO_2或Ar＋CO_2气体保护焊，控制焊缝扩散氢含量在超低氢水平（不超过5mL/100g），可实现在不预热条件下的焊接。

2. 焊接工艺参数的选择

不预热条件下焊接低碳调质钢，焊接工艺对热影响区组织性能影响很大，其中控制焊接线能量是保证焊接质量的关键，应给予足够的重视。

（1）焊接线能量的确定。焊接线能量对组织变化和韧性的影响见图2－17。线能量增大使热影响区晶粒粗化，同时也促使形成上贝氏体，甚至形成M－A组元，使韧性降低。当线能量过小时，热影响区的淬硬性明显增强，也使韧性下降。

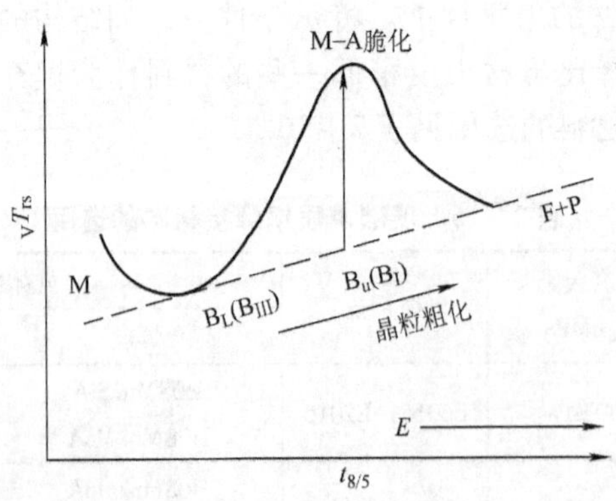

图2－17 焊接线能量对HAZ组织和韧性的影响

在保证不出现裂纹和满足热影响区韧性的条件下，线能量应尽可能选择得大一些。通过实验确定每种钢的线能量的最大允许值，然后根据最大线能量时的冷裂纹倾向再来考虑是否需要采取预热。HQ70 和 HQ80 低碳调质钢焊接一般要求低温预热，预热温度和最大焊接线能量见表 2－17。

表 2－17　两种低碳调质钢的预热温度最大线能量

钢种	板厚/mm	预热温度/℃			层间温度/℃	焊接线能量/（kJ·cm⁻¹）
		手工电弧焊	气体保护焊	埋弧焊		
HQ70	6～13	50	25	50	≤150	≤25
	13～26	75～100	50	50～75	≤200	≤45
	26～50	125	75	100	≤220	≤48
HQ80C	6～13	50	50	50	≤150	≤25
	13～26	75～100	50～75	75～100	≤200	≤45
	26～50	125	100	125	≤220	≤48

为了限制过大的焊接线能量，低碳调质钢不宜采用大直径的焊条或焊丝施焊。应尽量采用多层多道焊工艺，采用窄焊道而不用横向摆动的运条技术。这样不仅使热影响区和焊缝金属有较好的韧性，还可以减小焊接变形。双面施焊的焊缝，背面焊道应采用碳弧气刨清理焊根并打磨气刨表面后再进行焊接。

（2）预热温度和焊后热处理。当低碳调质钢板厚度不大，接头拘束度较小时，可以采用不预热焊接工艺。如焊接板厚小于 10mm 的 HQ60、HQ70 钢，采用低氢型焊条手工电弧焊、CO_2气体保护焊或 Ar＋CO_2混合气体保护焊，可以进行不预热焊接。

当焊接线能量提高到最大允许值裂纹还不能避免时，就必须采取预热措施。对低碳调质钢来说，预热的目的主要是为了防止裂纹，对于改善热影响区的组织性能影响不大。相反，从它对 800℃～500℃ 的冷却速度的影响看，对热影响区韧性还可能有不利的影响，因此在焊接低碳调质钢时都采用较低的预热温度（T_0≤200℃）。

预热的目的是希望能降低马氏体转变时的冷却速度，通过马氏体的“自回火”作用来提高抗裂性能。当预热温度过高时，不仅对防止冷裂没有作用，反而会使 800℃～500℃ 的冷却速度低于出现脆性混合组织的临界冷却速度，使热影响区韧性下降。所以要避免不必要的提高预热温度，也包括层间温度。几种低碳调质钢的最低预热温度和层间温度见表 2－18。

表 2-18 几种低碳调质钢的最低预热温度和层间温度 ℃

板厚/mm	美国 T-1①	美国 HY-80①	美国 HY-130①②	14MnMoVN	14MnMoNbB
<13	10	24	24	—	—
13~16	10	52	24	50~100	100~150
16~19	10	52	52	100~150	150~200
19~22	10	52	52	100~150	150~200
22~25	10	52	93	150~200	200~250
25~35	66	93	93	150~200	200~250
35~38	66	93	107	—	—
38~51	66	93	107	—	—
>51	93	93	107	—	—

注：①最高预热温度不得大于表中温度 65℃。
②HY-130 的最高预热温度建议：16mm 65℃，16~22mm 93℃，22~35mm 135℃，>35mm 149℃。

低碳调质钢焊接结构一般是在焊态下使用，正常情况下不进行焊后热处理。除非焊后接头区强度和韧性过低、焊接结构受力大或承受应力腐蚀以及焊后需要进行高精度加工以保证结构尺寸等，才进行焊后热处理。为了保证材料的强度性能，焊后热处理温度必须比母材原调质处理的回火温度低 30℃左右。

3. 低碳调质钢焊接接头的力学性能

手工电弧焊和气体保护焊条件下，HQ60、HQ70、14MnMoNbB 和 HQ100 钢焊缝金属和焊接接头的力学性能见表 2-19。焊后状态的热影响区冲击试样缺口开在熔合区外 0.5mm 处。

表 2-19 低碳调质钢焊缝金属和焊接接头的力学性能

钢材	状态	焊接工艺	焊接材料	拉伸性能			冲击功，A_{kv}/J			
				屈服强度 σ_s/MPa	抗拉强度 σ_b/MPa	伸长率 δ_5/%	焊缝		热影响区	
							室温	-40℃	室温	-40℃
HQ60	焊缝金属	手弧焊	E6015H，ϕ4	570	675	19	142	56	—	—
		气保焊	GHS-60N，ϕ1.6	545	655	21	150	57	—	—
	焊接接头	手弧焊	E6015H，ϕ4	—	650	—	142	56	85	44
		气保焊	GHS-60N，ϕ1.6	—	650	—	134	48	102	44

续表

钢材	状态	焊接工艺	焊接材料	拉伸性能			冲击功，A_{kv}/J			
				屈服强度 σ_s/MPa	抗拉强度 σ_b/MPa	伸长率 δ_5/%	焊缝		热影响区	
							室温	-40℃	室温	-40℃
HQ70	焊缝金属	手弧焊	E7015G，ϕ4	630	750	21	113	60	—	—
		气保焊	GHS-70，ϕ1.6	615	725	22	144	72	—	—
	焊接接头	手弧焊	E7015G，ϕ4	—	785	—	—	—	90	47
		气保焊	GHS-70，ϕ1.6	—	720	—	—	—	124	78
14MnMo-NbB	焊缝金属	手弧焊	E8015G，ϕ4	760	865	21	181	—	—	—
		气保焊	GHQ-80，ϕ1.6	745	790	20	104	72	—	—
	焊接接头	手弧焊	E8015G，ϕ4	—	850	—	—	—	105	81
		气保焊	GHQ-80，ϕ1.6	—	770	—	—	—	112	49
HQ100	焊缝金属	手弧焊	E10015，ϕ4	910	970	18	—	40	—	—
		气保焊	GHQ-100，ϕ1.2	895	975	17	—	49	—	—
	焊接接头	手弧焊	E10015，ϕ4	—	975	—	—	—	—	62
		气保焊	GHQ-100，ϕ1.2	—	986	—	—	—	—	44

注：气体保护焊采用80% Ar+20% CO_2混合气体，表中数据为焊后状态的试验平均值。

对低碳调质钢焊缝金属有害的脆化元素是S、P、N、O、H，必须加以限制。强度级别越高的焊缝，对这些杂质的限制越要严格。铁素体化元素对焊缝韧性有不利影响，除了Mo在很窄的含量范围内（0.3%～0.5%）有较好的作用外，其余铁素体化元素均在强化焊缝的同时恶化韧性，V、Ti、Nb的作用最明显。奥氏体化元素中C对韧性最为不利，Mn、Ni则在相当大的含量范围内有利于改善焊缝韧性。

（四）典型案例——20MnMo大型模锻压机C形特厚板的焊接

1. 产品结构

C形板的结构如图2-18所示，该件精加工后整体尺寸为350 mm×4 650 mm×36 190 mm，总重260多吨。在36 190 mm尺寸方向上分布有8条连接焊缝，由不同厚度、长度的厚板按一定的组装顺序焊接而成。其中件3与件4、件6与件7间的焊缝采用窄间隙气体保护焊方法。焊缝坡口采用不对称双面U形坡口，如图2-19所示。

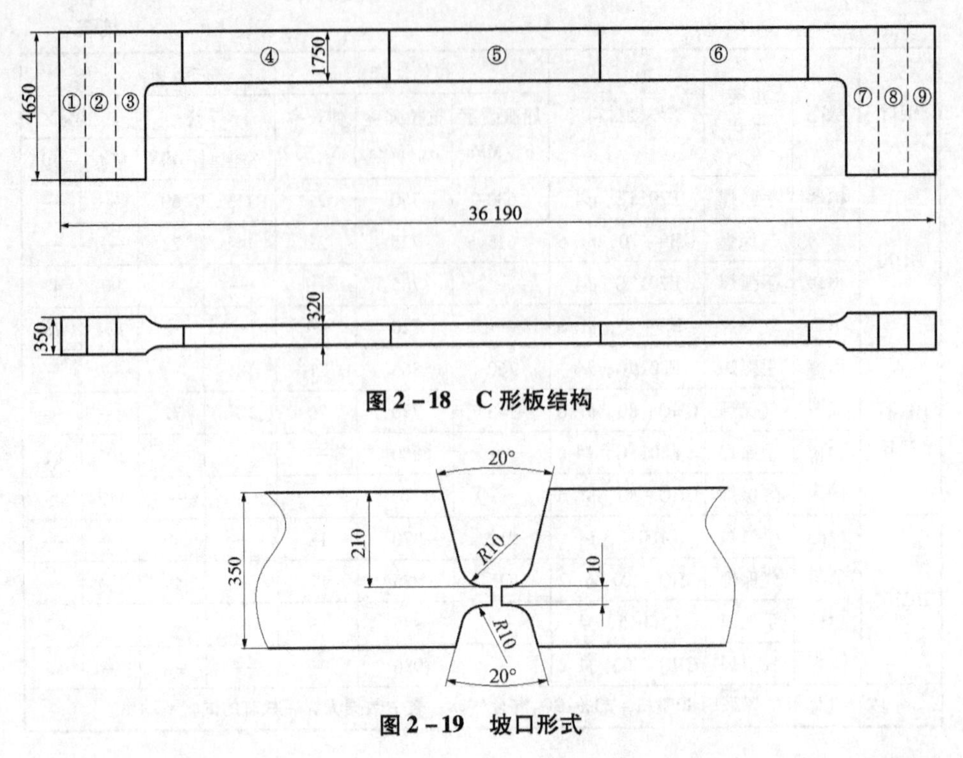

图 2-18　C 形板结构

图 2-19　坡口形式

2. 焊前准备

（1）材料焊接性能分析。20MnMo 属于低合金高强度钢，具有较好的综合力学性能。合金化后珠光体和贝氏体转变推迟，使得马氏体转变的临界冷却速度下降，锻件的淬透性增强，因此该锻件具有足够的强度和韧性。但由于其碳当量较高，所以焊接性较差。根据碳当量的计算公式，20MnMo 钢碳当量为 0.52% ~0.67%。当碳当量大于 0.5% 时，钢的淬硬倾向逐渐增大，在焊后冷却过程中，热影响区易出现低塑性的脆硬组织，使硬度明显提高，塑性、韧性降低。尤其是厚板的焊接，刚度和拘束度较大，因此产生的焊接应力较大，非常容易产生延迟裂纹。为避免产生焊接缺陷，焊前需预热至高于 150℃。为提高焊接效率，获得性能优良的焊缝，可选用埋弧自动焊来进行焊接。

（2）焊接材料的选用。根据等强性原则，在焊材选择时选用与母材强度匹配的焊丝（H10MnMo2）和焊剂（HJ250G）。修补采用手工电弧焊，焊条采用 E5515 - G（J557）。焊材使用前要经复验评定合格，并经过烘干处理。

（3）埋弧焊枪的改进。为保证 C 形板的焊接质量，提高效率降低成本，工艺上采用窄间隙坡口形式。C 形板焊缝直而长的坡口形式，很适合采用埋弧焊小车进行焊接。但埋弧焊小车原配焊枪尺寸较大，而 C 形板坡口焊缝相对较窄，使原配焊枪无法使用。为此针对焊枪结构形式进行了改制。将焊枪由原来的适用于V形坡口焊接的圆棒型改成了适合于U形坡口焊接的窄扁型。枪的表面进行绝缘处理，且在机头部分增加了横向移动和旋转机构，使得焊枪能够比较灵活地进行调整，以便适用于窄而深的U形坡口的施焊要求。改造后的埋弧焊枪经过试验证明，枪的各项性能优良，达到了焊接C形板的使用要求。

（4）焊接准备与工艺要求。

1）坡口要求：坡口采用机械加工，成型后对坡口的表面以及两侧150 mm范围内的油污、铁锈等进行清理，最后对坡口表面进行100%磁粉探伤，要求100%合格。

2）装配及焊后要求：由于该板件长而重，加工量有限，要求装配误差在2 mm以内。焊接过程中要求严格控制变形，平面度和直线度在3 mm内。这是该C形板焊接过程控制的重点之一，也是焊后检验的一个重要标准。焊缝消氢热处理后须经100%超声波探伤，符合国标GB 4730—2005探伤标准I级。

3）焊接参数：焊接参数见表2－20，焊接前经焊接工艺评定合格，焊接均为平焊位置。

表2－20 焊接参数

焊接方法	电源极性	焊条（丝）直径/mm	焊接电流/A	电弧电压/V	焊接速度/cm · min^{-1}
埋弧自动焊	直流反接	4.0	480～580	28～33	30～45
焊条电弧焊	直流反接	4.0	120～170	24～28	10～12

3. 焊接过程控制

（1）质量控制。在板件达到装配要求后，对焊件进行预热，采用天然气加热方式。当焊缝及近缝区温度达到150℃以上就可以准备进行打底层的焊接。在焊前一定要确保设备各项性能都正常，并校直焊丝，调整焊接参数等。从引弧开始，就要精确操作设备，确保焊缝质量。每焊完一道，要将焊剂等清理干净，认真检查焊缝，对熔合不良，有焊接缺陷的地方采用碳弧气刨或角磨机进行清理，完全清理干净后，用焊条电弧焊进行修补，和其他焊道确保一致，焊缝边缘熔合良好。在确定没有焊接缺陷的情况下，再进行下一道的焊接。

（2）变形控制。变形控制主要是控制两方面：平面度和直线度。在焊接过程中，焊件的变形不容易观察，板件过长，使板件自身的挠度增大，造成测量变形不准确。实际生产中可按以下方式控制变形：

1）平面度的控制。在C形板的焊接过程中，采用双面非对称U形坡口正反两面交替焊，使得正反两面所产生的角变形相互抵消最终使得焊件整体平面度达到检测要求。具体是先焊接深坡口面到一定厚度，然后翻面焊接浅坡口面，使其产生的角变形稍大于先焊的深坡口面。这样交替的进行，直到整条焊缝焊完。注意在翻面时，当焊件处于侧立状态时可以准确测量焊件的变形量。如果焊件整体呈“∧”，则继续焊接，不翻面。如果呈“∨”或几乎水平，则需要翻面。并且C形板的自重可以抵消一部分的收缩变形，在制造过程中可以想办法加以利用，从而减少翻面的次数。

2）直线度的控制。为了保证直线度，应该经常互换起弧端和收弧端，尽量使焊缝的起弧端和收弧端的收缩量一致，最好是焊一层换一次。这样，就可以比较好的控制侧弯，保证焊件的直线度。最好是焊几层就测量焊缝的坡口宽度，以便做出适当的调整。

4. *焊后热处理*

由于该板件比较厚，焊接周期较长，为防止裂纹的出现，在焊完之后应立即进行消氢处理。待探伤等工序完成之后再进行整体去应力、退火处理。热处理工艺参数如表2－21。

表2－21 热处理工艺参数

热处理方法	加热温度/℃	保温时间/min	冷却方式
消氢	350	60	空冷
去应力退火	590	90	炉冷到350℃以后空冷

在整体热处理前应该对焊缝质量、焊件变形量进行检测，对不合格的进行返修。热处理装炉时应使板件侧立并垫好垫铁，防止弯曲变形。

用以上工艺进行20MnMo大型模锻压机C形特厚板的焊接，经焊后检验，如果所焊板件的变形量小于等于2mm，则符合检验要求。超声波探伤后，焊缝达到GB 4730—2005探伤标准Ⅰ级焊缝要求。C形板的焊接成功，表明焊接过程中所采取的控制措施切实可行。

任务四 中碳调质钢的焊接

中碳调质钢中的碳和其他合金元素含量较高，通过调质处理（淬火＋回火）可获得较高的强度性能。中碳调质钢合金元素的加入主要是起保证淬透性和提高抗回火性能的作用，而其强度性能主要还是取决于含碳量。

（一）中碳调质钢的成分和性能

中碳调质钢的屈服强度达 880 ~ 1 176MPa 以上。钢中的含碳量（w_C = 0.25% ~ 0.5%）较高，并加入合金元素（如 Mn、Si、Cr、Ni、B 及 Mo、W、V、Ti 等），以保证钢的淬透性，消除回火脆性，再通过调质处理获得综合性能较好的高强钢。中碳调质钢的主要特点是具有高的比强度和高硬度（例如作为火箭外壳和装甲钢等），中碳调质钢的淬硬性比低碳调质钢高很多，热处理后可达到很高的强度和硬度，但韧性相对较低，给焊接带来了很大的困难。常用的中碳调质钢的化学成分和力学性能见表 2 - 22 和表 2 - 23。

表 2 - 22　中碳调质钢的化学成分　　%

钢　号	w_C	w_{Mn}	w_{Si}	w_{Cr}	w_{Ni}	w_{Mo}	w_V	w_S	w_P
30CrMnSiA	0.28 ~ 0.35	0.8 ~ 1.1	0.9 ~ 1.2	0.8 ~ 1.1	≤0.30	—	—	≤0.030	≤0.035
30CrMnSiNi2A	0.27 ~ 0.34	1.0 ~ 1.3	0.9 ~ 1.2	0.9 ~ 1.2	1.4 ~ 1.8	—	—	≤0.025	≤0.025
40CrMnSiMoVA	0.37 ~ 0.42	0.8 ~ 1.2	1.2 ~ 1.6	1.2 ~ 1.5	≤0.25	0.45 ~ 0.60	0.07 ~ 0.12	≤0.025	≤0.025
35CrMoA	0.30 ~ 0.40	0.4 ~ 0.7	0.17 ~ 0.35	0.9 ~ 1.3	-	0.2 ~ 0.3	—	≤0.030	≤0.035
35CrMoVA	0.30 ~ 0.38	0.4 ~ 0.7	0.2 ~ 0.4	1.0 ~ 1.3	—	0.2 ~ 0.3	0.1 ~ 0.2	≤0.030	≤0.035
34CrNi3MoA	0.3 ~ 0.4	0.5 ~ 0.8	0.27 ~ 0.37	0.7 ~ 1.1	2.75 ~ 3.25	0.25 ~ 0.4	—	≤0.030	≤0.035
40CrNiMoA	0.36 ~ 0.44	0.5 ~ 0.8	0.17 ~ 0.37	0.6 ~ 0.9	1.25 ~ 1.75	0.15 ~ 0.25	—	≤0.030	≤0.030
（美）4340	0.38 ~ 0.40	0.6 ~ 0.8	0.2 ~ 0.35	0.7 ~ 0.9	1.62 ~ 2.00	0.2 ~ 0.3	—	≤0.025	≤0.025
（美）H - 11	0.3 ~ 0.4	0.2 ~ 0.4	0.8 ~ 1.2	4.75 ~ 5.5	—	1.25 ~ 1.75	0.3 ~ 0.5	≤0.01	≤0.01
30Cr3SiNiMoVA	0.32	0.70	0.96	3.10	0.91	0.70	0.11	0.003	0.019

中碳调质钢的合金系统可以归纳为以下几种类型：

（1）40Cr。它是一种广泛应用的含 Cr 中碳调质钢，钢中加入 w_{Cr} < 1.5% 时能有效地提高钢的淬透性，继续增加 Cr 含量无实际意义。w_{Cr} 约 1% 时钢的塑性、韧性略有提高，超过 2% 时对塑性影响不大，但使冲击韧性略微下降。Cr 能增加低温或高温的回火稳定性，但 Cr 钢有回火脆性。40Cr 钢具有良好的

综合力学性能、较高的淬透性和较高的疲劳强度，可用于制造较重要的在交变载荷下工作的机器零件，如用于制造齿轮和轴类。

表 2-23 中碳调质钢的力学性能

钢 号	热处理规范	屈服强度 σ_s/MPa	抗拉强度 σ_b/MPa	伸长率 δ/%	断面收缩率 Ψ/%	冲击吸收功 A_{KV}/J	硬度 /HB
30CrMnSiA	870℃ ~890℃油淬 510℃ ~550℃回火	≥833	≥1 078	≥10	≥40	≥49	346 ~ 363
	870℃ ~890℃油淬 200℃ ~260℃回火	—	≥1 568	≥5	—	≥25	≥444
30CrMnSiNi2A	890℃ ~910℃油淬 200℃ ~300℃回火	≥1 372	≥1 568	≥9	≥45	≥59	≥444
40Cr	850℃油淬 520℃回火（水或油）	≥785	≥980	≥9	≥45	≥47	≥207
40CrMnSiMoVA	890℃ ~970℃油淬 250℃ ~270℃回火，空冷	—	≥1 862	≥8	≥35	≥49	≥52HRC
35CrMoA	860℃ ~880℃油淬 560℃ ~580℃回火	≥490	≥657	≥15	≥35	≥49	197 ~ 241
35CrMoVA	880℃ ~900℃油淬 640℃ ~660℃回火	≥686	≥814	≥13	≥35	≥39	255 ~ 302
34CrNi3MoA	850℃ ~870℃油淬 580℃ ~670℃回火	≥833	≥931	≥12	≥35	≥39	285 ~ 341
40CrNiMoA	840℃ ~860℃油淬 550℃ ~650℃水冷或空冷	833	980	12	55	78	269
（美）4340	约870℃油淬 约425℃回火	1 305	1 480	14	50	25	435
（美）H-11	980℃ ~1 040℃空淬 540℃回火 480℃回火	—	1 725 2 070	—	—	—	—
30Cr3SiNiMoVA	910℃油淬 280℃回火	—	≥1 666	≥9	—	—	—

（2）35CrMoA 和 35CrMoVA。它们属于 Cr-Mo 系统，是在 Cr 钢基础上发展起来的中碳调质钢。加入少量 Mo（$w_{Mo}=0.15\%\sim0.25\%$）可以消除 Cr 钢的回火脆性，提高淬透性并使钢具有较好的强度与韧性匹配，同时 Mo 还能

提高钢的高温强度。V 可以细化晶粒，提高强度、塑性和韧性，增加高温回火稳定性。这类钢一般在动力设备中用于制造一些承受较高负荷、截面较大的重要零部件，如汽轮机叶轮、主轴和发电机转子等。

（3）30CrMnSiA、30CrMnSiNi2A 和 40CrMnSiMoVA。它们属于 Cr－Mn－Si 系统，以及在该基础上发展起来的含 Ni 钢。30CrMnSiA 是一种典型的 Cr－Mn－Si 系的中碳调质钢，是苏联的主要合金钢种，不含贵重的 Ni 元素，在我国得到了较为广泛的应用。这种钢退火状态下的组织是铁素体和珠光体，调质状态下的组织为回火索氏体。Cr－Mn－Si 钢具有回火脆性的缺点，在 300℃～450℃出现第一类回火脆性，因此回火时必须避开该温度范围。这类钢还具有第二类回火脆性，因此高温回火时必须采取快冷的办法，否则冲击韧性会显著降低。

（4）40CrNiMoA 和 34CrNi3MoA。它们属于 Cr－Ni－Mo 系的调质钢，加入的质量分数为 3% 的 Ni 和 Mo，显著地提高了淬透性和抗回火软化的能力，对改善钢的韧性也有好处，使其具有良好的综合性能，如强度高、韧性好、淬透性大等优点。它们主要用于高负荷、大截面的轴类以及承受冲击载荷的构件，如汽轮机、喷气涡轮机轴以及喷气式客机的起落架和火箭发动机外壳等。

（二）中碳调质钢的焊接性分析

1. 焊缝中的热裂纹

中碳调质钢含碳量及合金元素含量较高，焊缝凝固结晶时，固－液相温度区间大，结晶偏析倾向严重，焊接时易产生结晶裂纹，具有较大的热裂纹敏感性。例如 30CrMnSi 由于 C、Si 含量较高，因此热裂倾向较大。为了防止产生热裂纹，要求采用低碳低硅焊丝（焊丝中 w_C 限制在 0.15% 以下，最高不超过 0.25%），严格限制母材及焊丝中的 S、P 含量（$w_S + w_P < 0.03\% \sim 0.035\%$），对于重要产品的钢材和焊丝，要求采用真空熔炼或电渣精炼，将 S 和 P 总的质量分数限制在 0.025% 以下。

焊接中碳调质钢时，应考虑到可能出现热裂纹问题，尽可能选用碳含量低以及含 S、P 杂质少的焊接材料。在焊接工艺上应注意填满弧坑和保证良好的焊缝成形。因为热裂纹容易出现在未填满的弧坑处，特别是在多层焊时第一层的弧坑中以及焊缝的凹陷部位。

2. 淬硬性和冷裂纹

中碳调质钢的淬硬倾向十分明显，焊接热影响区容易出现硬脆的马氏体组织，增大了焊接接头区的冷裂纹倾向。母材含碳量越高，淬硬性越大，焊接冷裂纹倾向也越大。中碳调质钢对冷裂纹的敏感性之所以比低碳调质钢大，除了淬硬倾向大外，还由于M_s点较低，在低温下形成的马氏体难以产生“自回火”效应。由于马氏体中的碳含量较高，有很大的过饱和度，点阵畸变更严重，因而硬度和脆性更大，冷裂纹敏感性也更突出。

焊接中碳调质钢时，为了防止冷裂纹，应尽量降低焊接接头的含氢量，除了采取焊前预热措施外，焊后须及时进行回火处理。

3. 热影响区的脆化和软化

（1）热影响区脆化。中碳调质钢由于碳含量较高（一般$w_C=0.25\%\sim0.45\%$），合金元素较多，有相当大的淬硬倾向，马氏体转变温度（M_s）低（一般低于400℃），无“自回火”过程，因而在焊接热影响区容易产生大量脆硬的马氏体组织（尤其是高碳、粗大的马氏体），导致热影响区脆化。生成的高碳马氏体越多，脆化越严重。

为了减少热影响区脆化，从减小淬硬倾向出发，本应采用大热输入才有利，但由于这种钢的淬硬性强，仅通过增大热输入还难以避免马氏体的形成，相反却增大了奥氏体的过热，促使形成粗大的马氏体，反而使热影响区过热区的脆化更为严重。因此，防止热影响区脆化的工艺措施主要是采用小热输入，同时采取预热、缓冷和后热等措施。因为采用小热输入减少了高温停留时间，避免奥氏体晶粒的过热，同时采取预热和缓冷等措施来降低冷却速度，这对改善热影响区的性能是有利的。

（2）热影响区软化。焊前为调质状态的钢材焊接时，被加热到该钢调质处理的回火温度以上时，焊接热影响区将出现强度、硬度低于母材的软化区。如果焊后不再进行调质处理，该软化区可能成为降低接头区强度的薄弱区。中碳调质钢的强度级别越高，软化问题越突出。因此，在调质状态下焊接时应考虑热影响区的软化问题。

母材焊前所处的热处理状态不同，软化区的温度范围和软化程度有很大差别。低温回火的钢材，热影响区软化区的温度范围最大，相对于母材的软化程度也越大。从韧性方面出发，过热区是接头中最薄弱的环节；而从强度方面考虑，软化区是接头中最薄弱的环节。

热影响区软化程度和软化区的宽度与焊接热输入、焊接方法等有很大关系。焊接热输入越小，加热和冷却速度越快，软化程度越小，软化区的宽度越窄。30CrMnSi 钢经气焊后，热影响区软化区的抗拉强度（σ_b）降为 590～685MPa；而采用焊条电弧焊时，软化区的抗拉强度为 880～1 030MPa。气焊时的热影响区软化区比电弧焊时宽得多（见图2－20（b）），因此焊接热源越集中，对减少软化越有利。

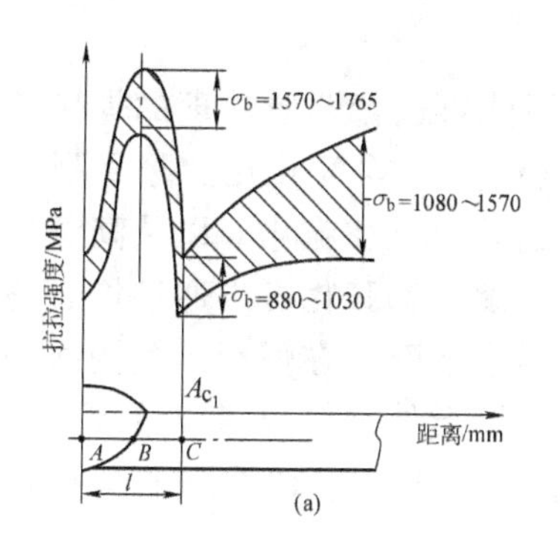

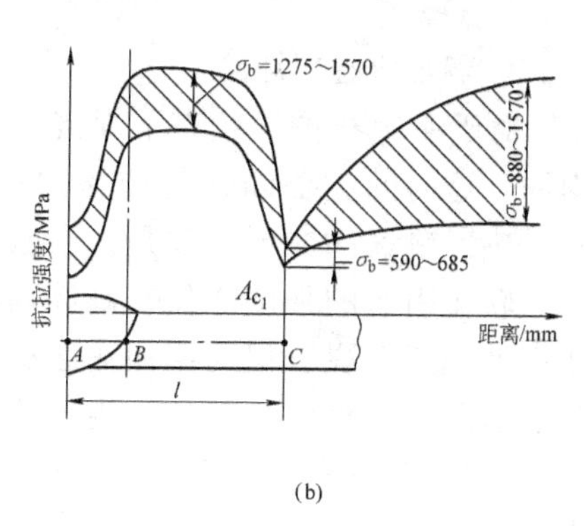

图 2-20　调质状态的 30CrMnSi 钢焊接接头区的强度分布

（a）焊条电弧焊；（b）气焊

（三）中碳调质钢的焊接工艺特点

中碳调质钢的淬透性很大，因此焊接性较差，焊后的淬火组织是硬脆的高碳马氏体，不仅冷裂纹敏感性大，而且焊后若不经热处理时，热影响区性能达不到原来基体金属的性能。中碳调质钢焊前母材所处的状态非常重要，它决定了焊接时出现的问题性质和采取的工艺措施，而且对焊接工艺的要求和工艺参数的控制非常严格。

1. 退火或正火状态下焊接

中碳调质钢最好在退火（或正火）状态下焊接，焊接后通过整体调质处理获得性能满足要求的焊接接头。焊接中所要解决的主要是裂纹问题，热影响区和焊缝的性能通过焊后的调质处理来保证。选择焊接材料的要求是不产生冷、热裂纹，而且要求焊缝金属与母材在同一热处理工艺下调质处理，能获得相同性能的焊接接头。

这种情况下对焊接方法的选择几乎没有限制，常用的一些焊接方法（焊条电弧焊、埋弧焊、TIG 和 MIG、等离子弧焊等）都能采用。在选择焊接材料时，除了要求保证不产生冷、热裂纹外，还有一些特殊要求，即焊缝金属的调质处理规范应与母材的一致，以保证调质后的接头性能也与母材相同。因此，焊缝金属的主要合金组成应与母材相似，对能引起焊缝热裂倾向和促使金属脆化的元素（如 C、Si、S、P 等）应加以严格控制。

在焊后调质的情况下，焊接参数的确定主要是保证在调质处理之前不出现裂纹，接头性能由焊后热处理来保证。因此可采用很高的预热温度（200℃～350℃）和层间温度。另外，在很多情况下焊后往往来不及立即进行调质处理，为了保证焊接接头冷却到室温后在调质处理前不致产生延迟裂纹，还须在焊后及时进行一次中间热处理。

2. 调质状态下焊接

对于必须在调质状态下焊接，而且焊后不能再进行调质处理的焊接结构件，这时的主要问题是防止焊接裂纹和避免热影响区软化。除了裂纹外，热影响区的主要问题是：高碳马氏体引起的硬化和脆化，以及高温回火区软化引起的强度降低。高碳马氏体引起的硬化和脆化可以通过焊后的回火处理来解决。但高温回火区软化引起的强度下降，在焊后不能调质处理的情况下是无法弥补的。由于焊后不再进行调质处理，焊缝金属成分可能与母材有差别。为了防止焊接冷裂纹，也可以选用塑韧性好的奥氏体焊条。

为了消除热影响区的淬硬组织和防止延迟裂纹的产生，必须适当采用预热、层间温度控制、中间热处理，并应在焊后及时进行回火处理。上述工艺过程的温度控制应比母材淬火后的回火温度至少低50℃。

为了减少热影响区的软化，从焊接方法考虑，应该是采用热量越集中、能量密度越大的方法越有利，而且焊接热输入越小越好。这一点与低碳调质钢的焊接是一致的。因此气焊在这种情况下是最不合适的，气体保护焊比较好，特别是钨极氩弧焊，它的热量比较容易控制，焊接质量容易保证，因此常用它来焊接一些焊接性很差的高强钢。另外，脉冲氩弧焊、等离子弧焊和电子束焊等工艺方法，用于这类钢的焊接是很有前途的。从经济性和方便性方面考虑，目前在焊接这类钢时，焊条电弧焊还是用得最为普遍。

对于必须在调质状态下焊接，而且焊后不能再进行调质处理的焊接结构件，这时热影响区性能的下降是很难解决的。因此应采用尽可能小的焊接热输入。

3. 焊接方法及焊接材料

（1）焊接方法。中碳调质钢常用的焊接方法有焊条电弧焊、气体保护焊、埋弧焊等。采用热量集中的脉冲氩弧焊、等离子弧焊及电子束焊等方法，有利于减小焊接热影响区宽度，获得细晶组织，提高焊接接头的力学性能。一些薄板焊接多采用气体保护焊、钨极氩弧焊和微束等离子弧焊等。

中碳调质钢应采用尽可能小的焊接热输入，这样可以降低热影响区淬火区的脆化，同时采用预热、后热等措施，还能提高抗冷裂性能，改善淬火区的组织性能，采用小热输入还有利于减小软化区，降低软化程度。

常用的中碳调质钢的焊接参数见表2-24。在确定中碳调质钢的焊接参数时，主要应从防止冷裂纹和避免热影响区软化出发，采用较高的预热温度（200℃～350℃）和层间温度，焊后立即进行热处理等，以达到防止裂纹的目的。

表 2-24　中碳调质钢的焊接参数举例

焊接方法	钢　号	板材厚度/mm	焊丝或焊条直径/mm	工艺参数					说　明
				焊接电压/V	焊接电流/A	焊接速度/($m \cdot h^{-1}$)	送丝速度/($m \cdot h^{-1}$)	焊剂或保护气流量/($L \cdot min^{-1}$)	
焊条电弧焊	30CrMnSiA	4	3.2	20~25	90~110	—	—	—	—
	30CrMnSiNi2A	10	3.2	21~32	130~140	—	—	—	预热350℃，焊后680℃回火
			4.0		200~220				
埋弧焊	30CrMnSiA	7	2.5	21~38	290~400	27	—	HJ431	焊接3层
	30CrMnSiNi2A	26	3.0	30~35	280~450	—	—	HJ350	焊接13层
			4.0						
CO_2气体保护焊	30CrMnSiA	2	0.8	17~19	75~85	—	120~150	CO_2，7~8	短路过渡
		4			85~110	—	150~180	CO_2，10~14	
钨极氩弧焊	45CrNiMoV	2.5 23	1.6	9~12	100~200	6.75	30~52.5	Ar，10~20	预热260℃，焊后650℃回火
				12~14	250~300	4.5	30~57	Ar 14，He 5	预热300℃，焊后670℃回火

（2）焊接材料。中碳调质钢焊接材料应采用低碳合金系，降低焊缝金属的S、P杂质含量，以确保焊缝金属的韧性、塑性和强度，提高焊缝金属的抗裂性。应根据焊缝受力条件、性能要求及焊后热处理情况选择焊接材料。中碳调质钢焊接材料的选用见表2-25。

表 2-25　中碳调质钢焊接材料的选用

钢　号	焊条电弧焊		气体保护焊		埋弧焊	
	焊条型号	焊条牌号	保护气体	焊丝	焊丝	焊剂
30CrMnSiA	E8515-G E10015-G	J857Cr J107Cr HT-1（H08CrMoA 焊芯） HT-3（H08A 焊芯） HT-3（H08CrMoA 焊芯）	CO_2	H08Mn2SiMoA H08Mn2SiA	H20CrMoA H18CrMoA	HJ431 HJ431 HJ260
			Ar	H18CrMoA		

续表

钢号	焊条电弧焊		气体保护焊		埋弧焊	
	焊条型号	焊条牌号	保护气体	焊丝	焊丝	焊剂
30CrMnSiNi2A	—	HT-3（H08CrMoA 焊芯）	Ar	H18CrMoA	H18CrMoA	HJ350-1 HJ260
35CrMoA	E10015-G	J107Cr	Ar	H20CrMoA	H20CrMoA	HJ260
35CrMoVA	E8515-G E10015-G	J857Cr J107Cr	Ar	H20CrMoA	—	—
34CrNi3MoA	E8515-G	J857Cr	Ar	H20Cr3MoNiA	—	—
40Cr	E8515-G E9015-G E10015-G	J857Cr J907Cr J107Cr	—	—	—	—

（3）预热和焊后热处理。预热和焊后热处理是中碳调质钢的重要工艺措施，是否预热以及预热温度的高低根据焊件结构和生产条件而定。除了拘束度小、构造简单的薄壁壳体或焊件不用预热外，一般情况下，中碳调质钢焊接时都要采取预热或及时后热的措施，预热温度一般为200℃～350℃。表2-26为常用中碳调质钢焊接的预热温度。

表2-26 常用中碳调质钢焊接的预热温度

钢号	预热温度/℃	说明
30CrMnSiA	200～300	薄板可不预热
40Cr	200～300	—
30CrMnSiNi2A	300～350	预热温度应一直保持到焊后热处理

如果焊接结构件焊后不能及时进行调质处理，须焊后及时进行中间热处理，即在等于或高于预热温度下保持一定时间的热处理，如低温回火或650℃～680℃高温回火。若焊件焊前为调质状态时，预热温度、层间温度及热处理温度应比母材淬火后的回火温度低50℃。进行局部预热时，应在焊缝两侧100mm内均匀加热。常见中碳调质钢的焊后热处理见表2-27。

表2-27 常用中碳调质钢的焊后热处理

钢号	焊后热处理/℃	说明
30CrMnSiA	淬火+回火：480～700	使焊缝金属组织均匀化，焊接接头获得最佳性能
30CrMnSiNi2A	淬火+回火：200～300	

续表

钢号	焊后热处理/℃	说 明
30CrMnSiA	回火：500~700	消除焊接应力，以便于冷加工
30CrMnSiNi2A		

（四）典型案例——齿轮焊接

某厂减速机车间进行焊接结构大齿轮的制造，大齿轮为齿圈、轮毂、板管结构，并且直径较大，结构图如图2-21所示。

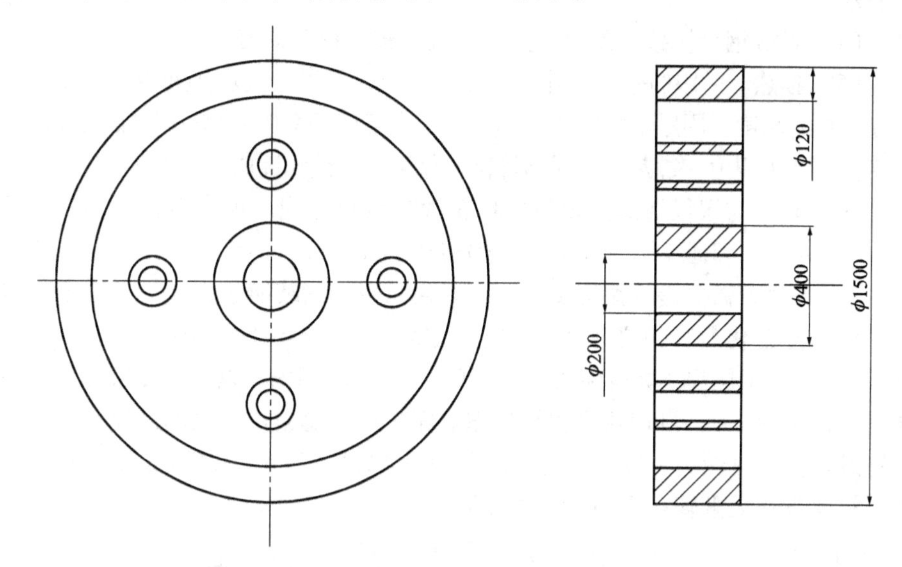

图2-21 大齿轮结构

1. 焊接性分析

齿圈和轮毂的材质为42CrMo。腹板和钢管的材质为35钢，齿圈和轮毂均处于调质状态下焊接。42CrMo是中碳调质钢，含碳量和合金元素含量较高。其焊接特点：淬透性很大，可焊性较差，焊接工艺非常复杂。35钢有好的塑性和适当的强度，焊接性尚可。由于轮毂和齿圈是在调质状态下焊接，焊接中的主要问题是：

（1）冷裂纹和热影响区的硬化和脆化；

（2）高温回火软化引起的热影响区强度下降。

热影响区的硬化和脆化可以通过焊后的回火处理来解决，但高温回火引起的强度降低，由于焊后不再调质处理，所以要避免软化现象。制定工艺时在确定调质状态下焊接工艺参数时，主要应从防止冷裂纹和避免软化出发。

因此焊接时应选取适当的、合理的焊接参数，并保证预热、层间、中间热处理和焊后热处理的温度一定控制在母材淬火后的回火温度以下50℃。

2. 焊接工艺

（1）焊接方法。采用CO_2气体保护焊。

（2）焊接材料。焊丝采用ϕ1.2mm，H08Mn2SiA。

（3）焊前准备。坡口形式采用单面V形坡口，中间2mm间隙，2mm钝边。坡口采用腹板加工车成。焊丝要用丙酮擦拭干净，并清除坡口及其附近50mm范围内的油污、锈斑、氧化皮和脏物等。倒置CO_2气瓶2h，放出气瓶中的水分。

（4）腹板钢管焊接。预热前先将腹板与连接钢管焊好。

（5）预热。采用履带式红外线加热器加热，可以控制加热和冷却速度，也可控制层间温度。用履带加热器缓慢加热工件到320℃～350℃，保证工件均匀受热，以减小应力。加热时用保温棉覆盖保温。预热温度曲线见图2－22。

（6）轮毂与腹板组焊。预热后将轮毂与腹板点固。焊点沿圆周均布，长度20～30mm，间距200～300mm。焊接电流$I=170\sim180$A，电压$U=25\sim26$V。点焊时收弧要慢，弧坑要填满。焊接时用小的线能量，并适当减小电流以降低母材熔化量，但必须保证熔合。焊接电流$I=180\sim200$A，电压$U=28\sim30$V。第1层焊缝始焊温度在320℃～350℃范围内，以后焊接过程中温度始终不低于300℃，随时用点温计测量。第1层焊缝采用分段倒退焊接，其余可连续焊接，见图2－23。每道焊缝焊完后都要进行锤击以降低焊接残余应力。一面焊完后翻转，用同样方法焊另一面。

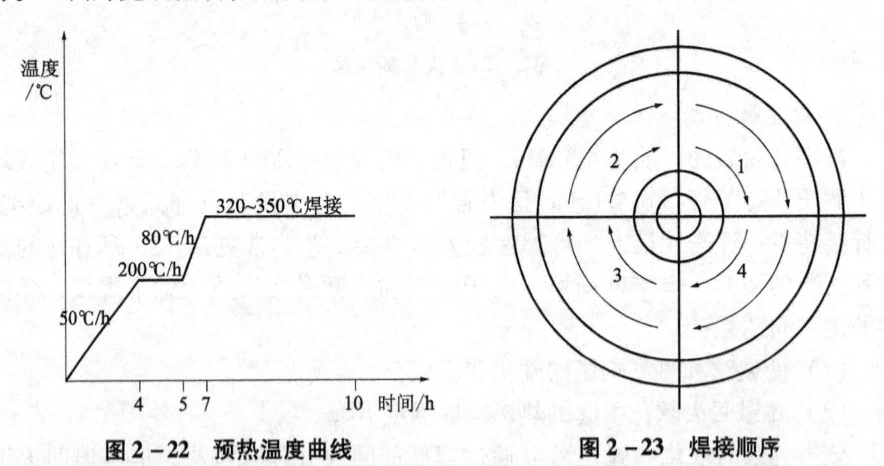

图2－22 预热温度曲线　　图2－23 焊接顺序

（7）中间回火。辐板与轮毂焊完后进行中间回火处理，加热速度80～100℃/h，温度500℃保温8h，缓冷速度50℃/h，至320℃～350℃时再进行焊接。

（8）齿圈的焊接。用（6）的焊接方法点固，并焊接辐板与齿圈。

（9）焊后回火。全部焊完后在温度不低于 300℃ 时及时加热，加热速度 80℃/h，500℃ 保温 8h，然后将加热器断电，保温棉继续使其缓慢自然冷却至 100℃ 后空冷。见图 2－24。

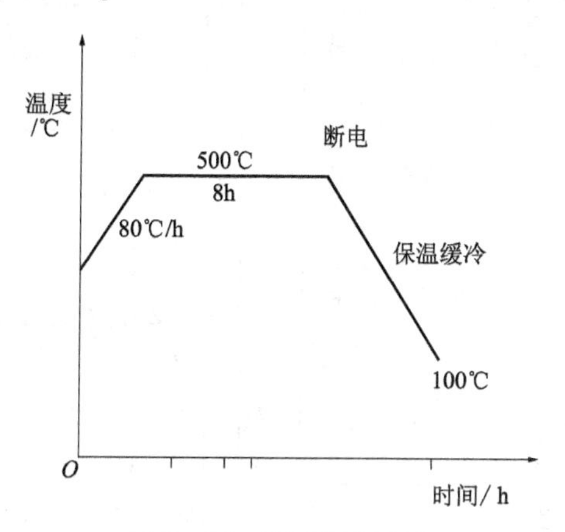

图 2－24　焊后回火曲线

按以上工艺焊接后，焊接接头质量完全达到设计要求，效果良好。

任务五　珠光体耐热钢的焊接

珠光体耐热钢以 Cr－Mo 以及 Cr－Mo 基多元合金钢为主，并加入合金元素 Cr、Mo、V，有时还加入少量 W、Ti、Nb、B 等，合金元素添加总的质量分数小于 10%。低、中合金珠光体耐热钢具有很好的抗氧化性和热强性，工作温度可高达 600℃，广泛用于制造蒸汽动力发电设备。

（一）珠光体耐热钢的成分及性能

珠光体耐热钢 w_{Cr} 一般为 0.5%～9%，w_{Mo} 一般为 0.5% 或 1%。随着 Cr、Mo 含量的增加，钢的抗氧化性、高温强度和抗硫化物腐蚀性能也都增加。在 Cr－Mo 钢中加入少量的 V、W、Nb、Ti 等元素后，可进一步提高钢的热强性。表 2－28 为常用珠光体耐热钢的化学成分，表 2－29 为常用珠光体耐热钢的室温力学性能。

合金元素 Cr 能形成致密的氧化膜，提高钢的抗氧化性能。当钢中 $w_{Cr} < 1.5\%$ 时，随 Cr 的增加钢的蠕变强度也增加；$w_{Cr} \geq 1.5\%$ 后，钢的蠕变强度随含铬量的增加而降低。Mo 是耐热钢中的强化元素，形成碳化物的能力比 Cr 弱，Mo 优先溶入固溶体，强化固溶体。Mo 的熔点高达 2 625℃，固溶后可提

表 2－28　常用珠光体耐热钢的化学成分

（%）

钢号	w_C	w_{Si}	w_{Mn}	w_{Cr}	w_{Mo}	w_V	w_W	w_{Ti}	w_S	w_P	w_B	w_{RE}	其他
12CrMo	≤0.15	0.20～0.40	0.40～0.70	0.40～0.70	0.40～0.55	—	—	—	≤0.04	≤0.04	—	—	w_{Cu}≤0.30
15CrMo	0.12～0.18	0.17～0.37	0.40～0.70	0.80～1.10	0.40～0.55	—	—	—	≤0.04	≤0.04	—	—	—
20CrMo	0.17～0.24	0.20～0.40	0.40～0.70	0.80～1.10	0.15～0.25	—	—	—	≤.04	≤0.04	—	—	—
12CrMoV	0.08～0.15	0.17～0.37	0.40～0.70	0.90～1.20	0.25～0.35	0.15～0.30	—	—	≤.04	≤0.04	—	—	—
12Cr3MoVSiTiB（П11）	0.09～0.15	0.60～0.90	0.50～0.80	2.50～3.00	1.00～1.20	0.25～0.35	—	0.22～0.38	≤0.035	≤0.035	0.005～0.011	—	—
12Cr2MoWVB（102 钢）	0.08～0.15	0.45～0.70	0.45～0.65	1.60～2.10	0.50～0.65	0.28～0.42	0.30～0.42	0.30～0.55	≤0.035	≤0.035	<0.008	—	—
13CrMo44	0.10～0.18	0.15～0.35	0.40～0.70	0.70～1.00	0.40～0.50	—	—	—	≤0.04	≤0.04	—	—	—
14CrV63	0.10～0.18	0.15～0.35	0.30～0.60	0.30～0.60	0.50～0.65	0.25～0.35	—	—	≤0.04	≤0.04	—	—	—
10CrMo910	≤0.15	0.15～0.50	0.40～0.60	2.00～2.50	0.90～1.10	—	—	—	≤0.04	≤0.04	—	—	—
10CrSiMoV7	≤0.12	0.90～1.20	0.35～0.75	1.60～2.0	0.25～0.35	0.25～0.35	—	—	≤0.04	≤0.04	—	—	—
WB36（15NiCuMoNb5）	0.10～0.17	0.25～0.50	0.80～1.20	≤0.30	0.25～0.50	w_{Ni} 1.00～1.30	w_{Cu} 0.50～0.80	w_{Nb} 0.015～0.045	≤0.03	≤0.03	w_N≤0.02	—	w_{Al}≤0.05

表 2－29　常用珠光体耐热钢的室温力学性能

钢号	热处理状态	取样位置	力学性能			
			屈服强度 σ_s/MPa	抗拉强度 σ_b/MPa	伸长率 δ_5/%	冲击吸收功 A_{KV}/(J·cm^{-2})
12CrMo	900℃～930℃正火＋680℃～730℃回火	—	210	420	21	68
15CrMo	930℃～960℃正火＋680℃～730℃回火	纵向	240	450	21	59
		横向	230	450	20	49
20CrMo	880℃～900℃淬水，水或油冷＋580℃～600℃回火	—	550	700	16	78
12Cr1MoV	980℃～1 020℃正火＋720℃～760℃回火	纵向	260	480	21	59
		横向	260	450	19	49
12Cr3MoVSiTiB（П11）	1 040℃～1 090℃正火＋720℃～770℃回火	—	450	640	18	—
12Cr2MoWVB（钢 102）	1 000℃～1 035℃正火＋760℃～780℃回火	—	350	550	18	—
13CrMo44	910℃～940℃正火＋650℃～720℃回火	—	300	450～580	22	—
14MoV63	950℃～980℃正火＋690℃～720℃回火	—	370	500～700	20	—
10CrMo910	900℃～960℃正火＋680℃～780℃回火	—	270	450～600	20	—
10CrSiMoV7	970℃～1000℃正火＋730℃～780℃回火	—	300	500～650	20	—
WB36（15NiCuMoNb5）	900℃～980℃正火＋580℃～660℃回火	纵向	449	622～775	19	—
		横向	—	—	17	—

高钢的再结晶温度，有效地提高钢的高温强度和抗蠕变能力。Mo 可以减小钢材的热脆性，还可以提高钢材的抗腐蚀能力。

钢中的 V 能形成细小弥散的碳化物和氮化物，分布在晶内和晶界，阻碍碳化物聚集长大，提高蠕变强度。V 与 C 的亲和力比 Cr 和 Mo 大，可阻碍 Cr 和 Mo 形成碳化物，促进 Cr 和 Mo 的固溶强化作用。钢中的 V 含量不宜过高，否则 V 的碳化物在高温下会聚集长大，造成钢的热强性下降，或使钢材脆化。钢中 W 的作用和 Mo 相似，能强化固溶体，提高再结晶温度，增加回火稳定性，提高蠕变强度。

合金元素的质量分数小于 2.5% 时，钢的组织为珠光体 + 铁素体；合金元素的质量分数大于 3% 时，为贝氏体 + 铁素体（即贝氏体耐热钢）。这类钢在 500℃ ~600℃具有良好的耐热性，工艺性能好，又比较经济，是电力、石油和化工部门用于高温条件下的主要结构材料，如加氢、裂解氢和煤液化的高压容器等。但这类钢在高温长期运行中会出现碳化物球化及碳化物聚集长大等现象。

在电站、核动力装置、石化加氢裂化装置、合成化工容器及其他高温加工设备中，耐热钢的应用相当普遍。耐热钢对保证高温高压设备长期工作的可靠性有重要的意义。在抗氧化和高温强度的运行条件下，各种耐热钢的极限工作温度如图 2 - 25 所示。在不同的运行条件下，各种耐热钢允许的最高工作温度见表 2 - 30。在高压氢介质中，各种 Cr - Mo 钢的适用温度范围如图 2 - 26 所示。

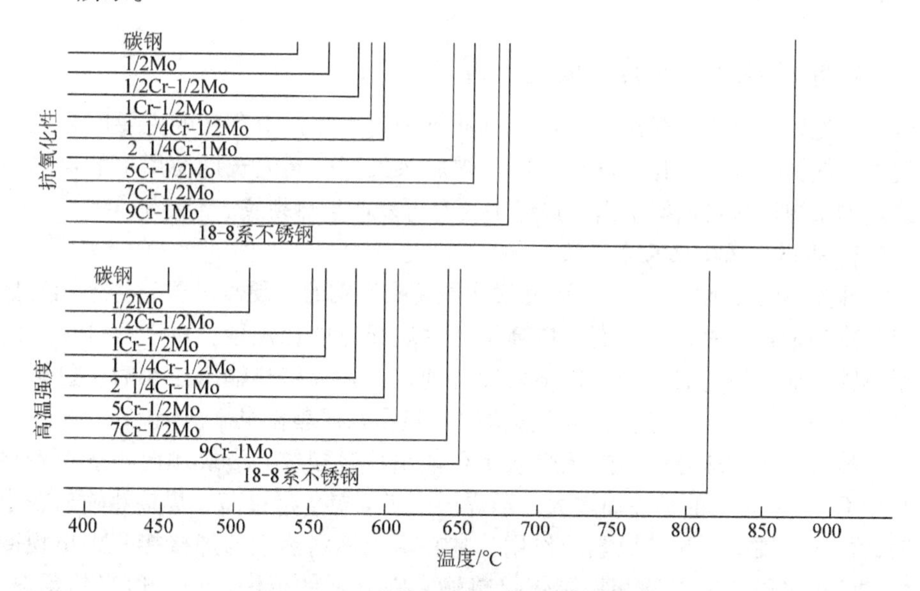

图 2 - 25　各种耐热钢的极限工作温度

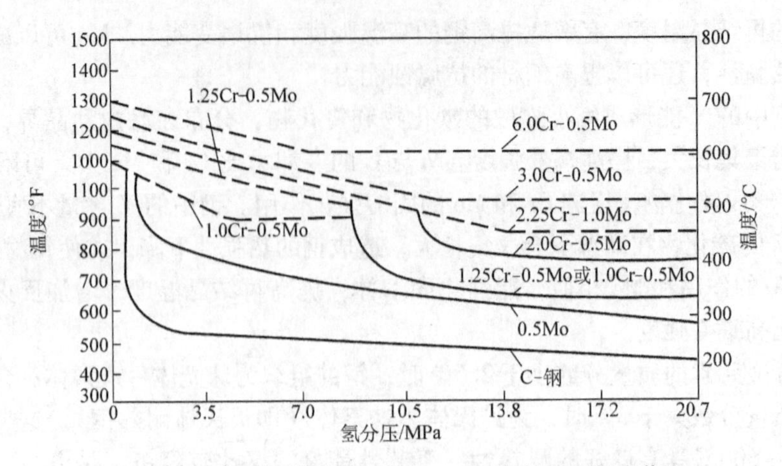

图 2-26　高压氢介质中各种 Cr-Mo 钢的适用温度范围

表 2-30　不同的运行条件下各种耐热钢允许的最高工作温度

钢　种	最高工作温度/℃						
	0.5Mo	1.25Cr-0.5Mo 1Cr-0.5Mo	2.25Cr-1Mo 1CrMoV	2CrMoWVTi 5Cr-0.5Mo	9Cr-1Mo 9CrMoV 9CrMoWVNb	12Cr-MoV	18-8CrNi（Nb）
高温高压蒸气	500	550	570	600	620	680	760
常规炼油工艺	450	530	560	600	650	—	750
合成化工工艺	410	520	560	600	650	—	800
高压加氢裂化	300	340	400	550	—	—	750

（二）珠光体耐热钢的焊接性分析

珠光体耐热钢的焊接性与低碳调质钢相近，焊接中存在的主要问题是冷裂纹、热影响区的硬化、软化，以及焊后热处理或高温长期使用中的再热裂纹。如果焊接材料选择不当，焊缝中还有可能产生热裂纹。

1. 热影响区硬化及冷裂纹

珠光体耐热钢中的 Cr、Mo 元素能显著提高钢的淬硬性，这些合金元素推迟了冷却过程中的组织转变，提高了过冷奥氏体的稳定性。对于成分一定的耐热钢，最高硬度取决于奥氏体的冷却速度。在焊接热输入过小时，热影响区易出现淬硬组织；焊接热输入过大时，热影响区晶粒明显粗化。

淬硬性大的珠光体耐热钢焊接中可能出现冷裂纹，裂纹倾向一般随着钢材中 Cr、Mo 含量的提高而增大。当焊缝中扩散氢含量过高、焊接热输入较小时，由于淬硬组织和扩散氢的作用，常在珠光体耐热钢的焊接接头中出现冷裂纹。可采用低氢焊条和控制焊接热输入在合适的范围，加上适当的预热、后热措施，来避免产生焊接冷裂纹。实际焊接生产中，正确选定预热温度和焊后回火温度对防止冷裂纹是非常重要的。

2. 再热裂纹

珠光体耐热钢再热裂纹取决于钢中碳化物形成元素（Mo、V 等）的特性及其含量。再热裂纹出现在焊接热影响区的粗晶区，与焊接工艺及焊接残余应力有关。采用大热输入的焊接方法时，如多丝埋弧焊或带极埋弧焊，在接头处高拘束应力作用下，焊层间或堆焊层下的过热区易出现再热裂纹。

珠光体耐热钢中的 Mo 含量增多时，Cr 对再热裂纹的影响也增大，如图 2-27 所示。Mo 的质量分数从 0.5% 增加至 1.0% 时，再热裂纹敏感性最大的 Cr 的质量分数从 1.0% 降低至 0.5%。但钢中如有质量分数为 0.1% 的 V 元素时，即使 $w_{Mo}=0.5\%$，再热裂纹倾向也很大。

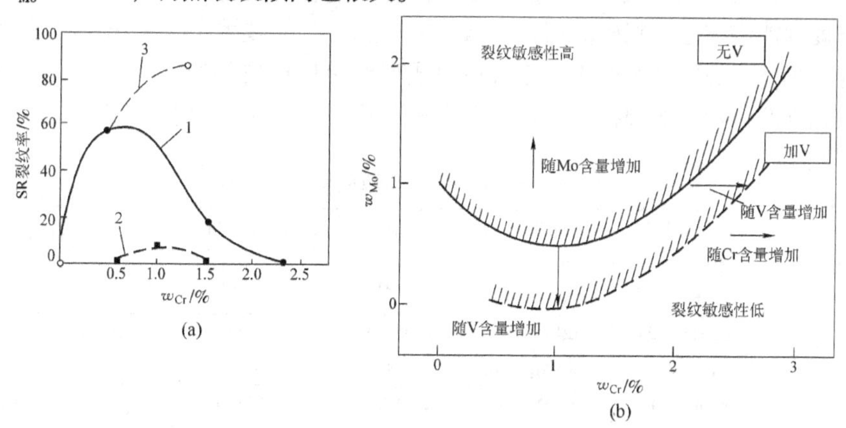

图 2-27　合金元素对钢材再热裂纹敏感性的影响

（a）Cr、Mo 含量对再热裂纹的影响（600℃×2h）1—1Mo 2—0.5Mo 3—0.5Mo-0.1V

（b）Cr、Mo、V 对再热裂纹的影响

3. 回火脆性

铬钼耐热钢及其焊接接头在 350℃～500℃温度区间长期运行过程中发生脆变的现象称为回火脆性。产生回火脆性的主要原因，是由于在回火脆化温度范围内长期加热后，P、As、Sb、Sn 等杂质元素在奥氏体晶界偏析而引起的晶界脆化；此外，与促进回火脆化的元素 Mn、Si 也有关。因此，对于基体金属来说，严格控制有害杂质元素的含量，严格控制 P、Si 含量，同时降低 Si、Mn 含量是解决回火脆性的有效措施。

（三）珠光体耐热钢的焊接工艺特点

珠光体耐热钢一般在预热状态下焊接，焊后大多要进行高温回火处理。珠光体耐热钢定位焊和正式施焊前都需预热，若焊件刚性大，宜整体预热。

焊条电弧焊时应尽量减小接头的拘束度。焊接过程中保持焊件的温度不低于预热温度（包括多层焊时的层间温度），尽量避免中断，不得已中断焊接时，应保证焊件缓慢冷却。

1. 常用焊接方法和焊接材料

焊条电弧焊、埋弧焊、熔化极气体保护焊、电渣焊、钨极氩弧焊等均可用于珠光体耐热钢的焊接。常用的焊接方法以焊条电弧焊为主。

为了保证焊缝性能与母材匹配，具有必要的热强性，珠光体耐热钢的焊缝成分应与母材相近，这与其他合金结构钢不同。为了防止焊缝有较大的热裂倾向，焊缝碳的质量分数要求比母材低一些（一般不希望低于0.07%）。实践中，若焊接材料选择适当，焊缝的性能是可以和母材匹配的。

珠光体耐热钢焊接材料的选择原则是：焊缝金属的合金成分及使用温度下的强度性能应与母材相应的指标一致，或应达到产品技术条件提出的最低性能指标。焊件如焊后需经退火、正火或热成形等热处理或热加工，应选择合金成分或强度级别较高的焊接材料。珠光体耐热钢焊接材料的选用见表2-31。

表2-31 珠光体耐热钢焊接材料的选用

钢号	焊条电弧焊焊条型号（牌号）	气体保护焊焊丝型号（牌号）	埋弧焊（焊丝+焊剂）		氩弧焊焊丝型号（牌号）
			牌号	型号	
15Mo	E5015-A_1（R107）	ER55-D_2（H08MnSiMo）	H08MnMoA+HJ350	F5114-H08MnMoA	TGR50M（TIG）（H08MnSiMo）
12CrMo	E5505-B_1（R207）	ER55-B_2（H08CrMnSiMo）	H10CrMoA+HJ350	F5114-H10CrMoA	TGR50M（TIG）（H08CrMnSiMo）
15CrMo	E5515-B_2（R307）	ER55-B_2（H08Mn2SiCrMo）	H08CrMoVA+HJ350	F5114-H08CrMoA	TGR55CM（TIG）（H08CrMnSiMo）
20CrMo	E5515-B_2（R307）	—	H08CrMoV+HJ350	—	H05Cr1MoVTiRE
12Cr1MoV	E5515-B_2-V（R317）	ER55-B_2MnV（H08CrMnSiMoV）	H08CrMoA+HJ350	F6114-H08CrMoV	TGR55V（TIG）（H08CrMnSiMoV）
12Cr2Mo	E6015-B_3（R407）	ER62-B_3（08Cr3MoMnSi）	H08Cr3MoMnA+HJ350或SJ101	F6124-H08Cr3MnMoA	TGR59C2M（TIG）（H08Cr3MoMnSi）
12Cr2MoWVB	E5515-B_3-VWB（R347）	ER62-G（08Cr2MoWVNbB）	H08Cr2MoWVNbB+HJ250	F6111-H08Cr2MoWVNbB	TGR55WB（TIG）（H08Cr2MoWVNbB）
10CrMo910	E6015-B_3（R407）	—	—	—	（H05Cr2MoTiRE）
10CrSiMoV7	E5515-B_2-V（R317）	—	H08CrMoV+HJ350	—	（H05Cr1MoVTiRE）
注：气体保护焊的保护气体为CO_2或Ar+20% CO_2或Ar+（1~5）% O_2。					

为控制焊接材料的含水量，在焊接工艺要求中应规定焊条和焊剂的保存和烘干制度。常用珠光体耐热钢焊条和焊剂的烘干制度见表2－32。

表2－32　常用珠光体耐热钢焊条和焊剂的烘干制度

焊条、焊剂的型号（牌号）	烘干温度/℃	烘干时间/h	保存温度/℃
E5003－A_1（R102），E5503－B_1（R202），E5503－B_2（R302）	150～200	1～2	50～80
E5015－A_1（R107），E5515－B_1（R207），E5515－B_2（R307）， E5515－B_2－V（R317），E6015－B_3（R407），E5515－B_3－VWB（R347）	350～400	1～2	127～150
F5114（HJ350），F6111（HJ250）	400～450	2～3	120～150
F7124（SJ101），F5123（SJ301）	300～350	2～3	120～150

2. 预热及焊后热处理

珠光体耐热钢焊接时，为了防止冷裂纹和消除热影响区硬化现象，正确选定预热温度和焊后回火温度是非常重要的。生产中必须结合具体条件，通过试验来确定预热及焊后热处理温度。预热温度的确定主要是依据钢的合金成分、接头的拘束度和焊缝金属的氢含量。母材碳含量大于0.45%、最高硬度大于350HV时，应考虑焊前预热。珠光体耐热钢的预热温度和焊后热处理见表2－33。

表2－33　珠光体耐热钢的预热温度和焊后热处理

钢　号	预热温度/℃	焊后热处理温度/℃	钢　号	预热温度/℃	焊后热处理温度/℃
12CrMo	200～250	650～700	12MoVWBSiRE	200～300	750～770
15CrMo	200～250	670～700	12Cr2MoWVB①	250～300	760～780
12Cr1MoV	250～350	710～750	12Cr3MoVSiTiB	300～350	740～760
17CrMo1V	350～450	680～700	20CrMo	250～300	650～700
20Cr3MoWV	400～450	650～670	20CrMoV	300～350	680～720
Cr2.25Mo	250～350	720～750	15CrMoV	300～400	710～730

注：①12Cr2MoWVB气焊接头焊后应正火＋回火处理，推荐：正火1 000℃～1 030℃＋回火760℃～780℃。

后热去氢处理是防止冷裂纹的重要措施之一。氢在珠光体中的扩散速度较慢，一般焊后加热到250℃以上，保温一定时间，可以促使氢加速逸出，降低冷裂纹的敏感性。采用后热处理可以降低预热温度约50℃～100℃。焊后热处理的目的不仅是消除焊接残余应力，更重要的是改善焊接区组织和提高接头的综合力学性能，包括提高接头的高温蠕变强度和组织稳定性，降低焊缝及热影响区硬度等。

(四) 典型案例——35CrMo 耐热钢的焊接

卷轴是轧制薄铝板的滚道，由三段35CrMo铸钢件经加工后装配组成。要求整体表面无任何缺陷，表面粗糙度 Ra1.6，产品结构如图2－28所示。根据35CrMo钢易出现裂纹的特点及产品的技术要求，选择的坡口形式及尺寸如图2－28中*A*部放大图所示。

全部采用手工电弧焊，焊接工艺步骤如下：

(1) 卷轴装配后，用长螺丝拉紧固定横放在一对滚轮上，可以自由转动。用小角铁制作一具火焰预热架子，把下端两把割炬固定在架子上，上端一割炬不固定（图2－29）。

(2) 将选用的3种焊条在250℃条件下烘干2h后随用随取。

(3) 用三把割炬对卷轴接缝处加热，局部预热宽度为100mm。加热时，应转动卷轴，使其均匀受热，表面温度达到250℃时，保温20min，使热量传导至内部，然后在接头处用R307焊条（直径3.2mm）进行定位焊。

(4) 焊接卷轴时，撤去上端割炬，将下端两割炬火焰调节得小一些，继续加温，保持层间温度。

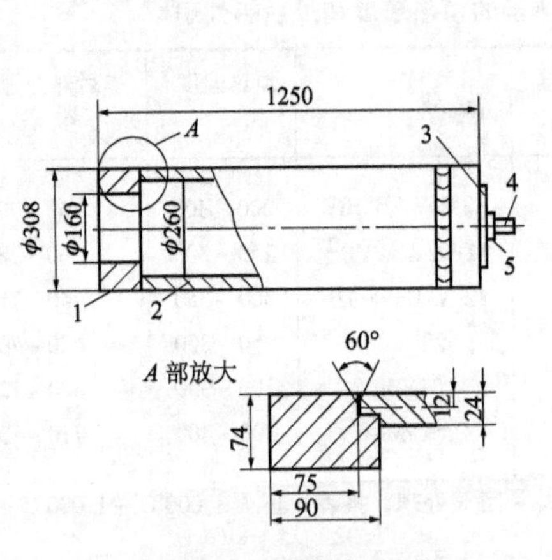

图2－28 卷轴结构尺寸

1—端轴；2—轴身；3—压板；4—螺丝；5—螺帽

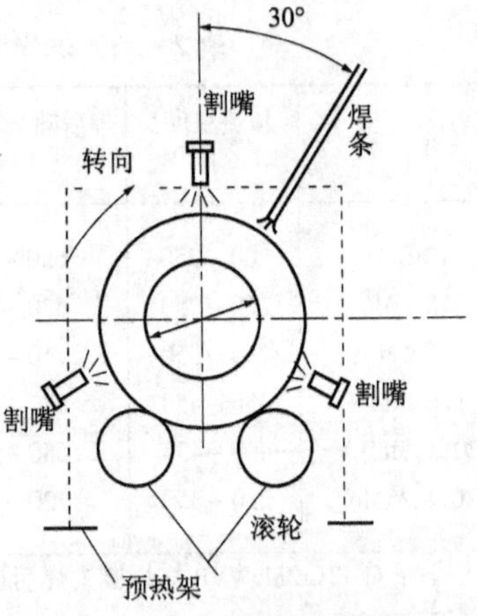

图2－29 火焰预热示意图

(5) 在单道多层焊中，焊接第一层用R307焊条（直径3.2mm），表层用J422焊条（直径4.0mm），其余各层均用直径为4mm的R307焊条。各种焊条的工艺参数见表2－34。

表 2-34　各种焊条的工艺参数

焊条牌号	焊条直径/mm	焊接电流/A	电源极性	层间温度/℃
R307	3.2	130	直流反接	150~200
R307	4.0	170	直流反接	150~200
J422	4.0	180	直流反接	150~200

（6）用短弧操作，卷轴随焊接速度而缓慢匀速转动，使其熔合良好，做好层间清渣工作，以防止产生气孔、夹渣现象。

（7）焊接时，焊条施焊位置放在卷轴一点钟处，一次焊成，中间不停止，连续施焊。

（8）焊接完毕后，在避风处立即用宽 100mm 的硅酸铝材料，把焊缝包扎好，进行保温，并缓冷。

（9）对卷轴进行消应力退火。

实践表明，按上述工艺焊接，不产生焊接裂纹、气孔、夹渣等现象。机械加工性能良好。加工后，焊缝处无任何缺陷，热影响区与母材无色差现象，全部达到技术质量要求。

任务六　低温钢的焊接

通常把 -10℃ ~ -196℃的温度范围称为“低温”（我国从 -40℃算起），低于 -196℃（直到 -273℃）时称为“超低温”。低温钢主要是为了适应能源、石油化工的需要而迅速发展起来的一种专用钢。低温钢在低温工作条件下要求具有足够的强度、塑性和韧性，同时应具有良好的加工性能，主要用于制造 -20℃ ~ -253℃低温下工作的焊接结构，如贮存和运输各类液化气体的容器等。

（一）低温钢的分类、成分及性能

1. 低温钢的化学成分和组织

低温用钢包括的钢种很广泛，从低碳铝镇静钢、低合金高强钢、低 Ni 钢，一直到 $w_{Ni}=9\%$ 的钢。常用低温钢的温度等级和化学成分见表 2-35。

表 2－35 常用低温钢的温度等级和化学成分

（%）

分类	温度等级/℃	钢 号	组织状态	w_C	w_{Mn}	w_{Si}	w_V	w_{Nb}	w_{Cu}	w_{Al}	w_{Cr}	w_{Ni}	其他
无镍低温钢	－40	Q345	正火	≤0. 20	1. 20～1. 60	0. 20～0. 60	—	—	—	—	—	—	—
	－70	09Mn2VRE	正火	≤0. 12	1. 40～1. 80	0. 20～0. 50	0. 04～0. 10	—	—	—	—	—	—
		09MnTiCuRE	正火		1. 40～1. 70	≤0. 40	—	—	0. 20～0. 40	—	—	—	w_{Ti}0. 30～0. 80 RE＊0. 15
	－90	06MnNb	正火	≤0. 07	1. 20～1. 60	0. 17～0. 37	—	0. 02～0. 04	—	—	—	—	—
	－100	06MnVTi	正火	≤0. 07	1. 40～1. 80	0. 17～0. 37	0. 04～0. 10	—	—	0. 04～0. 08	—	—	—
	－105	06AlCuNbN	正火	≤0. 08	0. 80～1. 20	≤0. 35	—	0. 04～0. 08	0. 30～0. 40	0. 04～0. 15	—	—	w_N0. 010～0. 015
	－196	26Mn23Al	固溶	0. 1～0. 25	21. 0～26. 0	≤0. 50	0. 06～0. 12	—	0. 10～0. 20	0. 7～1. 2	—	—	w_N0. 03～0. 08 w_B0. 001～0. 005
	－253	15Mn26Al4	固溶	0. 13～0. 19	24. 5～27. 0	≤0. 80	—	—	—	3. 8～4. 7	—	—	—
含镍低温钢	－60	0. 5NiA	正火或调质	≤0. 14	0. 70～1. 50	0. 10～0. 30	0. 02～0. 05	0. 15～0. 50	≤0. 35	0. 15～0. 50	≤0. 25	0. 30～0. 70	w_{Mo}≤0. 10
		1. 5NiA		≤0. 14	0. 30～0. 70							1. 30～1. 60	
		1. 5NiB		≤0. 18	0. 50～1. 50							1. 30～1. 70	
		2. 5NiA		≤0. 14	≤0. 80							2. 00～2. 50	
		2. 5NiB		≤0. 18	≤0. 80							2. 00～2. 50	
	－100	3. 5NiA	正火或调质	≤0. 14	≤0. 80	0. 10～0. 30	0. 02～0. 05	0. 15～0. 50	≤0. 35	0. 10～0. 50	≤0. 25	3. 25～3. 75	—
		3. 5NiB		≤0. 18									
	－120～－170	5Ni	淬火＋回火	≤0. 12	≤0. 80	0. 10～0. 30	0. 02～0. 05	0. 15～0. 50	≤0. 35	0. 10～0. 50	≤0. 25	4. 75～5. 25	—
	－196	9Ni	淬火＋回火	≤0. 10	≤0. 80	0. 10～0. 30	0. 02～0. 05	0. 15～0. 50	≤0. 35	0. 10～0. 50	≤0. 25	8. 0～10. 0	—
	－196～－253	Cr18Ni9	固溶	≤0. 08	≤2. 0	≤1. 0	—	—	—	—	17. 0～19. 0	9. 0～11. 0	—
		Cr18Ni9Ti											$5w_{Ti}w_C$～0. 8
	－269	Cr25Ni20				≤1. 5					24～26	19～22	—

注：＊表示加入量。

（1）无Ni低温钢。铝镇静Si－Mn低温钢是先用Si、Mn进行脱氧，再用铝进行强烈脱氧的优质钢种。为了提高韧性，从成分上采取了降低碳含量和提高Mn/C比（Mn/C＞11）的措施。对该钢进行正火处理或淬火＋回火处理可细化晶粒，明显提高其低温韧性，多用于－40℃以上的结构。

低合金铁素体低温钢是在Si－Mn优质钢基础上，加入少量合金元素（如Nb、V、Ti、Al、Cu、RE等）得到的低温钢（$\sigma_s \geqslant 441$MPa），组织为铁素体加少量珠光体。其中Mn、Ni以及能促使晶粒细化的微量元素都有利于提高低温韧性。为了保证良好的综合力学性能和焊接性，一般要求低C和低S、P。这种钢具有高的塑性和韧性，多用于－50℃以上的结构，如Q345、09MnTiCuRE、06AlCuNbN等。

（2）含Ni低温钢。合金元素总的质量分数为5%～10%，其组织与热处理工艺有关。其中5Ni钢（$w_{Ni}=5\%$）、9Ni钢（$w_{Ni}=9\%$）是典型的中合金低温钢。

Ni是发展低温钢的一个重要元素。为了提高钢的低温性能，可加入Ni元素，形成含Ni的铁素体低温钢，如1.5Ni钢（$w_{Ni}=1.5\%$）、2.5Ni钢（$w_{Ni}=2.5\%$）、3.5Ni钢（$w_{Ni}=3.5\%$）以及5Ni钢（$w_{Ni}=5\%$）等。在提高Ni的同时，应降低含碳量和严格限制S、P含量及N、H、O的含量，防止产生时效脆性和回火脆性等。这类钢的热处理条件为正火、正火＋回火和淬火＋回火等。

9Ni钢具有一定的回火脆性敏感性，并随着P含量的增加而显著增加，因此应严格控制9Ni钢中的P含量。9Ni低温钢由于Ni含量较高，具有很高的低温韧性，能用于－196℃以上的结构，比奥氏体不锈钢有更高的强度，适宜制造贮存液化气的大型容器。

2. 低温钢的力学性能

对低温钢的性能要求，首先应满足低温下的力学性能，特别是低温条件下的缺口韧性。常用低温钢的力学性能见表2－36。

表2－36　常用低温钢的力学性能

钢　号	热处理状态	试验温度/℃	屈服强度 σ_s/MPa	抗拉强度 σ_b/MPa	伸长率 δ_5/%	σ_s/σ_b	冲击吸收功 A_{KV}/J
Q345	正火	－40	≥343	≥510	≥21	0.65	≥34*
09Mn2V	正火	－70	≥343	≥490	≥20	0.70	≥47*
09MnTiCuRE	正火	－70	≥343	≥490	≥20	0.70	≥47*
06MnNb	正火	－90	≥294	≥432	≥21	0.68	≥47*
06AlCuNbN	正火	－120	≥294	≥392	≥20	0.75	≥20.5
2.5Ni	正火	－50	≥255	450～530	≥23	0.57～0.48	≥20.5*
3.5Ni	正火	－101	≥255	450～530	≥23	0.57～0.48	≥20.5*

续表

钢 号	热处理状态	试验温度/℃	屈服强度 σ_s/MPa	抗拉强度 σ_b/MPa	伸长率 δ_5/%	σ_s/σ_b	冲击吸收功 A_{KV}/J
5Ni	正火+回火	-170	≥448	655~790	≥20	0.68~0.54	≥34.5
9Ni	淬火+回火	-196	≥517	690~828	≥20	0.75~0.63	≥34.5
		-196	≥585	690~828	≥20	0.85~0.71	≥34.5
注：冲击吸收功为三个试样的平均值，* 为 U 形缺口。							

低温钢须具备的最重要的性能是抗低温脆化。在一些重要结构上，为了防止意外事故的发生，还要求材料具有抗脆性裂纹扩展的止裂性能，即一旦出现脆性破坏后可以停止继续破坏。从安全角度考虑，希望低温钢的屈强比不要太高，因为屈强比是衡量低温缺口敏感性的指标之一。屈强比越大，表明塑性变形能力的储备越小，在应力集中部位的应力再分配能力越低，从而易于促使脆性断裂。无论是无 Ni 或含 Ni 的低温钢，在冲击韧性上都可以满足规定低温下的使用要求，但是无 Ni 低温钢的屈强比不如含 Ni 低温钢的屈强比高。

除了面心立方金属外（如奥氏体钢、铝、铜等），所有体心立方或六方晶格的金属均有低温脆化现象。可以通过细化晶粒、合金化和提高纯净度等措施来改善铁素体钢的低温韧性。Mn-Si 系钢中各种氮化物细化奥氏体晶粒的效果如图 2-30 所示。可见，Ti、Al、Nb 等有很好的细化晶粒作用。低温钢的含碳量不高，在常温下具有较好的塑性和韧性，冷或热加工均可采用。铁素体低温钢的加工性能与低碳钢及低合金钢相近；奥氏体低温钢的加工性能与奥氏体不锈钢相近。

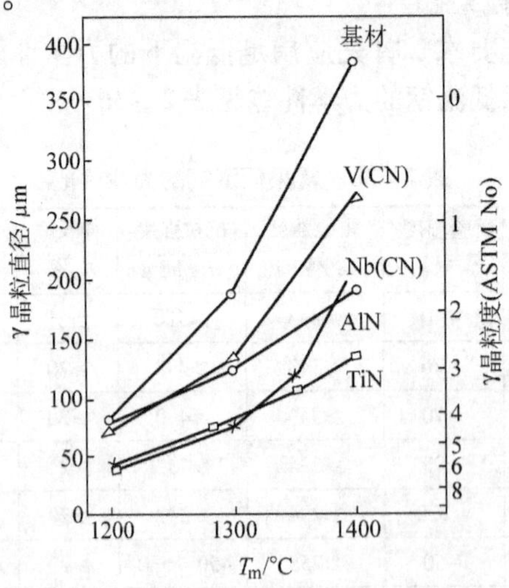

图 2-30 Mn-Si 系钢中各种氮化物细化晶粒的效果

（二）低温钢的焊接性分析

1. 无 Ni 低温钢的焊接性特点

不含 Ni 元素的铁素体低温钢碳的质量分数约为 0.06% ~0.20%，合金元素总的质量分数≤5%，碳当量为 0.27% ~0.57%，焊接性良好。由于碳当量不高，淬硬倾向较小，室温焊接时不易形成冷裂纹；钢中 S、P 等杂质元素的含量较低，也不易产生热裂纹。这类钢在用铝脱氧时形成了稳定的 AlN，阻止了接头区脆化。

铁素体低温钢通过加入细化晶粒的合金元素（Ti、Al、Nb 等）以及正火处理提高低温韧性，韧性指标一般能得到保证。对这类钢进行焊接性分析时应注意以下问题：

（1）严格控制焊接热输入和层间温度，目的是使接头不受过热的影响，避免热影响区晶粒长大，降低韧性。

（2）控制焊后热处理温度，避免产生回火脆性。板厚 $\delta > 15$mm 的低温钢焊接结构，焊后应采用消除应力热处理。含有 V、Ti、Nb、Cu、N 等元素的钢种，在进行消除应力热处理时，当加热温度处于回火脆性敏感温度区时会析出脆性相，使低温韧性下降。应合理地选择焊后热处理工艺，以保证接头的低温韧性。

（3）含氮的铁素体低温钢不仅对焊接热循环敏感，而且对焊接应力应变循环也很敏感，接头某些区域会发生热应变脆化，使该区的塑性和韧性下降。热应变区的温度范围为 200℃ ~600℃。热应变量越大，脆化程度也越大。采用小的焊接热输入可以减小热影响区的热塑性应变量，有利于减轻热应变脆化程度。

焊接这类钢时，通常当板厚 $\delta < 25$mm 时不需预热，当板厚 $\delta > 25$mm 或焊接接头拘束度较大时，应考虑预热，以防止产生焊接裂纹。预热温度过高会使热影响区晶粒长大，在晶界可能析出氧化物和碳化物而降低韧性，所以预热温度一般在 100℃ ~150℃，最高不超过 200℃。

2. 含 Ni 低温钢的焊接性特点

含 Ni 较低的 2.5% Ni 和 3.5% Ni 低温钢，虽然由于 Ni 的加入提高了钢材的淬透性，但由于含碳量限制得较低，冷裂纹倾向并不严重，薄板焊接时可不预热，厚板焊接时需进行 100℃ 预热。含 Ni 高的 9Ni 钢，淬硬性很大，在超过临界点的焊接热影响区得到的是淬火组织。但由于含碳量很低，并采用了奥氏体焊接材料，因此冷裂纹倾向并不大。

9Ni 钢焊接性分析时应注意以下几个问题：

（1）正确选择焊接材料。9Ni 钢具有较大的线膨胀系数，在选择焊接材料时，必须使焊缝与母材的线膨胀系数大致相近，以防止因线膨胀系数差异太大而引起焊接裂纹。

（2）避免磁偏吹现象。9Ni 钢是一种强磁性材料，采用直流电源时易产生磁偏吹现象，影响焊接质量。一般做法是焊前避免接触磁场，选用适于交流电源焊接的焊条（如镍基合金焊条）。

（3）严格控制焊接热输入和层间温度，避免焊前预热。这样可避免接头过热和晶粒长大，保证接头的低温韧性。

9Ni 钢是典型的低碳马氏体低温钢，含有较多的镍，具有一定的淬硬性。焊前应进行正火后再高温回火或 900℃ 水淬后再 570℃ 回火处理，其组织为低碳板条马氏体。这种钢具有较高的低温韧性，其焊接性能优于一般低合金高强钢。板厚 $\delta<50$mm 的焊接结构可以不预热，焊后可不进行消除应力热处理。

对这类易淬火的低温钢通常采用焊前预热、控制层间温度及焊后缓冷等工艺措施，可降低冷却速度，避免淬硬组织，采用较小的焊接热输入，使热影响区的晶粒不至于过分长大，达到防止冷裂纹及改善热影响区韧性的目的。

（三）低温钢的焊接工艺特点

低温钢焊接时，除了要防止出现裂纹外，关键是要保证焊缝和热影响区的低温韧性，这是制定低温钢焊接工艺的一个根本出发点。解决热影响区韧性主要是通过控制焊接热输入，而焊缝韧性除了与热输入有关外，还取决于焊缝成分的选择。由于焊缝金属是铸态组织，性能低于同样成分的母材，故焊缝成分不能与母材完全相同。由于对低温条件的要求不同，应针对不同类型低温钢选择不同的焊接材料和不同的焊接热输入。

低温钢焊接时，焊条电弧焊和氩弧焊的应用较广，埋弧焊的应用受到限制，一般不采用气焊和电渣焊。为使焊接接头具有良好的低温韧性，焊接热输入不能过大。通常采用快速多道焊，并通过多层焊的再热作用细化晶粒，如焊接 06MnNbDR 低温钢时，层间温度不大于 300℃。

1. 低温钢的焊条电弧焊

（1）焊条的选用。根据低温焊接结构的工作条件，所选焊条应使焊缝达到不低于母材经过焊接后的最低韧性水平。承受交变载荷或冲击载荷的结构，焊缝金属应具有较好的抗疲劳断裂性能、良好的塑性和抗冲击性能。接触腐蚀介质的结构，应使焊缝金属的化学成分与母材大致相同，或用能保证焊缝及熔合区的抗腐蚀性能不低于母材的焊条。

几种常用低温钢焊接材料的选用见表 2－37。焊接屈服强度大于 490MPa

的低温钢球罐时，焊条中 $w_{Ni}=1.72\%$ 和 $w_{Mo}=0.16\%$；焊接屈服强度大于588MPa 的低温钢所用的焊条中除了含 Ni、Mo 外，还含有少量的 Cr。

表 2－37　几种常用低温钢焊接材料的选用

钢　号	状　态	焊条电弧焊		埋弧焊	
		型号	牌号	焊丝	焊剂
16MnDR	正火	E5016－G E5015－G	J506RH J507RH	H10Mn2A	YD504A
09Mn2VDR	正火	E5015－G E5515－C1	W607A W707Ni	H08Mn2MoVA	HJ250
06MnNbDR	正火 800℃～900℃空冷	E5515－C2	W907Ni	—	—
15MnNiDR	正火	E5015－G	W507R	—	—
09MnNiDR	正火或 正火＋回火	E5015－G	W707R	H10Mn2A 或 含 Ni 药芯焊丝	YD507A

(2) 焊接工艺要点。16MnDR 钢是制造－40℃低温设备用的细晶粒钢。09Mn2VDR 也属细晶粒钢，在正火状态下使用，主要用于制造－70℃的低温设备，如冷冻设备、液化气贮罐、石油化工低温设备等。06MnNbDR 是具有较高强度的－90℃用细晶粒低温钢，主要用于制造－60℃～－90℃的制冷设备、容器及贮罐等。

低温钢焊接要求采用较小的焊接热输入，选用的焊条直径一般不大于4mm。对于开坡口的对接焊缝、丁字焊缝和角接焊缝，为获得良好的熔透和背面成形，封底焊时应选用小直径焊条，一般不超过 3.2mm。尽量用较小的焊接电流，以减小焊接热输入，保证接头有足够的低温韧性。低温钢焊条电弧焊平焊时的焊接参数见表 2－38。横焊、立焊和仰焊时使用的焊接电流应比平焊时小 10%。应采用多层多道焊，每一焊道焊接时采用快速不摆动的操作方法。

表 2－38　低温钢焊条电弧焊平焊时的焊接参数

焊缝金属类型	焊条直径/mm	焊接电流/A	焊接电压/V
铁素体－珠光体型	3.2	90～120	23～24
	4.0	140～180	24～26
Fe－Mn－Al 奥氏体型	3.2	80～100	23～24
	4.0	100～120	24～25

2. 低温钢的埋弧焊

（1）焊材（焊丝和焊剂）的选择。所用焊丝应严格控制C含量，S、P含量应尽量低。常选用烧结焊剂配合 Mn－Mo 或含 Ni 焊丝。如采用 C－Mn 焊丝，应配合碱性非熔炼焊剂，通过焊剂向焊缝过渡微量 Ti、B 合金元素，可细化铁素体晶粒。由于碱性焊剂所得焊缝的含氧量低，可得到高韧性的焊缝，以保证焊缝金属的低温韧性。

低温钢焊接时也可采用中性熔炼焊剂配合含 Mo 的 C－Mn 焊丝或采用碱性熔炼焊剂配合含 Ni 焊丝。表2－39 给出了常用低温钢埋弧焊时焊剂与焊丝的组合。

表2－39　常用低温钢埋弧焊时焊剂与焊丝的组合

钢　号	工作温度/℃	焊　剂	配用焊丝
16MnDR	－40	SJ101、SJ603	H10MnNiMoA、H06MnNiMoA
09MnTiCuREDR	－60	SJ102、SJ603	H08MnA、H08Mn2
09Mn2VDR、2.5Ni 钢	－70	SJ603	H08Mn2Ni2A
3.5Ni 钢	－90	SJ603	H05Ni3A

对于2.5Ni 钢、3.5Ni 钢选用 $w_{Ni}=2.5\%$ 焊丝和 $w_{Ni}=3.5\%$ 焊丝。9Ni 钢一般选用镍基焊丝 Ni－Cr－Nb－Ti、Ni－Cr－Mo－Nb、Ni－Fe－Cr－Mo 等。低温钢用埋弧焊焊剂常采用碱性焊剂或中性焊剂，以使焊缝金属具有良好的低温韧性。

（2）焊接工艺。常用低温钢埋弧焊的焊接参数由表2－40 给出。埋弧焊的热量输入比焊条电弧焊大，故焊缝及热影响区的组织也比焊条电弧焊的粗大。为了保证焊接接头的韧性，一般采用直流焊接电源（焊丝接正极）。对于－40℃～－105℃低温钢，应将焊接热输入控制在 20～25kJ/cm 以下；对于－196℃低碳9Ni 钢，应将焊接热输入控制在 35～40kJ/cm 以下。

表2－40　低温钢埋弧焊的焊接参数

温度级别/℃	钢　种	焊　丝		焊　剂	焊接电流/A	焊接电压/V
		牌　号	直径/mm			
－40	Q345（热扎或正火）	H08A	2.0	HJ431	260～400	36～42
			5.0		750～820	36～43
－70	09Mn2V（正火） 09MnTiCuRe（正火）	H08Mn2MoVA	3.0	HJ250	320～450	32～38
－196～－253	20Mn23Al（热轧） 15Mn26Al4（固溶）	Fe－Mn－Al 焊丝	4.0	HJ173	400～420	32～34

焊接低温用的低合金高强钢时，在保证焊缝具有足够的低温韧性的前提下，还要考虑到与母材相应的强度要求。用于焊接这类钢的材料中除了含有质量分数为1% ~3%的Ni外，还含有0.2% ~0.5%的Mo，有时还含有少量的Cr。

由于受焊接热输入的限制，低温钢焊接中一般不采用单面焊双面成形技术，通常采用加衬垫的单面焊技术。对接接头坡口为单面V形或U形坡口。先用焊条电弧焊或TIG焊封底，然后再用埋弧焊焊接。第一层封底焊时，若出现裂纹必须铲除重焊。为减小焊接热输入，通常采用细丝多层多道焊接，而且应严格控制层间温度，不可过热。

3. 低温钢的氩弧焊

（1）钨极氩弧焊（TIG）。低温钢TIG焊可填充焊丝，也可不填充焊丝。一般采用直流正接法，主要用于焊接薄板和管子，以及进行封底焊接。低温钢TIG焊的喷嘴直径为8 ~20mm；钨极伸出长度为3 ~10mm；喷嘴与工件间的距离为5 ~12mm。焊接电流根据工件厚度及对热输入的要求而定。若电流过大，易产生烧穿和咬边等缺陷，并且使接头过热而降低低温韧性。焊接电压如增大较多，易形成未焊透，并影响气体保护效果。

氩弧焊常用的保护气体是纯氩气，还有Ar + He、Ar + O_2、Ar + CO_2等混合气体。对于C - Mn钢，可选用Ni - Mo焊丝，3.5Ni钢可选用4NiMo焊丝。9Ni钢可选用镍基焊丝，如Ni - Cr - Ti、Ni - Cr - NbTi、Ni - Cr - Mo - Nb等。例如，9Ni钢贮罐板的立焊、仰焊，多采用自动TIG焊法，而且是单面焊，背面不再清根。9Ni钢采用高Ni合金焊丝自动TIG焊接头的力学性能见表2 -41。

表2 -41　9Ni钢自动TIG焊接头的力学性能

焊丝	板厚/mm	焊接热输入/(kJ·cm^{-1})	焊缝金属			焊接接头		-196℃冲击吸收功 A_{KV}/J		
			σ_b/MPa	σ_s/MPa	δ_5/%	σ_b/MPa	断裂位置	焊缝	熔合区	HAZ
70Ni - Mo - W	15	35.3	738.9	443.9	43	728.1	焊缝	140	107	120
		44.4	700.7	380.2	41	733.4		135	70.5	130
	24	34.9	700.7	380.2	42	742.8	熔合区	110	150	110
		47.8	706.6	358.7	39	750.7		159	170	200
	30	38	710.5	475.3	44	747.7	焊缝	113	115	143
60Ni - Mo - W	15	32.2	686.9	435.1	38	735.0	焊缝	—	—	—
		52.9	741.4	385.1	41	745.8		122	141	113
	24	31	738.9	575.3	34	750.7	焊缝	97	120	170
		509	714.4	441.9	39	743.8		107	122	172

自动TIG焊立焊的焊接参数为：焊丝ϕ1.2mm，焊接电流200~250A，焊接电压11~13V，焊接速度3~5cm/min，氩气流量40L/min。单面焊时，焊接电流200~240A，焊接电压11~13V，焊接速度4.3~5cm/min，氩气流量40L/min，焊接热输入32.2kJ/cm。

（2）熔化极氩弧焊（MIG）。应控制焊接热输入不宜太大。MIG焊对熔池的保护效果要求较高，保护不良时焊缝表面易氧化，故喷嘴直径及氩气流量比TIG焊大。常用的喷嘴直径为22~30mm，氩气流量为30~60L/min。若熔池较大而焊接速度又很快时，可采用附加喷嘴装置，或用双层气流保护，也可采用椭圆喷嘴。

根据焊接热循环对母材的敏感程度、熔滴过渡形式决定焊接电流和焊接电压的大小，同时应考虑工件厚度、坡口形式、焊接位置等。为获得优良的低温钢焊接接头，要合理地控制焊接热输入，焊丝直径一般在3mm以下。9Ni低温钢MIG焊的焊接参数见表2-42。

表2-42　9Ni低温钢MIG焊的焊接参数

熔滴过渡形式	短路过渡		滴状过渡		射流过渡	
焊丝直径/mm	0.8	1.2	1.2	1.6	1.2	1.6
氩气流量/（$L\cdot min^{-1}$）	15	15	20~25	20~25	20~25	20~25
焊接电流/A	65~100	80~140	170~240	190~260	220~270	230~300
焊接电压/V	21~24	21~25	28~34	28~34	35~38	35~38

MIG焊时要选择适当的焊接参数，以获得所需要的熔滴过渡形式（多采用射流过渡），使焊缝成形良好、熔深合适。在各种不同位置进行多层多道焊时，应注意各层焊道的合理布置和焊接顺序，根部焊道的焊接参数不同于中间焊道和盖面层焊道。为保证根部焊道的质量，可采用控制焊炬与工件夹角及摆动焊炬的方法进行焊接。

（四）典型案例——09MnNiDR低温钢压缩机机壳的焊接

1. 焊接机壳的结构设计

压缩机的焊接机壳由上机壳、下机壳组成，其中上机壳和下机壳均为焊接结构。上机壳由上法兰（上法兰、密封体）、外壳板、端板、支撑环、分流板、蜗室挡板、筋板等部件组成，其中上法兰厚度达220mm，壳体中最薄板的厚度为40mm，上机壳重达13.5t，如图2-31所示。下机壳由下法兰（下法兰、密封体）、外壳板、端板、支撑环、分流板、蜗室挡板、进、出风筒和筋板等部件组成，其中下法兰厚度达220mm，壳体中最薄板为40mm，下壳重达17.4t，如图2－32所示。

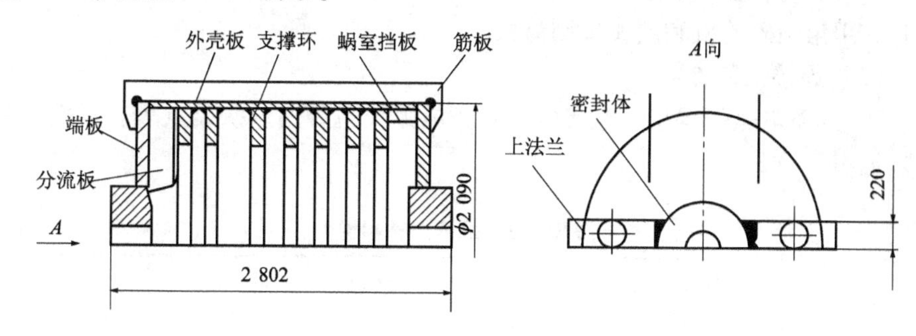

图2－31　上机壳示意图

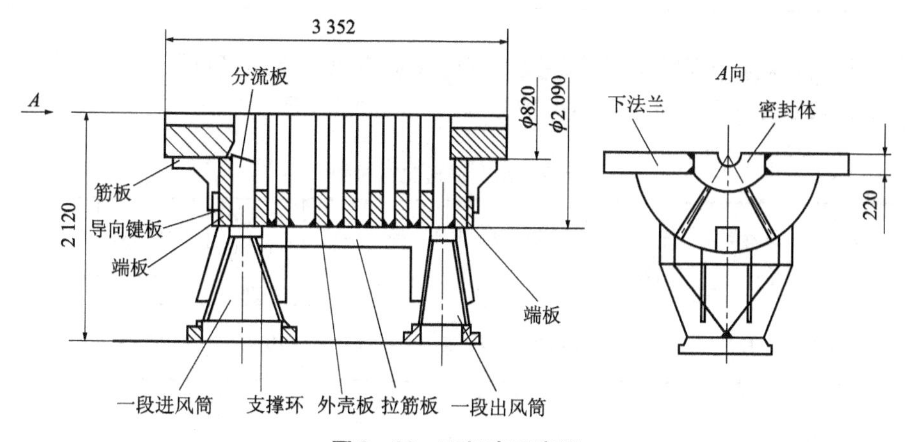

图2－32　下机壳示意图

2. 焊接工艺规程

低温钢在低温工作时有低温变脆的特殊问题，因此在焊接低温机壳时，对焊接质量的要求比常温机壳要严格，焊接操作时必须制定严格的工艺规程。

（1）焊接工艺要点。

1）在0℃以上温度焊接时不需预热。

2）焊件在焊接前要认真清理坡口及坡口两侧30～50mm两侧范围内的油、锈等污物。

3）焊条进行350℃烘干处理，烘干温度达到后进行保温1～2h，随用随烘。焊工领用时放入100～150℃的恒温焊条保温筒中，随取随用。

4）焊接过程中，焊道间温度控制在110～150℃范围内。

5）为防止焊接接头处晶粒粗大，塑韧性下降，焊接热输入控制在25kJ/cm以下，尽量采用多层多道，焊道要薄，利用后一道对前一道的热处理作用细化晶粒，同时可以消除前一道的部分缺陷。

6）由于是大厚度钢板对接，为了防止变形，采取对称焊。双面焊背面清根时，用角向砂轮机和碳弧气刨清根。

（2）焊接工艺参数。

1）焊条电弧焊焊接工艺参数。焊条电弧焊主要用于拼装点焊。焊接工艺参数见表2－43。

表2－43 焊接工艺参数

焊条牌号	焊条直径/mm	电源极性	焊接电流/A	电弧电压/V	焊接速度/mm·min^{-1}
W707DR	4.0	直流反接	120－150	20－22	240

2）气体保护焊焊接工艺参数。气体保护焊应用于焊接机壳的全过程。焊接工艺参数见表2－44，气体保护为80% Ar＋20% CO_2。

表2－44 焊接工艺参数

焊丝牌号	焊丝直径/mm	电源极性	焊接电流/A	电弧电压/V	焊接速度/mm·min^{-1}	焊丝伸出长度/mm	气体流量/L·min^{-1}	层间温度/℃
H09MnNiDR	1.2	直流反接	150－200	24－28	250	10－15	25	110－150

3. 焊接顺序

合理的焊接顺序对控制焊后变形，减少焊接应力，使应力合理分布，防止焊件在低温应力下的脆性破坏，保证壳体在低温条件下工作的可靠性都是非常必要的。焊接机壳采取如下焊接顺序。

（1）拼装→中分面法兰与密封体→焊接，焊后组成上（下）法兰；

（2）拼装→上（下）法兰与外壳板、两侧端板→焊接，组成上（下）壳体；

（3）拼装→上（下）壳体中的支撑环、分流板、蜗室挡板、筋板等零件→焊接，上机壳焊接完成；

（4）在下壳体上拼装→进出风筒，下机壳焊接完成。

采用MAG焊接方法，使用开发的H09MnNiDR焊丝焊接低温钢（－70℃）焊接机壳，不仅效率高，而且变形小，这是焊接低温钢（－70℃）机壳一种切实可行的工艺。

思考题

1. 分析热轧钢和正火钢的强化方式及主强化元素有什么不同。

2. 分析 16Mn 的焊接性特点。

3. 低合金高强钢焊接时，选择焊接材料的原则是什么？焊后热处理对选择焊接材料有什么影响？

4. 分析低碳调质钢焊接时可能出现什么问题，简述低碳调质钢的焊接工艺要点。典型的低碳调质钢的焊接线能量应控制在什么范围？在什么情况下要采取预热措施，为什么有最低预热温度的要求，如何确定最高预热温度？

5. 低碳调质钢和中碳调质钢都属于调质钢，它们的焊接热影响区脆化机制是否相同？为什么低碳调质钢在调质状态下焊接可以保证焊接质量，而中碳调质钢一般要求焊后进行调质处理？

6. 同一牌号的中碳调质钢分别在调质状态和退火状态进行焊接时，焊接工艺有什么差别？为什么低碳调质钢一般不在退火状态下进行焊接？

7. 珠光体耐热钢的焊接性特点与低碳调质钢有什么不同？珠光体耐热钢选用焊接材料的原则与强度用钢有什么不同，为什么？

8. 影响低温钢低温韧性的因素有哪些？

9. 某厂制造直径 ϕ6m 的贮氧容器，所用的钢材为 16MnR，板厚 32mm，车间温度为 20℃，分析制定筒身及封头内外纵缝和环缝的焊接工艺：

（1）可采用哪几种焊接方法？

（2）给出相应的焊接材料；

（3）指出其焊接工艺要点。

模块三

不锈钢及耐热钢的焊接

不锈钢是耐蚀和耐热高合金钢的统称。不锈钢通常含有 Cr（$w_{Cr}\geqslant12\%$）、Ni、Mn、Mo 等元素，具有良好的耐腐蚀性、耐热性和较好的力学性能，适于制造要求耐腐蚀、抗氧化、耐高温和超低温的零部件和设备，应用十分广泛，其焊接具有特殊性。

任务一　不锈钢及耐热钢的分类及特性

（一）不锈钢的基本定义

1. 不锈钢的定义

不锈钢是指能耐空气、水、酸、碱、盐及其溶液和其他腐蚀介质腐蚀的，具有高度化学稳定性的合金钢的总称，对其含义有以下三种理解：

（1）原义型。仅指在无污染的大气环境中能够不生锈的钢。

（2）习惯型。指原义型含义不锈钢与能耐酸腐蚀的耐酸不锈钢的统称。

（3）广义型。泛指耐蚀钢和耐热钢，统称为不锈钢（Stainless Steels）。

我国目前所谓不锈钢是指习惯型含义。不锈钢及耐热钢的主要成分为 Cr 和 Ni。一般来说，不锈钢铬的质量分数最低为 12% ~13%，对不锈耐酸钢来说，铬的质量分数不应低于 17%。增加 Ni 或再提高 Cr 含量，耐腐蚀性或耐热性均可提高。

2. 不锈钢和耐热钢的区别

耐热钢是抗氧化钢和热强钢的总称。在高温下具有较好的抗氧化性并有一定强度的钢种称为抗氧化钢；在高温下有一定的抗氧化能力和较高强度的钢种称为热强钢。一般来说，耐热钢的工作温度要超过 300℃ ~350℃。

如果将铬的质量分数高于 12% 的耐腐蚀钢泛称为不锈钢的话，耐热钢中大部分也可称为不锈耐热钢，二者的区别主要是用途和使用环境条件不同。不锈钢主要是在温度不高的所谓湿腐蚀介质条件下使用，尤其是在酸、碱、盐等强腐蚀溶液中，耐腐蚀性能是其最关键、最重要的技术指标。耐热钢则是在高温气体环境下使用，除耐高温腐蚀（如高温氧化，可谓干腐蚀的典型）的必要性能外，高温下的力学性能是评定耐热钢质量的基本指标。其次，不锈钢为提高耐晶间腐蚀等性能，碳含量越低越好，而耐热钢为保持高温强度，一般碳含量均较高。

一些不锈钢也可作为热强钢使用。而一些热强钢也可用作不锈钢，可称为“耐热型”不锈钢。例如，同一牌号简称 18－8 的 1Cr18Ni9Ti 既可作为不锈钢，也可作为热强钢。而简称 25－20 的 Cr25Ni20，降低碳含量的 0Cr25Ni20 或 00Cr25Ni20、000Cr25Ni20 是作为不锈钢使用的，提高碳含量的 2Cr25Ni20 或 4Cr25Ni20 只能作为耐热钢。

（二）不锈钢及耐热钢的分类

1. 按主要化学成分分类

（1）铬不锈钢。指 Cr 的质量分数介于 12%～30%之间的不锈钢，其基本类型为 Cr13 型。

（2）铬镍不锈钢。指 Cr 的质量分数介于 12%～30%，Ni 的质量分数介于 6%～12%和含其他少量元素的钢种，基本类型为 Cr18Ni9 钢。

（3）铬锰氮不锈钢。氮作为固溶强化元素，可提高奥氏体不锈钢的强度而并不显著降低钢的塑性和韧性，同时提高钢的耐腐蚀性能，特别是耐局部腐蚀，如晶间腐蚀、点腐蚀和缝隙腐蚀等。这类钢种如 1Cr18Mn8Ni5N、1Cr18Mn6Ni5N 等。

2. 按用途分类

（1）不锈钢（指习惯型含义）。它包括在大气环境下及在有侵蚀性化学介质中使用的钢，工作温度一般不超过 500℃，要求耐腐蚀，对强度要求不高。

应用最广泛的有高 Cr 钢（如 1Cr13、2Cr13）和低碳 Cr－Ni 钢（如 0Cr19Ni9、1Cr18Ni9Ti）或超低碳 Cr－Ni 钢（如 00Cr25Ni22Mo2、00Cr22Ni5Mo3N 等）。耐蚀性要求高的尿素设备用不锈钢，常限定 $w_C \leqslant 0.02\%$、$w_{Cr} \geqslant 17\%$、$w_{Ni} \geqslant 13\%$、$w_{Mo} \geqslant 2.2\%$。耐蚀性要求更高的不锈钢，还须提高纯度，如 $w_C \leqslant 0.01\%$、$w_P \leqslant 0.01\%$、$w_S \leqslant 0.01\%$、$w_{Si} \leqslant 0.1\%$，即所谓高纯不锈钢，例如 000Cr19Ni15、000Cr25Ni20 等。

（2）抗氧化钢。抗氧化钢是指在高温下具有抗氧化性能的钢，它对高温强度要求不高。工作温度可高达 900℃～1 100℃。常用的钢有高 Cr 钢（如 1Cr17、1Cr25Si2）和 Cr－Ni 钢（如 2Cr25Ni20、2Cr25Ni20Si2）。

（3）热强钢。热强钢在高温下既要有抗氧化能力，又要具有一定的高温强度，工作温度可高达 600℃～800℃。广泛应用的是 Cr－Ni 钢，如 1Cr18Ni9Ti、1Cr16Ni25Mo6、4Cr25Ni20、4Cr25Ni34 等。以 Cr12 为基的多元合金化高 Cr 钢（如 1Cr12MoWV）也是重要的热强钢。

3. 按组织分类

（1）奥氏体钢。是在高铬不锈钢中添加适当的镍（镍的质量分数为 8% ~ 25%）而形成的具有奥氏体组织的不锈钢。它是应用最广的一类，以高 Cr - Ni 钢最为典型。其中以 Cr18Ni8 为代表的系列简称 18 - 8 钢，如 0Cr19Ni9、1Cr18Ni9Ti（18 - 8Ti）、1Cr18Mn8Ni5N、0Cr18Ni12Mo2Cu（18 - 8Mo）等；其中以 Cr25Ni20 为代表的系列，简称 25 - 20 钢，如 2Cr25Ni20Si2、4Cr25Ni20、00Cr25Ni22Mo2（25 - 20Mo）等。还有 25 - 35 为代表的系列，如 0Cr21Ni32、4Cr25Ni35、4Cr25Ni35Nb 等。

（2）铁素体钢。显微组织为铁素体，铬的质量分数在 11.5% ~32.0% 范围内。主要用作耐热钢（抗氧化钢），也用作耐蚀钢，如 1Cr17、1Cr25Si2。高纯铁素体钢 000Cr30Mo2（$w_C + w_N < 0.015\%$，$w_C \leqslant 0.005\%$）仅用于耐蚀条件。

（3）马氏体钢。显微组织为马氏体，这类钢中铬的质量分数为 11.5% ~ 18.0%。Cr13 系列最为典型，如 1Cr13、2Cr13、3Cr13、4Cr13 及 1Cr17Ni12，常用作不锈钢。以 Cr12 为基的 1Cr12MoWV 之类马氏体钢，用作热强钢。热处理对马氏体钢力学性能影响很大，须根据要求规定供货状态。

（4）铁素体 - 奥氏体双相钢。钢中铁素体 δ 占 60% ~40%，奥氏体 γ 占 40% ~60%，故常称为双相不锈钢（Duplex Stainless Steels）。这类钢具有极其优异的抗腐蚀性能。典型的有 18 - 5 型、22 - 5 型、25 - 5 型，如 00Cr18Ni5Mo3Si2、00Cr22Ni5Mo3N、0Cr25Ni5Mo3N、0Cr25Ni7Mo4WCuN。与 18 - 8 钢相比，主要特点是提高 Cr 而降低 Ni，同时常添加 Mo 和 N。这类双相不锈钢以固溶处理态供货。

（三）不锈钢及耐热钢的特性

1. 不锈钢的物理性能

不锈钢及耐热钢的物理性能与低碳钢有很大差异，如表 3 - 1 所示。组织状态相同的钢，其物理性能也基本相同。

表 3 - 1　不锈钢及耐热钢的物理性能

类型	钢号	密度 ρ (20℃)/(g · cm^{-3})	比热容 c (0℃ ~100℃) /[J · (g · ℃)$^{-1}$]	热导率 λ (100℃)/[J · (cm · s · ℃)$^{-1}$]	线膨胀系数 α (0℃ ~100℃)/ [μm · (m · ℃)$^{-1}$]	电阻率 μ (20℃)/[μΩ · (cm^2 · cm^{-1})]
铁素体钢	0Cr13	7.75	0.46	0.27	10.8	61
	4Cr25N	7.47	0.50	0.21	10.4	67

续表

类型	钢号	密度 ρ (20℃)/(g·cm^{-3})	比热容 c (0℃~100℃)/[J·(g·℃)$^{-1}$]	热导率 λ (100℃)/[J·(cm·s·℃)$^{-1}$]	线膨胀系数 α (0℃~100℃)/[μm·(m·℃)$^{-1}$]	电阻率 μ (20℃)/[μΩ·(cm^2·cm^{-1})]
马氏体钢	1Cr13	7.75	0.46	0.25	9.9	57
	2Cr13	7.75	0.46	0.25	10.3	55
18-8型奥氏体钢	0Cr19Ni10	8.03	0.50	0.15	16.9	72
	1Cr18Ni9Ti	8.03	0.50	0.16	16.7	74
	1Cr18Ni12Mo2	8.03	0.50	0.16	16.0	74
25-20型奥氏体钢	2Cr25Ni20	8.03	0.50	0.14	14.4	78
	0Cr21Ni32	8.03	0.50	0.11	14.2	99

一般地说，合金元素含量越多，热导率 λ 越小，而线膨胀系数 α 和电阻率 μ 越大。马氏体钢和铁素体钢的 λ 约为低碳钢的1/2，其 α 与低碳钢大体相当。奥氏体钢的 λ 约为低碳钢的1/3，其 α 则比低碳钢大50%，并随着温度的升高，线膨胀系数的数值也相应地提高。由于奥氏体不锈钢这些特殊的物理性能，在焊接过程中会引起较大的焊接变形，特别是在异种金属焊接时，由于这两种材料的热导率和线膨胀系数有很大差异，会产生很大的残余应力，成为焊接接头产生裂纹的主要原因之一。

2. 不锈钢的耐蚀性能

不锈钢的主要腐蚀形式有均匀腐蚀、点腐蚀、缝隙腐蚀和应力腐蚀等。

（1）均匀腐蚀。均匀腐蚀是指接触腐蚀介质的金属表面全部产生腐蚀的现象。均匀腐蚀使金属截面不断减少，对于被腐蚀的受力零件而言，会使其承受的真实应力逐渐增加，最终达到材料的断裂强度而发生断裂。对于硝酸等氧化性酸，不锈钢能形成稳定的钝化层，不易产生均匀腐蚀。而对硫酸等还原性酸，只含Cr的马氏体钢和铁素体钢不耐腐蚀，而含Ni的Cr-Ni奥氏体钢则显示了良好的耐腐蚀性。如果钢中含Mo，在各种酸中均有改善耐蚀性的作用。双相不锈钢虽然是两相组织，由于相比例合适，并含足量的Cr、Mo，其耐蚀性与含Cr、Mo数量相当的Cr-Ni奥氏体不锈钢相近。马氏体钢不适于强腐蚀介质中使用。

（2）点腐蚀。点腐蚀是指在金属材料表面大部分不腐蚀或腐蚀轻微，而分散发生高度的局部腐蚀，又称坑蚀或孔蚀（Pitting Corrosion），常见蚀点的尺寸小于1mm，深度往往大于表面孔径，轻者有较浅的蚀坑，严重的甚至形成穿孔。不锈钢常因 Cl^- 的存在而使钝化层局部破坏以至形成腐蚀坑。它是在介质作用下，由于一些缺陷，如夹杂物、贫铬区、晶界、位错在表面暴露出来，使钝化膜在这些地方首先破坏，从而使该局部遭到严重阳极腐蚀。可以通过以下几个途径防止点腐蚀：

1）减少氯离子含量和氧含量；加入缓蚀剂（如 CN^-、NO_3^-、SO_4^{2-} 等）；降低介质温度等。

2）在不锈钢中加入铬、镍、钼、硅、铜等合金元素。

3）尽量不进行冷加工，以减少位错露头处发生点腐蚀的可能。

4）降低钢中的含碳量。此外，添加氮也可提高耐点腐蚀性能。

判定不锈钢的耐点腐蚀性能时常采用"点蚀指数"（Pitting Index）*PI* 来衡量：

$$PI = w_{Cr} + 3.3w_{Mo} + (13 \sim 16)\ w_{N} \tag{3-1}$$

一般希望 $PI > 35 \sim 40$。

Cr 的有利作用在于形成稳定氧化膜。Mo 的有利作用在于形成 MoO_4^{2-} 离子，吸附于表面活性点而阻止 Cl^- 入侵。N 的作用虽还无详尽了解，但知它可与 Mo 协同作用，富集于表面膜中，使表面膜不易破坏。

（3）缝隙腐蚀。在电解液中，如在氯离子环境中，不锈钢间或与异物接触的表面间存在间隙时，缝隙中溶液流动将发生迟滞现象，以至溶液局部 Cl^- 浓化，形成浓差电池，从而导致缝隙中不锈钢钝化膜吸附 Cl^- 而被局部破坏的现象称为缝隙腐蚀（Crevise corrosion）。显然，与点腐蚀形成机理相比，缝隙腐蚀主要是介质的电化学不均匀性引起的。可以认为，缝隙腐蚀和点腐蚀是具有共同性质的一种腐蚀现象。因此，能耐点腐蚀的钢都有耐缝隙腐蚀的性能，同样可用点蚀指数来衡量耐缝隙腐蚀倾向。

（4）晶间腐蚀。在晶粒边界附近发生的有选择性的腐蚀现象。受这种腐蚀的设备或零件，外观虽呈金属光泽，但因晶粒彼此间已失去联系，敲击时已无金属的声音，钢质变脆。晶间腐蚀多半与晶界层"贫铬"现象有联系。

奥氏体不锈钢会发生晶间腐蚀是由于这类钢加热到 450℃ ~850℃ 温度区间会发生敏化，其机理是过饱和固溶的碳向晶粒边界扩散，与晶界附近的铬结合形成铬的碳化物 $Cr_{23}C_6$ 或（Fe，Cr）C_6（常写成 $M_{23}C_6$），并在晶界析出，由于碳比铬的扩散快得多，铬来不及从晶内补充到晶界附近，以至于邻近晶界的晶粒周边层 w_{Cr} 低于 12%，即所谓"贫铬"现象，从而造成晶间腐蚀。若钢中含碳量低于其溶解度，即超低碳（$w_C \leqslant 0.015\% \sim 0.03\%$），就不致有 $Cr_{23}C_6$ 析出，因而不会产生贫铬现象。如果钢中含有能形成稳定碳化物的元素 Nb 或 Ti，并经稳定化处理（加热 850℃ ×2h 空冷），使之优先形成 NbC 或 TiC，则不会再形成 $Cr_{23}C_6$，也不会产生"贫铬"现象。

固溶处理可以改善耐晶间腐蚀性能。为改善耐晶间腐蚀性能，应适当提高钢中铁素体化元素（Cr、Mo、Nb、Ti、Si 等），同时降低奥氏体化元素（Ni、C、N）。如果奥氏体钢中能存在一定数量的铁素体相，晶间腐蚀倾向可显著减小。含有一定数量的 δ 相的双相不锈钢，在耐晶间腐蚀性能上优于单相奥氏体钢，这与存在均匀弥散分布的铁素体相有关。

（5）应力腐蚀。也称应力腐蚀开裂（SCC），是指不锈钢在特定的腐蚀介质和拉应力作用下出现的低于强度极限的脆性开裂现象。不锈钢的应力腐蚀大部分是由氯引起的。高浓度苛性碱、硫酸水溶液等也会引起应力腐蚀。

Cr－Ni 奥氏体不锈钢耐氯化物 SCC 的性能，随 Ni 含量的提高而增大，所以，25－20 钢比 18－8 钢具有好的耐 SCC 性能。含 Mo 钢对抗 SCC 不太有利，18－8Ti 比 18－8Mo 具有更高的抗 SCC 性能。

铁素体不锈钢比奥氏体不锈钢具有较好的耐 SCC 的性能，但在 Cr17 或 Cr25 中添加少量 Ni 或 Mo，会增大在 42% $MgCl_2$ 溶液中对 SCC 的敏感性。

双相不锈钢的 SCC 敏感性与两相的相比例有关，δ 相为 40%～50% 时具有最好的耐 SCC 的性能。其原因如下：

1）δ 相屈服点高而可承受压应力。

2）δ 相对于 γ 相起阴极保护作用。

3）第二相 δ 对裂纹扩展有阻碍作用，但应力高时阻碍作用降低。

3. 不锈钢及耐热钢的高温性能

耐热性能是指高温下，既有抗氧化或耐气体介质腐蚀的性能即热稳定性，同时又有足够的强度即热强性。

（1）高温性能。不锈钢表面形成的钝化膜不仅具有抗氧化和耐腐蚀的性能，而且还可提高使用温度。例如，当在某种标准评定的条件下，若单独应用铬来提高钢的耐氧化性，介质温度达到 800℃时，则要求铬的质量分数需达到 12%；而在 950℃下耐氧化时，则要求铬的质量分数为 20%；当铬的质量分数达到 28% 时，在 1 100℃也能抗氧化。18－8 型不锈钢不仅在低温时具有良好的力学性能，而且在高温时又有较高的热强性，它在温度为 900℃的氧化性介质和温度为 700℃的还原性介质中，都能保持其化学稳定性，也常用作耐热钢。

Cr 或 Cr－Ni 耐热钢因热处理制度不同，在常温下可具有不同的性能。如退火状态的 2Cr13 钢其抗拉强度 σ_b 为 630MPa，1 038℃淬火＋320℃回火时 σ_b 达 1 750MPa，但伸长率只有 8%；1Cr18Ni9Ti（18－8Ti）固溶处理状态 σ_b 仅为 600MPa，但 δ_5 可高达 55%。

（2）合金化问题。耐热钢的高温性能中首先要保证抗氧化性能。为此钢中一般均含有 Cr、Si 或 Al，可形成致密完整的氧化膜而防止继续发生氧化。

热强性是指在高温下长时间工作时对断裂的抗力（持久强度），或在高温下长时间工作时抗塑性变形的能力（蠕变抗力）。为提高钢的热强性，其措施主要是：

1）提高 Ni 量以稳定基体，利用 Mo、W 固溶强化，提高原子间结合力。

2）形成稳定的第二相，主要是碳化物相（MC、M_6C 或 $M_{23}C_6$）。因此，为提高热强性希望适当提高碳含量（这一点恰好同不锈钢的要求相矛盾）。如能同时加入强碳化物形成元素 Nb、Ti、V 等就更有效。

3）减少晶界和强化晶界，如控制晶粒度并加入微量硼或稀土等，如奥氏体钢 0Cr15Ni26Ti2MoVB 中添加硼，使得 $w_B \approx 0.003\%$。

（3）高温脆化问题。耐热钢在热加工或长期工作中，可能产生脆化现象。除了 Cr13 钢在 550℃附近的回火脆性、高铬铁素体钢的晶粒长大脆化，以及奥氏体钢沿晶界析出碳化物所造成的脆化之外，值得注意的还有 475℃脆性和 σ 相脆化。

475℃脆性主要出现在 Cr 的质量分数超过 15% 的铁素体钢中。在 430℃～480℃之间长期加热并缓冷，就可导致在常温时或负温时出现强度升高而韧性下降的现象，称之为 475℃脆性。

σ 相是 Cr 的质量分数约 45% 的典型 FeCr 金属间化合物，无磁性，硬而脆。在纯 Fe－Cr 合金中，$w_{Cr} > 20\%$ 即可产生 σ 相。当存在其他合金元素，特别是存在 Mn、Si、Mo、W 等时，会促使在较低 Cr 含量下即形成 σ 相，而且可以是三元组成，如 FeCrMo。Ni、C、N 因可减少 δ 相而有减轻 σ 相形成的作用，因为最容易发生 $\delta \to \sigma$。高 Cr－Ni 奥氏体钢，如 25－20 钢也可发生 $\gamma \to \sigma$。σ 相硬度高达 68HRC 以上，而且多半分布在晶界，可以显著降低韧性。

任务二　奥氏体不锈钢的焊接

奥氏体不锈钢是不锈钢中最重要的钢种，生产量和使用量约占不锈钢总产量及用量的 70%，该类钢是一种十分优良的材料，有极好的抗腐蚀性和生物相容性，因而在化学工业、沿海、食品、生物医学、石油化工等领域中得到广泛应用。

（一）奥氏体不锈钢的类型

常用的奥氏体型不锈钢根据其主要合金元素 Cr、Ni 的含量不同，可分为如下三类：

（1）18－8 型奥氏体不锈钢。是应用最广泛的一类奥氏体不锈钢，也是奥氏体型不锈钢的基本钢种，其他奥氏体钢的型号都是根据不同使用要求而衍生出来的。主要牌号有1Cr18Ni9和0Cr18Ni9。为克服晶间腐蚀倾向，又开发了含有稳定元素的18－8型不锈钢，如1Cr18Ni9Ti和0Cr18Ni11Nb等。

（2）18－12Mo型奥氏体不锈钢。这类钢中钼的质量分数一般为2%～4%。由于Mo是缩小奥氏体相区的元素，为了固溶处理后得到单一的奥氏体相，在钢中Ni的质量分数要提高到10%以上。这类钢的牌号有0Cr17Ni12Mo2、0Cr18Ni12Mo2Ti等。它与18－8型不锈钢相比，具有高的耐点腐蚀性能。

（3）25－20型奥氏体不锈钢。这类钢铬、镍含量很高，具有很好的耐腐蚀性能和耐热性能。由于含镍量很高，奥氏体组织十分稳定，但Cr的质量分数高于16.5%时，在高温长期服役会有σ相脆化倾向，其牌号有0Cr25Ni20等。

（二）奥氏体不锈钢焊接性分析

1. 奥氏体不锈钢焊接接头的耐蚀性

（1）晶间腐蚀。18－8型不锈钢焊接接头有三个部位能出现晶间腐蚀现象，如图3－1所示。在同一个接头并不能同时看到这三种晶间腐蚀的出现，这取决于钢和焊缝的成分。出现敏化区腐蚀就不会有熔合区腐蚀。焊缝区的腐蚀主要决定于焊接材料。在正常情况下，现代技术水平可以保证焊缝区不会产生晶间腐蚀。

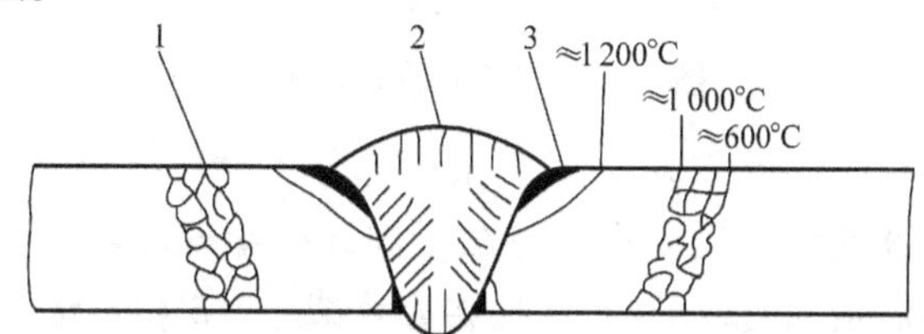

图3－1 18－8型不锈钢焊接接头可能出现晶间腐蚀的部位

1—HAZ敏化区；2—焊缝区；3—熔合区

1）焊缝区晶间腐蚀。根据贫铬理论，为防止焊缝发生晶间腐蚀：一是通过焊接材料，使焊缝金属或者成为超低碳情况，或者含有足够的稳定化元素Nb，一般希望$w_{Nb} \geqslant 8w_C$或$w_{Nb} \approx 1\%$；二是调整焊缝成分以获得一定数量的铁素体（δ）相。

如果母材不是超低碳不锈钢，采用超低碳焊接材料未必可靠，因为熔合比的作用会使母材向焊缝增碳。

焊缝中δ相的有利作用如下：

①可打乱单一γ相柱状晶的方向性，不致形成连续贫Cr层。

②δ相富有Cr，有良好的供Cr条件，可减少γ晶粒形成贫Cr层。因此，常希望焊缝中存在4%～12%的δ相。过量δ相存在，多层焊时易促使形成σ

相，且不利于高温工作。在尿素之类介质中工作的不锈钢，如含 Mo 的 18－8 钢，焊缝最好不含 δ 相，否则易产生 δ 相选择腐蚀。

为获得 δ 相，焊缝成分必然不会与母材完全相同，一般须适当提高铁素体化元素的含量，或者说提高 Cr_{eq}/Ni_{eq} 的比值。Cr_{eq} 称为铬当量，为把每一铁素体化元素，按其铁素体化的强烈程度折合成相当若干铬元素后的总和。Ni_{eq} 称为镍当量，为把每一奥氏体化元素折合成相当若干镍元素后的总和。已知 Cr_{eq} 及 Ni_{eq} 即可确定焊缝金属的室温组织。图 3－2 是应用最广的舍夫勒焊缝组织图。

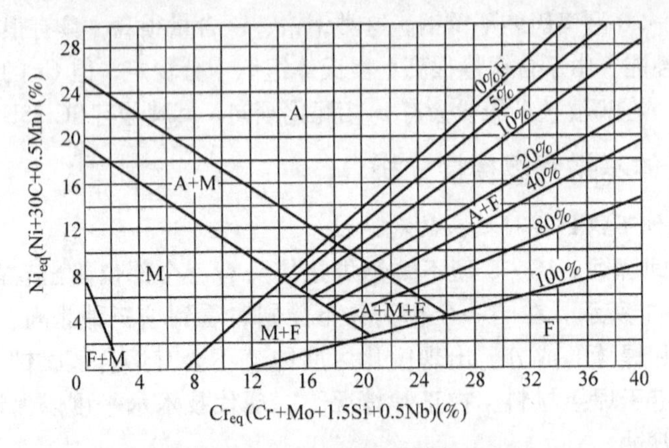

Cr_{eq}（%）＝Cr＋Mo＋1.5Si＋0.5Nb

图 3－2 舍夫勒焊缝组织图

上述焊缝组织图只是针对一般焊条电弧焊条件下考虑化学成分的影响。如果实验结晶条件变化，例如焊接方法不同或冷却速度增大，将会是另外一种情况。冷却速度增大时，$A+F$ 区域将显著减小，δ 相含量 $\delta_0\%$ 线向右下方偏移，$\delta_{100}\%$ 线则向左上方偏移，这意味着易于获得单相 A 或单相 F 组织。

2）热影响区敏化区晶间腐蚀。所谓热影响区（HAZ）敏化区晶间腐蚀是指焊接热影响区中加热峰值温度处于敏化加热区间的部位（故称敏化区）所发生的晶间腐蚀。0Cr18Ni9 钢热影响区敏化区晶间腐蚀如图 3－3 所示。

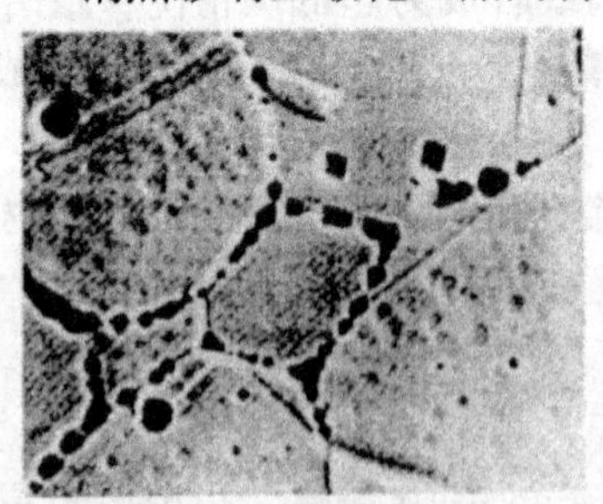

图 3－3 0Cr18Ni9 不锈钢 HAZ 晶间腐蚀

3）刀状腐蚀。在熔合区产生的晶间腐蚀，有如刀削切口形式，故称为“刀状腐蚀”（Knife - line Corrosion），简称刀蚀，如图3 - 4所示。腐蚀区宽度初期不超过3 ~ 5个晶粒，逐步扩展到1.0 ~ 1.5mm。

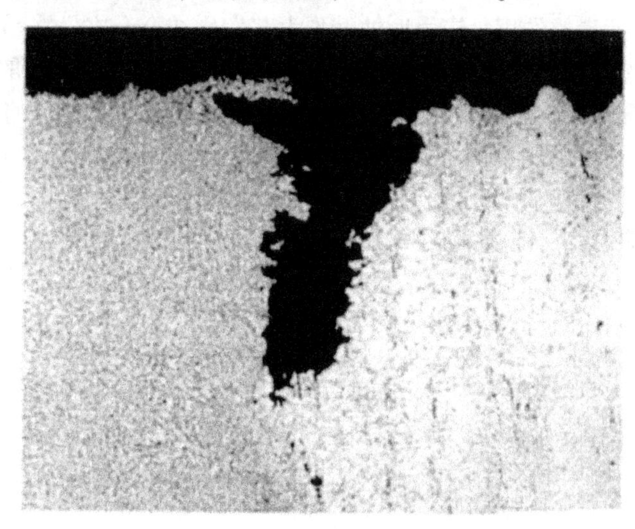

图3 - 4　不锈钢刀状腐蚀形貌（500×）

刀状腐蚀只发生在含Nb或Ti的18 - 8Nb和18 - 8Ti钢的熔合区，其实质也是与$M_{23}C_6$沉淀而形成贫Cr层有关。

（2）应力腐蚀开裂（SCC）。

1）腐蚀介质的影响。应力腐蚀的最大特点之一是腐蚀介质与材料组合上的选择性，在此特定组合之外不会产生应力腐蚀。如在Cl^-的环境中，18 - 8型不锈钢的应力腐蚀不仅与溶液中Cl^-有关，而且还与其溶液中氧含量有关。Cl^-浓度很高、氧含量较少或离子浓度较低、氧含量较高时，均不会引起应力腐蚀。

2）焊接应力的作用。应力腐蚀开裂是应力和腐蚀介质共同作用的结果。由于低热导率及高热膨胀系数，不锈钢焊后常常产生较大的残余应力。应力腐蚀开裂的拉应力中，来源于焊接残余应力的超过30%，焊接拉应力越大，越易发生应力腐蚀开裂。

为防止应力腐蚀开裂，从根本上看，退火消除焊接残余应力最为重要。残余应力消除程度与“回火参数”*LMP*（Larson Miller Parameter）有关，即：

$$LMP = T(\lg t + 20) \times 10^{-3} \tag{3-2}$$

式中　T——加热温度（K）；

　　t——保温时间（h）。

*LMP*越大，残余应力消除程度越大。如18 - 8Nb钢管，外径为ϕ125mm，

壁厚 25mm，焊态时的焊接残余应力 $\sigma_R = 120\text{MPa}$。消除应力退火后，$LMP \geqslant 18$ 时才开始使 σ_R 降低；当 $LMP \approx 23$ 时，$\sigma_R \approx 0$。

应指出，为消除应力，加热温度 T 的作用效果远大于加热保温时间 t 的作用。

3）合金元素的作用。应力腐蚀开裂大多发生在合金中，在晶界上的合金元素偏析引起合金晶间开裂是应力腐蚀的主要原因之一。对于焊缝金属，选择焊接材料具有重要意义。从组织上看，焊缝中含有一定数量的 δ 相有利于提高氯化物介质的耐 SCC 性能，但却不利于防止 HEC 型的 SCC，因而在高温水或高压加氢的条件下工作就可能有问题。在氯化物介质中，提高 Ni 可提高抗应力腐蚀能力。Si 能使氧化膜致密，因而是有利的；加 Mo 则会降低 Si 的作用。但如果 SCC 的根源是点蚀坑，则因 Mo 有利于防止点蚀，会提高耐 SCC 性能。超低碳有利于提高抗应力腐蚀开裂性能，如图 3－5 所示。

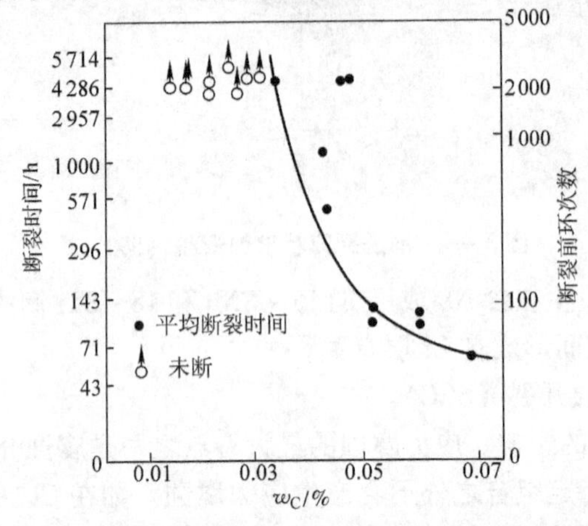

图 3－5　18－8 钢管焊接接头 SCC 断裂时间与材料含碳量的关系

（介质 288℃纯水；应力 $\sigma_{0.2} \times 1.36$ 方波交变应力，保持 75min/cycle）

综上所述，引起应力腐蚀开裂须具备三个条件：首先是金属在该环境中具有应力腐蚀开裂的倾向；其次是由这种材质组成的结构接触或处于选择性的腐蚀介质中；最后是有高于一定水平的拉应力。

（3）点蚀。奥氏体钢焊接接头有点蚀倾向，即使是耐点蚀性优异的双相钢有时也会有点蚀产生。但含 Mo 钢耐点蚀性能比不含 Mo 的要好，如 18－8Mo 钢就比 18－8 钢耐点蚀性能好。现已几乎将点蚀视为首要问题，因为点蚀更难控制，并常成为应力腐蚀的裂源。点蚀指数 PI 越小的钢，点蚀倾向越大。最容易产生点蚀的部位是焊缝中的不完全混合区，其化学成分与母材相同，但却经历了熔化与凝固过程，应属焊缝的一部分。焊接材料选择不当时，焊缝中心部位也会有点蚀产生，其主要原因应归结为耐点蚀成分 Cr 与 Mo 的偏析。

为提高耐点蚀性能，一方面须减少 Cr、Mo 的偏析；一方面采用较母材更高

Cr、Mo 含量的所谓“超合金化”焊接材料（Overalloyed Filler Metal）。提高 Ni 含量，晶轴中 Cr、Mo 的负偏析显著减少，因此采用高 Ni 焊丝应该有利。

2. 热裂纹

奥氏体钢焊接时，在焊缝及近缝区都有产生裂纹的可能性，主要是热裂纹。最常见的是焊缝凝固裂纹。HAZ 近缝区的热裂纹大多是所谓液化裂纹。在大厚度焊件中也有时见到焊道下裂纹。

（1）奥氏体钢焊接热裂纹的原因，与一般结构钢相比较，Cr - Ni 奥氏体钢焊接时有较大热裂倾向，主要与下列特点有关：

1）奥氏体钢的热导率小和线膨胀系数大，在焊接局部加热和冷却条件下，接头在冷却过程中可形成较大的拉应力。焊缝金属凝固期间存在较大拉应力是产生热裂纹的必要条件。

2）奥氏体钢易于联生结晶形成方向性强的柱状晶的焊缝组织，有利于有害杂质偏析，而促使形成晶间液膜，显然易于促使产生凝固裂纹。

3）奥氏体钢及焊缝的合金组成较复杂，不仅 S、P、Sn、Sb 之类杂质可形成易溶液膜，一些合金元素因溶解度有限（如 Si、Nb），也能形成易溶共晶，如硅化物共晶、铌化物共晶。这样，焊缝及近缝区都可能产生热裂纹。在高 Ni 稳定奥氏体钢焊接时，Si、Nb 往往是产生热裂纹的重要原因之一。18 - 8Nb 奥氏体钢近缝区液化裂纹就与含 Nb 有关。

（2）凝固模式对热裂纹的影响。凝固裂纹最易产生于单相奥氏体（γ）组织的焊缝中，如果为 $\gamma+\delta$ 双相组织，则不易于产生凝固裂纹。通常用室温下焊缝中 δ 相数量来判断热裂倾向。如图 3 - 6 所示，室温 δ 铁素体数量由 0 增至 100%，热裂倾向与脆性温度区间（BTR）大小完全对应。

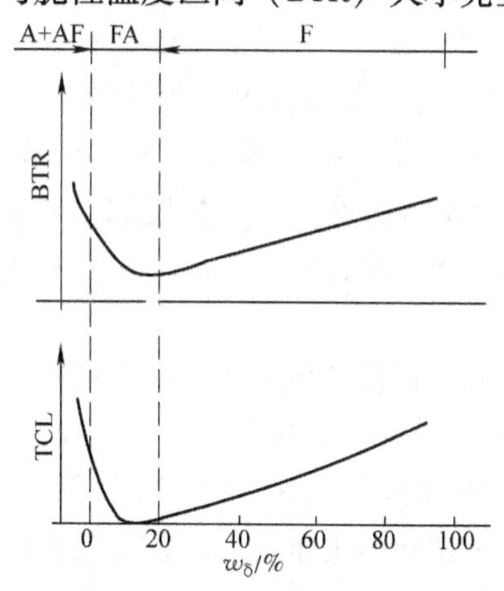

图 3 - 6　δ 铁素体含量对热裂倾向的影响（Trans - Varestraint 试验）

TCL—裂纹总长；BTR—脆性温度区间

凝固裂纹与凝固模式有直接关系。所谓凝固模式，首先是指以何种初生相（γ 或 δ）开始结晶进行凝固过程，其次是指以何种相完成凝固过程。可有四种凝固模式：如图 3－6 中合金①，以 δ 相完成整个凝固过程，凝固模式以 F 表示；合金②初生相为 δ，但超过 AB 面后又依次发生包晶和共晶反应，即 $L+\delta \rightarrow L+\delta+\gamma \rightarrow \delta+\gamma$，这种凝固模式以 FA 表示；合金③的初生相为 γ，超过 AC 面后依次发生包晶和共晶反应，即 $L+\gamma \rightarrow L+\gamma+\delta \rightarrow \gamma+\delta$，这种凝固模式则以 AF 表示；合金④的初生相为 γ，直到凝固结束不再发生变化，因此用 A 表示这种凝固模式。

（3）化学成分对热裂纹的影响。调整成分归根结底还是通过组织发生作用。对于焊缝金属，调整化学成分是控制焊缝性能（包括裂纹问题）的重要手段。

1）Mn 的影响。在单相奥氏体钢中 Mn 的作用有利，但若同时存在 Cu 时，Mn 与 Cu 可以相互促进偏析，晶界易于出现偏析液膜而增大热裂倾向。因而，在焊接普通 25－20 钢时，可以提高含 Mn 量，焊接 Cr23Ni28Mo3Cu3Ti 不锈钢时，绝不可添加 Mn。着眼于脱硫功用，加入少量 Mn，在不致使 δ 相减少或消失时，还是有益的。

2）S、P 的影响。硫、磷在焊接奥氏体钢时极易形成低熔点化合物，增加焊接接头的热裂倾向。磷容易在焊缝中形成低熔点磷化物，增加热裂敏感性，而硫则容易在焊接热影响区形成低熔点硫化物而增加热裂敏感性。在焊缝中，硫对热裂的敏感性比磷弱，这是因为在焊缝中硫能形成 MnS，并且离散地分布在焊缝中。在热影响区中，硫比磷对裂纹敏感性更强，这是因为硫比磷的扩散速度快，更容易在晶界偏析。焊缝中硫、磷的最高质量分数应限制在 0.015% 以内。

3）Si 的影响。Si 是铁素体形成元素，焊缝中 $w_{Si}>4\%$ 之后，碳的活动能力增加，形成碳化物或碳氮化合物，因此，为了提高抗晶间腐蚀能力，必须使焊缝中 w_C 不超过 0.02%。此外，Si 含量增加，还会导致含硅脆性相析出、σ 相区的扩大，以及形成 Ni－Si、Fe－Si、Cr－Ni－Si－Fe 等低熔点化合物，从而增加热裂敏感性。

Si 在 18－8 钢中有利于促使产生 δ 相，可提高抗裂性，可不必过分限制；但在 25－20 钢中，Si 的偏析强烈，易引起热裂。在 Ni 合金中，$w_{Si}=0.3\%$ 即可出现热裂纹。25－20 钢焊缝中 $w_{Si}<2\%$ 时增大 Si 的质量分数，热裂倾向加大；当 $w_{Si}>2\%$ 时，由于铁素体化作用，以致出现 δ 相时，即成为 AF 模式凝固时，热裂倾向有所降低。

4）钛的影响。钛也可以形成低熔点相，如在 1 340℃时，焊缝中就可以形成钛碳氮化物的低熔点相。含钛低熔点相的形成对抗裂性的影响不如铌的明显，因为钛与氧有强的结合力，因此钛通常不用于焊缝金属的稳定化，而是用于钢的稳定化。钛主要是对母材及热影响区的液化裂纹的形成有影响。

5）碳的影响。碳对于热裂敏感性的影响仅在一次结晶为奥氏体的单相奥氏体化的焊缝金属中，碳对热裂敏感性的影响很复杂，还取决于合金成分。例如，在非稳定化25－20铬－镍焊缝金属中，将w_C从0.05%提高到0.1%，可提高抗裂性。而在铌稳定化的焊缝金属中，碳可以形成低熔点碳化共晶，增加热裂敏感性。

总之，凡是溶解度小而能偏析形成易熔共晶的成分，都可能引起热裂纹的产生。凡可无限固溶的成分（如Cu在Ni中）或溶解度大的成分（如Mo、W、V)，都不会引起热裂。奥氏体钢焊缝，提高Ni含量时，热裂倾向会增大；而提高Cr含量，对热裂不发生明显影响。在含Ni量低的奥氏体钢中加Cu时，焊缝热裂倾向也会增大。

（4）焊接工艺的影响。在合金成分一定的条件下，焊接工艺对是否会产生热裂纹也有一定影响。

为避免焊缝枝晶粗大和过热区晶粒粗化，以致增大偏析程度，应尽量采用小焊接热输入快速焊工艺，而且不应预热，并降低层间温度。不过，为了减小焊接热输入，不应过分增大焊接速度，而应适当降低焊接电流。增大焊接电流，焊接热裂纹的产生倾向也随之增大。过分提高焊接速度，焊接时反而更易产生热裂纹。

多层焊时，要等前一层焊缝冷却后再焊接后一层焊缝，层间温度不宜过高，以避免焊缝过热。施焊过程中焊条或焊丝也不宜于摆动，采取窄焊缝的操作工艺。

3. 析出现象

在不锈钢中，σ相通常只有在铬的质量分数大于16%时才会析出，由于铬有很高的扩散性，σ相在铁素体中的析出比奥氏体中的快。$\delta \rightarrow \sigma$的转变速度与$\delta$相的合金化程度有关，而不单是$\delta$相的数量。凡铁素体化元素均加强$\delta \rightarrow \sigma$转变，即被Cr、Mo等浓化了的$\delta$相易于转变析出$\sigma$相。

σ相是指一种脆硬而无磁性的金属间化合物相，具有变成分和复杂的晶体结构。σ相的析出使材料的韧性降低，硬度增加。有时还增加了材料的腐蚀敏感性。σ相的产生，是$\delta \rightarrow \sigma$或是$\gamma \rightarrow \sigma$。

不锈钢中的合金元素影响σ相的析出区域和转变动力学。816℃下，析出时间为1 000h的条件下，铁－铬－镍合金中合金元素对σ相析出的影响，可用816℃下材料脆化的铬当量来近似表示，即：

$$Cr_{eq} = w_{Cr} + 0.31w_{Mn} + 1.76w_{Mo} + 1.70w_{Nb} + 1.58w_{Si} + 2.44w_{Ti} + 1.22w_{Ta} + 2.02w_{V} + 0.97w_{W} - 0.266w_{Ni} - 0.177w_{Co} \quad (\%) \tag{3-3}$$

式（3-3）中带加号的元素由于σ相的析出，加速了材料在816℃下的脆化，只有Ni和Co的作用相反。

碳可大大减慢σ相的析出，如果大部分经过固溶处理后留在奥氏体中的碳以$M_{23}C_6$碳化物的形式析出，此时才会析出σ相。这是由于碳在σ相中的溶解度很小，σ相仅能从不含有溶解碳的奥氏体中形成。如果碳以碳化物的形式析出，如$M_{23}C_6$，在碳化物的周围就会贫铬，而那些无碳区的铬含量将会降至形成σ相的极限值16%以下，从而减慢了σ相的析出。只有贫铬区通过从周围的区域扩散铬来达到均匀化，σ相才能开始析出。如果碳以钛、铌稳定碳化物的形式保留，那么碳对σ相析出的影响就基本丧失。因此钛或铌稳定的钢中，碳对σ相析出的减慢作用很小。

4. 低温脆化

为了满足低温韧性要求，有时采用18-8钢，焊缝组织希望是单一γ相，成为完全面心立方结构，尽量避免出现δ相。δ相的存在，总是恶化低温韧性，表3-2即是一例。虽然单相γ焊缝低温韧性比较好，但仍不如固溶处理后的1Cr18Ni9Ti钢母材，例如a_{ku}（-196℃）≈230J/cm²，a_{ku}（20℃）≈280J/cm²。其实"铸态"焊缝中的δ相因形貌不同，可以具有相异的韧性水平。以超低碳18-8钢为例，焊缝中通常可能见到三种形态的δ相：球状、蠕虫状和花边条状（Lacy Ferrite），而以蠕虫状居多数。恰恰是蠕虫状会造成脆性断口形貌，但蠕虫状对抗热裂有利。从低温韧性的角度考虑，希望稍稍提高Cr含量（对于18-8钢可将Cr的质量分数提高到稍微超过20%），以获得少量花边条状δ相，使低温韧性得到改善，其值可达到常温时数值的80%。在这种情况下，焊缝中有少量δ相是可以容许的。

表3-2　焊缝组织状态对韧性的影响

焊缝主要组成/%						焊缝组织	a_{KU}/（J·cm^{-2}）	
w_C	w_{Si}	w_{Mn}	w_{Cr}	w_{Ni}	w_{Ti}		20℃	-196℃
0.08	0.57	0.44	17.6	10.8	0.16	γ+δ	121	46
0.15	0.22	1.50	25.5	18.9	—	γ	178	157

（三）奥氏体不锈钢的焊接工艺特点

奥氏体不锈钢具有优良的焊接性，几乎所有熔焊方法和部分压焊方法都可以使用。但从经济、技术性等方面考虑，常采用焊条电弧焊、气体保护焊、埋弧焊及等离子弧焊等。

1. 焊接材料选择

焊接材料的选择首先决定于具体焊接方法的选择。在选择具体焊接材料时，至少应注意以下几个问题。

1）应坚持“适用性原则”。通常是根据不锈钢材质、具体用途和使用服役条件（工作温度、接触介质），以及对焊缝金属的技术要求选用焊接材料，原则是使焊缝金属的成分与母材相同或相近。

不锈钢焊接材料又因服役所处介质不同而有不同选择，例如，适用于还原性酸中工作的含 Mo 的 18 - 8 钢，就不能用普通不含 Mo 的 18 - 8 钢代替。与之对应，焊接普通 18 - 8 钢的焊接材料也就不能用焊接含 Mo 的 18 - 8 钢。同样，适用于抗氧化要求的 25 - 20 钢焊接材料，也往往不适应 25 - 20 热强钢的要求。

2）根据所选各焊接材料的具体成分来确定是否适用，并应通过工艺评定试验加以验收，绝不能只根据商品牌号或标准的名义成分就决定取舍。这是因为任何焊接材料的成分都有容许波动范围。

3）考虑具体应用的焊接方法和工艺参数可能造成的熔合比大小，即应考虑母材的稀释作用，否则将难以保证焊缝金属的合金化程度。有时还需考虑凝固时的负偏析对局部合金化的影响。熔敷金属不等于焊缝金属。

4）根据技术条件规定的全面焊接性要求来确定合金化程度，即是采用同质焊接材料，还是超合金化焊接材料。不锈钢焊接时，不存在完全“同质”，常是“轻度”超合金化。例如，普通的 0Cr18Ni11Ti 钢，用于耐氧化性酸条件下，其熔敷金属的组成是 0Cr21Ni9Nb。不但 Cr、Ni 含量有差异，而且是以 Nb 代替 Ti。$w_C = 0.4\%$ 的热强钢 25 - 20，熔敷金属以 26 - 26Mo 或 26 - 35Mo（$w_C = 0.4\%$）为好。

对焊接性要求很严格的情况下，超合金化焊接材料的选用是十分必要的。有时甚至就采用 Ni 基合金（如 Inconel 合金）作为焊接材料来焊接奥氏体钢。

5）不仅要重视焊缝金属合金系统，而且要注意具体合金成分在该合金系统中的作用；不仅考虑使用性能要求，也要考虑防止焊接缺陷的工艺焊接性的要求。为此要综合考虑，不能顾此失彼，特别要限制有害杂质，尽可能提高纯度。

例如，从耐点蚀性能考虑，加 Cu 是适宜的，但在低 Ni 的 Fe - Cr - Mo 系双相钢中，会增大热裂倾向。常用的 Inconel625 合金为 Ni60Cr21Mo9Nb3，具有优异的热强性和耐蚀性，但却因 Nb 的存在而具有热裂倾向。所以，在改进型 Inconel625 中则取消了 Nb，成为 Ni64Cr22Mo9。

根据不同的焊接方法，常用奥氏体不锈钢推荐选用的焊接材料见表 3-3。

表 3-3 常用奥氏体不锈钢焊接材料的选用

钢材牌号	焊条		气体保护焊实芯焊丝	埋弧焊焊丝		药芯焊丝	
	型号	牌号		焊丝	焊剂	型号（AWS）	牌号
0Cr19Ni9	E308-16	A102	H0Cr21Ni10	H0Cr21Ni10	HJ260 HJ151	E308LT1-1	GDQA308L
1Cr18Ni9	E308-15	A107					
0Cr17Ni12Mo2	E316-16	A202	H0Cr19Ni12Mo2	H0Cr19Ni12Mo2		E316LT1-1	GDQA316L
0Cr19Ni13Mo3	E317-16	A242	H0Cr20Ni14Mo3	—	—	E317LT1-1	GDQA317L
00Cr19Ni11	E308L-16	A002	H00Cr21Ni10	H00Cr21Ni10	HJ172 HJ151	E308LT1-1	GDQA308L
00Cr17Ni14Mo2	E316L-16	A022	H00Cr19Ni12Mo2	H00Cr19Ni12Mo2		E316LT1-1	GDQA316L
1Cr18Ni9Ti	E347-16	A132	H0Cr20Ni10Ti H0Cr20Ni10Nb	H0Cr20Ni10Ti H0Cr20Ni10Nb		E347T1-1	GDQA347L
0Cr18Ni11Ti							
0Cr18Ni11Nb							
0Cr23Ni13	E309-16	A302	H1Cr24Ni13	—	—	E309LT1-1	GDQA309L
2Cr23Ni13							
0Cr25Ni20	E310-16	A402	H0Cr26Ni21	—	—	—	—
2Cr25Ni20			H1Cr21Ni21	—	—		

应指出，母材与熔敷金属的匹配一定要作具体分析。例如，用同质的 1Cr15Ni26Mo9N 熔敷金属同 1Cr15Ni26Mo6N 母材组配，似乎不一定很理想。因为 w_{Ni} 只有 26%，w_{Mo} 则高达 9%，σ 相脆化倾向可能比较大。如果这一产品结构在无 σ 相产生条件下使用，这一组配还应视为合理的。

2. 焊接工艺要点

焊接不锈钢和耐热钢时，也同焊接其他材料一样，都有一定规程可以遵循。

（1）合理选择焊接方法。不锈钢药芯焊丝电弧焊是焊接不锈钢的一种理想焊接方法。与焊条电弧焊相比，采用药芯焊丝可将断续的生产过程变为连续的生产方式，从而减少了接头数目，而且不锈钢药芯焊丝不存在发热和发红现象。与实芯焊丝电弧焊相比，药芯焊丝合金成分调整方便，对钢材适应性强，焊接速度快，焊后无需酸洗、打磨及抛光。同埋弧焊相比，其热输入远小于埋弧焊，焊接接头性能更好。

选择焊接方法时限于具体条件，可能只能选用某一种。但必须充分考虑到质量、效率和成本及自动化程度等因素，以获得最大的综合效益。例如奥氏体不锈钢管打底焊时，若采用背面充氩的实芯焊丝打底焊工艺，不仅焊前准备工作较多，而且由于氩气为惰性气体，没有脱氧或去氢的作用，对焊前的除油、去锈等工作要求较严，尤其是现场高空、长距离管道施工时，背面充氩几乎是不可能的。采用药芯焊丝（棒），可免去背面充氩的工艺，但焊后焊缝正、背面均需要清渣。如果采用实芯焊丝（ER308L - Si、ER316L - Si）配合多元混合气体（Ar + He + CO_2）进行不锈钢管打底焊，背面无需充氩，焊后也无需清渣，可大大提高生产效率。再如，焊接不锈钢薄板时，选用 TIG 焊是比较合适的；焊接不锈钢中、厚板时，宜选用气体保护焊或埋弧焊。但应根据施工条件及焊缝位置具体分析。例如对于平焊缝，板厚大于 6mm 时，可采用焊剂垫或陶瓷衬垫单面焊双面成形，不仅背面无需清根，还可节约焊接材料，提高生产效率。

（2）控制焊接参数，避免接头产生过热现象。奥氏钢热导率小，热量不易散失，一般焊接所需的热输入比碳钢低 20% ~30%。过高热输入会造成焊缝开裂，降低抗蚀性，变形严重。采用小电流，窄道快速焊可使热输入减少，如果给予一定的急冷措施，可防止接头过热的不利影响。此外，还应避免交叉焊缝，并严格控制较低的层间温度。

（3）接头设计的合理性应给以足够的重视。仅以坡口角度为例，采用奥氏体钢同质焊接材料时，坡口角度取 60°（同一般结构钢的相同）是可行的；但如采用 Ni 基合金作为焊接材料，由于熔融金属流动更为黏滞，坡口角度取 60°很容易发生熔合不良现象。Ni 基合金的坡口角度一般均要增大到 80°左右。

（4）尽可能控制焊接工艺稳定以保证焊缝金属成分稳定。因为焊缝性能对化学成分的变动有较大的敏感性，为保证焊缝成分稳定，必须保证熔合比稳定。

（5）控制焊缝成形。表面成形是否光整，是否有易产生应力集中之处，均会影响到接头的工作性能，尤其对耐点蚀和耐应力腐蚀开裂有重要影响。例如，采用不锈钢药芯焊丝时，焊缝呈光亮银白色，飞溅极小，比不锈钢焊条、实芯焊丝更易获得光整的表面成形。

（6）防止焊件工作表面的污染。奥氏体不锈钢焊缝受到污染，其耐蚀性会变差。焊前应彻底清除焊件表面的油脂、污渍、油漆等杂质，否则这些有机物在电弧高温作用下分解燃烧成气体，引起焊缝产生气孔或增碳，从而降低耐蚀性。但焊前和焊后的清理工作，也常会影响耐蚀性。已有现场经验表明，焊后采用不锈钢丝刷清理奥氏体焊接接头，反而会产生点蚀。因此，须慎重对待清理工作。至于随处任意引弧、锤击、打冲眼等，也是造成腐蚀的根源，应予禁止。控制焊缝施焊程序，保证面向腐蚀介质的焊缝在最后施焊，也是保护措施之一。因为这样可避免面向介质的焊缝及其热影响区发生敏化。

为了保证不锈钢焊接质量，必须严格遵守技术规程和产品技术条件，并应因地制宜，灵活地开展工作，全面综合考虑焊接质量、生产效率及经济效益。

(四) 典型案例——1Cr18Ni9Ti 不锈钢小径管的焊条电弧焊

某化工厂的甲基丙酮装置工程氢气压缩机及反应器配管母材材质为1Cr18Ni9Ti，管内为氢气，介质属于易燃、易爆气体；设计工作压力为70～140kgf/cm^2[①]，最大管径为32mm，最小管径为12mm，壁厚均为3.5mm。

根据管径不同但管壁厚均为3.5mm的特点，考虑环境和焊接条件制定了以下焊条电弧焊焊接工艺：

(1) 选择采用了单面V形坡口，坡口角度60°±2.5°；钝边1～1.5mm，对口间隙2.5mm。

(2) 焊条选用A132，ϕ2.5mm，使用前进行150℃烘干2h，烘干后在100℃下恒温保存。

(3) 焊接工艺参数：焊接电流为45～60A；电弧电压为20～22V；焊速为8～10cm/min；电源极性为反接。

(4) 焊接及其预防措施：

1) 坡口加工，采用等离子弧切割机切割管件，切割后用砂轮机打磨，以防影响接头的耐腐蚀性。

2) 选用焊材时，为了防止焊接时的高温将母材中的稳定化元素烧损氧化，首先应选用含有稳定化元素的焊接材料，在此选用了A132焊条。焊条在使用前严格按要求烘干，然后放在保温筒内，随用随取，在焊条筒内的保留时间不应超过4h。

3) 工艺管道坡口角度为60°±2.5°，钝边1～1.5mm。为了防止熔化金属飞溅在钢管上损伤钢管壁，从而影响其耐腐蚀性，焊接前分别在坡口两侧各100mm的范围内涂上白垩粉。

4) 由于奥氏体不锈钢的电阻率比较大，焊接时药皮容易发红和开裂。在操作时，第1遍打底层采用灭弧焊，焊接电流在50～60A之间，通过控制灭弧时间长短和熔滴大小控制焊接熔池的温度，防止低熔点共晶物的产生。焊接熄弧时，将弧坑填满，并认真处理缩孔，有效地控制焊接缺陷的产生。

5) 在焊接时采用小电流、快速焊、短弧、多层焊，并严格控制层间温度，以尽可能地缩短焊接接头在危险温度区（450℃～850℃，特别是650℃）的停留时间，以减小产生晶间腐蚀和热裂纹的概率。

---

① 1kgf=9.8N。

6）层间清渣要认真，利用锤击清渣，并松弛其接头中的残余应力，减少应力腐蚀，同时也使其在震动中二次结晶，防止产生热裂纹。

7）盖面焊时不应做横向摆动，采用小电流、快速焊，一次焊成，焊缝不应过宽，最好不超过焊条直径的3倍，尽量减小焊缝截面积。

8）由于管径小，传热慢，盖面焊接时温度很高，整个焊口焊后都处于发红状态下。经测试，温度一般都在950℃以上。针对奥氏体不锈钢散热慢的特点，采取了强制水冷的急冷办法来加快冷却速度，起到固溶处理的作用，防止晶间腐蚀的产生。为了控制熔池温度，防止杂质集中和合金元素分布不均而导致热裂纹的产生及晶间腐蚀，采用了多层多道焊并严格控制层间温度，每一层焊完后，停止焊接，待冷却到60℃以下时再焊下一层。

9）焊后用铜丝刷对表面进行处理。

通过采用上述措施和方法，在对ϕ32以下小口径不锈钢管的实际焊接施工中，达到了预期目的，取得了良好的效果。

任务三　铁素体不锈钢及马氏体不锈钢的焊接

（一）铁素体不锈钢的焊接

1. 铁素体不锈钢的类型

（1）普通铁素体钢。包括：

1）低Cr（$w_{Cr}=12\%\sim14\%$）钢，如00Cr12、0Cr13、0Cr13Al等。

2）中Cr（$w_{Cr}=16\%\sim18\%$）钢，如0Cr17Ti、1Cr17Mo等；低Cr和中Cr钢，只有碳量低时才是铁素体组织。

3）高Cr（$w_{Cr}=25\%\sim30\%$）钢，如1Cr25Ti、1Cr28等。

（2）高纯度铁素体钢。钢中C+N的含量限制很严，可有以下三种：

①$w_C+w_N\leq0.035\%\sim0.045\%$，如00Cr18Mo2等。

②$w_C+w_N\leq0.03\%$，如00Cr18Mo2Ti等。

③$w_C+w_N\leq0.01\%\sim0.015\%$，如000Cr18Mo2Ti、000Cr26Mo1、000Cr30-Mo2等。

2. 焊接性分析

铁素体型不锈钢一般都是在室温下具有纯铁素体组织，塑性、韧性良好。由于铁素体的线膨胀系数较奥氏体的小，其焊接热裂纹和冷裂纹的问题并不突出。通常说，铁素体型不锈钢不如奥氏体不锈钢好焊，主要是指焊接过程中可能导致焊接接头的塑性、韧性降低即发生脆化的问题。此外，铁素体不锈钢的耐蚀性及高温下长期服役可能出现的脆化也是焊接过程中不可忽视的问题。高纯铁素体钢比普通铁素体钢的焊接性要好得多。

（1）焊接接头的晶间腐蚀。碳的质量分数为0.05%～0.1%的普通铁素体铬钢发生腐蚀的条件和奥氏体铬－镍钢稍有不同。在900℃以上快速冷却，铁素体铬不锈钢对腐蚀很敏感，但经过650℃～800℃的回火后，又可恢复其耐蚀性。所以，焊接接头产生晶间腐蚀的位置是紧挨焊缝的高温区。

普通纯铁素体不锈钢焊接接头的晶间腐蚀机理与奥氏体型不锈钢的相同，都符合贫铬理论。铁素体型不锈钢一般在退火状态下焊接，其组织为固溶微量碳和氮的铁素体及少量均匀分布的碳和氮的化合物。当焊接温度高于950℃时，碳、氮的化合物逐步溶解到铁素体相之中，得到碳、氮过饱和固溶体。由于碳、氮在铁素体中的扩散速度比在奥氏体快得多，在焊后冷却过程中，甚至在淬火冷却过程中，都来得及扩散到晶界区。加之晶界的碳、氮的浓度高于晶内，故在晶界上沉淀出（Cr，Fe）$_{23}$C$_6$碳化物和Cr_2N氮化物。由于铬的扩散速度慢，导致在晶界上出现贫铬区。在腐蚀介质的作用下即可出现晶间腐蚀。由于铬在铁素体中的扩散比在奥氏体中的快，故为了克服焊缝高温区的贫铬带，只需650℃～800℃短时间保温，即可使过饱和的碳和氮能完全析出，而铬又来得及补充到贫铬区，从而恢复到原来的耐蚀性。若在600℃较长时间保温或焊接接头自900℃以上缓慢冷却，使碳、氮化物充分析出，达到或接近钢材退火状态下固溶的碳和氮含量的平衡值时，仍能保持其耐蚀性。

超高纯度高铬铁素体不锈钢主要化学成分有Cr、Mo和C、N，其中C＋N总的质量分数不等，都存在一个晶间腐蚀的敏化临界温度区，即超过或低于此区域不会产生晶间腐蚀。同时还有一个临界敏化时间区，即在这个时间区之前的一段时间，即使在敏化临界温度也不会产生晶间腐蚀。因此，超高纯度高铬铁素体不锈钢必须满足既在敏化临界温度区，又在临界敏化时间区内才有可能产生晶间腐蚀。例如，C＋N总的体积分数为106×10^{-6}的26Cr合金，其敏化临界温度区为475℃～600℃。由于C＋N总含量很低，在600℃以上温度，晶界上没有足够能引起贫铬和增加腐蚀率的富铬碳化物、氧化物沉淀，又由于其离临界敏化时间区很远，该合金由950℃和1 100℃水淬或空冷，虽说冷却过程中都经过敏化临界温度，但仍可保持良好的耐蚀性。

无论普通纯度铁素体型不锈钢还是超高纯度铁素体型不锈钢，焊接接头的晶间腐蚀倾向都与其合金元素的含量有关。随着钢中碳和氮的总含量降低，晶间腐蚀倾向减小。钼可以降低氮在高铬铁素体不锈钢中的扩散速度，有助于临界敏化时间向后移动较长的时间，因此含有钼的高铬铁素体不锈钢具有较高的抗敏化性能。合金元素钛和铌为稳定化元素，能优先于铬和碳、氮形成化合物，避免贫铬区的形成。

（2）焊接接头的脆化。铁素体不锈钢的晶粒在900℃以上极易粗化；加热至475℃附近或自高温缓冷至475℃附近；在550℃～820℃温度区间停留相（形成σ）均使接头的塑性、韧性降低而脆化。

1）高温脆性。铁素体不锈钢焊接接头加热至950℃～1 000℃以上后急冷至室温，焊接热影响区的塑性和韧性显著降低，称为“高温脆性”。其脆化程度与合金元素碳和氮的含量有关。碳、氮含量越高，焊接热影响区脆化程度就越严重。焊接接头冷却速度越快，其韧性下降值越多；如果空冷或缓冷，则对塑性影响不大。这是由于快速冷却过程中，基体位错上析出细小分散的碳、氮化合物，阻碍位错运动，此时强度提高而塑性明显下降；缓冷时，位错上没有析出物，塑性不会降低。这种高温脆性十分有害，同时耐蚀性也显著降低。因此，减少C、N含量，对提高焊缝质量是有利的。出现高温脆性的焊接接头，若重新加热至750℃～850℃，则可以恢复其塑性。

2）σ相脆化。普通纯度铁素体不锈钢中$w_{Cr}>21\%$时，若在520℃～820℃之间长时间加热，即可析出σ相。σ相的形成与焊缝金属中的化学成分、组织、加热温度、保温时间以及预先冷变形等因素有关。钢中促进铁素体形成的元素如铝、硅、钼、钛和铌均能强烈地增大产生σ相的倾向；锰能使高铬钢形成σ相所需铬的含量降低；而碳和氮能稳定奥氏体相并能与铬形成化合物，会使形成σ相所需铬含量增加。镍能使形成σ相所需温度提高。由于σ相的形成有赖于Cr、Fe等原子的扩散迁移，故形成速度较慢。$w_{Cr}=17\%$的钢只有在550℃回火1 000h后才会开始析出σ相。当加入2%的Mo时，σ相析出时间大为缩短，约在600℃回火200h后即可出现σ相。因此，对于长期工作于σ相形成温度区的铁素体型耐热钢的焊接高温构件而言，必须引起足够的重视。

3）475℃脆化。$w_{Cr}>15\%$的普通纯度铁素体不锈钢在400℃～500℃长期加热后，即可出现475℃脆性。随着铬含量的增加，脆化的倾向加重。焊接接头在焊接热循环的作用下，不可避免地要经过此温度区间，特别是当焊缝和热影响区在此温度停留时间较长时，均有产生475℃脆性的可能。475℃脆化可通过焊后热处理消除。

3. 铁素体不锈钢的焊接工艺特点

普通纯度铁素体钢焊接接头韧性较低，主要是由于单相铁素体钢易于晶粒粗化，热影响区和焊缝容易形成脆性马氏体，还有可能出现475℃脆性。

（1）焊接方法。

普通纯度铁素体钢的焊接方法通常可采用焊条电弧焊、药芯焊丝电弧焊、熔化极气体保护焊、钨极氩弧焊和埋弧焊。无论采用何种焊接方法，都应以控制热输入为目的，以抑制焊接区的铁素体晶粒过分长大。工艺上可采取多层多道快速焊，强制冷却焊缝的方法，如通氩或冷却水等。

超高纯度铁素体钢的焊接方法有氩弧焊、等离子弧焊和真空电子束焊。采用这些方法的目的主要是净化熔池表面，防止沾污。

(2) 焊接材料的选择。

在焊接铁素体不锈钢及其与异种钢焊接时填充金属主要有三类：同质铁素体型、奥氏体型和镍基合金。铁素体不锈钢常用的焊条和焊丝见表3-4。

表3-4 铁素体不锈钢焊条、焊丝选用表

钢种	对接头性能的要求	焊接材料						预热及焊后热处理
		焊条		实芯焊丝		药芯焊丝		
		牌号	型号	焊丝牌号	合金类型	型号	牌号	
0Cr13	—	G202 G207	E410-16 E410-15	H0Cr14	0Cr13	— —	— —	—
		A102 A107	E308-16 E308-15	H0Cr18Ni9	Cr18Ni9	E308LT 1-1	GDQA308L	
Cr17 Cr17Ti	耐硝酸腐蚀、耐热	G302 G307	E430-16 E430-15	H0Cr17Ti	Cr17	E430T-G	GDQF430	预热100℃~150℃，焊后750℃~800℃回火
	耐有机酸、耐热	G311	—	H0Cr17Mo2Ti	Cr17Mo2			
	提高焊缝塑性	A102 A107	E308-16 E308-15	H0Cr18Ni9	Cr18Ni9	E308LT 1-1	GDQA308L	不预热，焊后不热处理
		A202 A207	E316-16 E316-15	HCr18Ni12Mo2	18-12Mo	E316LT 1-1	GDQA316L	
Cr25Ti	抗氧化	A302 A307	E309-16 E309-15	HCr25Ni13	25-13	E309L T1-1	GDQA309L	不预热，焊后760℃~780℃回火
Cr28 Cr28Ti	提高焊缝塑性	A402 A407	E310-16 E310-15	HCr25Ni20	25-20	—	—	不预热，焊后不热处理
		A412	E310Mo-16	—	25-20Mo2	—	—	

采用同质焊接材料时，焊缝与母材金属有相同的颜色和形貌，相同的线膨胀系数和大体相似的耐蚀性，但焊缝金属呈粗大的铁素体钢组织，韧性较差。为了改善性能，应尽量限制杂质含量，提高其纯度，同时进行合理的合

金化。以 Cr17 钢为例，焊缝中添加 Nb 使 $w_{Nb}=0.8\%$ 左右，可以显著改善其韧性，室温冲击吸收功 A_{KU} 已达 52J，焊后热处理还可有所改善。而不含 Nb 的 Cr17 焊缝，室温冲击吸收功 A_{KU} 几乎为零，即使焊后热处理，塑性可以得到改善，但韧性没有变化。

在不宜进行预热或焊后热处理的情况下，也可采用普通奥氏体钢焊接材料，此时有两个问题须注意：

1）焊后不可退火处理。因铁素体钢退火温度范围（787℃ ~843℃）正好处在奥氏体钢敏化温度区间，除非焊缝是超低碳或含 Ti 或 Nb，否则容易产生晶间腐蚀及脆化。另外，焊后退火如是为了消除应力，也难达到目的，因为焊缝与母材具有不同的线膨胀系数。

2）奥氏体钢焊缝的颜色和性能都和母材不同，这种异质接头的耐蚀性可能低于同质的接头，必须根据用途来确定是否适用。采用异种材料焊接时，焊缝具有良好的塑性，但不能防止热影响区的晶粒长大和焊缝形成马氏体组织。

（3）低温预热及焊后热处理。

铁素体不锈钢在室温的韧性本就很低，如图 3－7 所示，且易形成高温脆化，在一定条件下可能产生裂纹。通过预热，使焊接接头处于富有韧性的状态下焊接，能有效地防止裂纹的产生。但是，焊接热循环又会使焊接接头近缝区的晶粒急剧长大粗化，从而引起脆化。因此，预热温度的选择要慎重，一般控制在 100℃ ~200℃，随着母材金属中铬含量的提高，预热温度可相应提高。但预热温度过高，又会使焊接接头过热而脆硬。

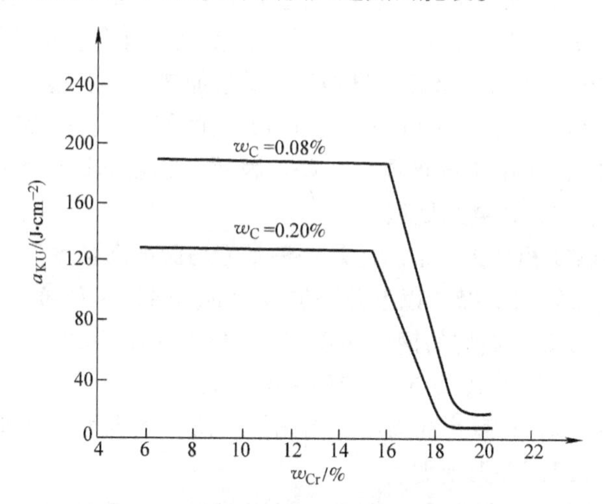

图 3－7　高 Cr 铁素体钢在室温下的韧性

高 Cr 铁素体钢也有晶间腐蚀倾向。焊后在 750℃ ~850℃进行退火处理，使过饱和的碳和氮完全析出，铬来得及补充到贫铬区，以恢复其耐蚀性；同时也可改善焊接接头的塑性。退火后应快冷，以防止 475℃脆性产生。应注意，高 Cr 铁素体钢在 550℃ ~820℃长期加热时会出现 σ 相，而在 820℃以上加热可使 σ 重新溶解。所以，焊后热处理温度的正确控制很重要，加热及冷却过程应尽可能快速冷却。

此外，铁素体不锈钢的晶粒在 900℃以上极易粗化且难以消除，因为热处理工艺无法细化铁素体晶粒。因此，焊接时应尽量采取小的热输入和较快的冷却速度；多层焊时，还应严格控制层间温度。

高纯铁素体钢由于碳和氮含量很低，具有良好的焊接性，高温脆化不显著，焊前不需预热，焊后也不需热处理。焊接中主要问题是如何控制焊接材料中碳和氮的含量，以及避免焊接材料表面和熔池表面的沾污。

（二）马氏体不锈钢的焊接

马氏体型不锈钢主要是 Fe－Cr－C 三元合金，这类钢中高温下存在的奥氏体在不太慢的冷却条件下会发生奥氏体到马氏体的转变，属于淬硬组织的钢种。与其他类型的不锈钢相比，马氏体型不锈钢具有较高的强度和硬度，但耐蚀性和焊接性要差一些。

1. 马氏体不锈钢的类型

（1）Cr13 系钢。通常所说的马氏体钢大多指这一类钢，如 1Cr13、2Cr13、3Cr13、4Cr13。这类钢经高温加热后空冷就可淬硬，一般均经调制处理。

（2）热强马氏体钢。是以 Cr12 为基进行多元复合合金化的马氏体钢，如 2Cr12WMoV、2Cr12MoV、2Cr12Ni3MoV。高温加热后空冷也可淬硬。因须用于高温，希望将使用温度提高到普通 Cr13 钢的极限温度 600℃以上，添加 Mo、W、V 同时，往往还将碳提高一些。因此，热强马氏体钢的淬硬倾向会更大一些，一般均经过调制处理。

（3）超低碳复相马氏体钢。这是一种新型马氏体高强钢。其成分特点是，钢的含碳量 w_C 降低到 0.05% 以下并添加 Ni（w_{Ni} =4% ~7%），此外也可能含有少量 Mo、Ti 或 Si。典型的钢种如 0.01C－13Cr－7Ni－3Si、0.03C－12.5Cr－4Ni－0.3Ti、0.03C－12.5Cr－5.3Ni－0.3Mo。这几种钢均经淬火及超微细复相组织回火处理，可获得高强度和高韧性。这种钢也可在淬火状态下使用，因为低碳马氏体组织并无硬脆性。

w_{Ni} >4% 以上的超低碳合金钢淬火后形成低碳马氏体 M，经回火加热至 As（低于 Ac_1）以上即可开始发生 M→γ'的所谓“逆转变”。As 为逆转变开始温度。因为并非在 Ac_1 以上发生转变形成的奥氏体 γ，也不同于残余奥氏体，而将 γ，称为逆转变奥氏体。γ' 富含碳、Ni，因而很稳定，冷却至 -196℃也不会再转变为马氏体（除非经冷作变形），为韧性相。因而回火后获得的是超微细化的 $M+\gamma$，复相组织，具有优异的强韧性组合，所以称之为“超低碳复相马氏体钢”。

这类钢的特性与析出硬化马氏体钢很相似，淬火形成的马氏体不会导致硬化，如图 3-8 曲线 3 所示。

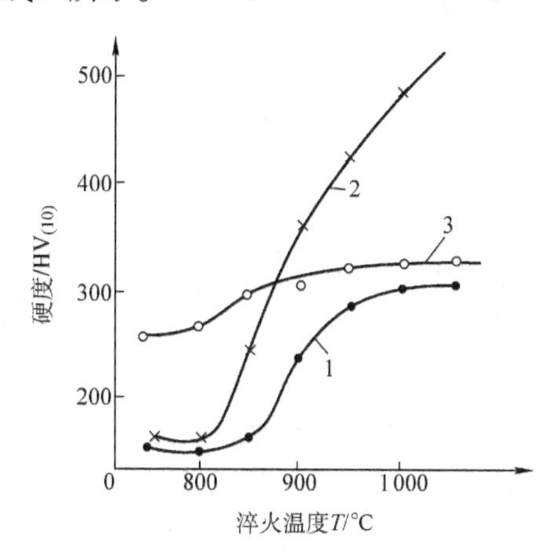

图 3-8　各类马氏体钢的硬度与淬火温度的关系

1—1Cr13；2—2Cr13；3—00Cr13Ni7Si3

应指出，无论析出硬化马氏体钢或析出硬化半奥氏体钢，都无淬硬倾向，不需预热，采用同质焊接材料或奥氏体焊接材料，都能顺利地获得满意的焊接接头，但焊后均须经过适当的热处理。

2. *焊接性分析*

超低碳复相马氏体钢无淬硬倾向，并具有较高的塑性和韧性。常见马氏体钢均有淬硬倾向，含碳量越高，淬硬倾向越大。因此，首先遇到的问题是含碳量较高的马氏体钢淬硬性导致的冷裂纹的问题和脆化问题。

(1) 焊接接头的冷裂纹。马氏体型不锈钢铬的质量分数在 12% 以上，同时还匹配适量的碳和镍，以提高其淬硬性和淬透性，这种钢具有一定的耐均匀腐蚀性能。铬本身能增加钢的奥氏体稳定性，即奥氏体分解曲线右移，加入碳、镍后，经固溶后再空冷也会发生马氏体转变。因此，马氏体型不锈钢焊缝和热影响区焊后状态的组织为硬脆的马氏体组织。马氏体型不锈钢导热性较碳钢差，焊后残余应力较大，如果焊接接头刚度又大或焊接过程中含氢量又较高，当从高温直接冷至 120℃ ~100℃ 以下时，很容易产生冷裂纹。

(2) 焊接接头的硬化现象。Cr13 类马氏体不锈钢以及 Cr12 系列的热强钢，可以在退火状态或淬火状态下进行焊接。无论焊前原始状态如何，冷却速度较快时，近缝区必会出现硬化现象，形成粗大马氏体的硬化区。

超低碳复相马氏体钢在热影响区中无硬化区出现。由图 3－9 可见，超低碳复相马氏体钢对焊接热循环很不敏感，整个热影响区的硬度可以认为是基本均匀的。而淬火态焊接的 2Cr13 钢，在近缝区附近部位还有软化现象，硬度几乎降低一半。无论退火态的 1Cr13 或淬火态的 2Cr13，在近缝区都出现了硬化。

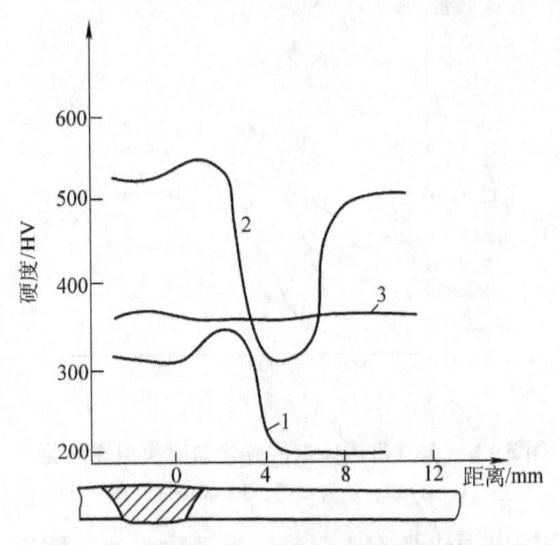

图 3－9 高强度马氏体钢 TIG 焊后的硬度

1—1Cr13；2—2Cr13；3—00Cr13Ni7Si3

3. 马氏体不锈钢的焊接工艺特点

马氏体不锈钢常用的焊接方法主要有焊条电弧焊、埋弧焊及熔化极气体保护焊，相应的焊接材料也主要为焊条、实芯焊丝及药芯焊丝等。焊接时，主要以控制热输入及冷却速度为主。

(1) 焊接材料的选择。最好采用同质填充金属来焊接马氏体钢，但焊后焊缝和热影响区将会硬化变脆，有很高的裂纹倾向。因此，应考虑合理的合金化，如添加少量 Ti、Al、N、Nb 等以细化晶粒，降低淬硬性。例如，$w_{Nb}\approx0.8\%$ 的焊缝可具有微细的单相铁素体组织。焊态或焊后热处理均可获得比较满意的性能。也可通过焊前预热，焊后缓冷及热处理来改善接头的性能。

焊接构件不能进行预热或不便进行热处理时，可采用奥氏体不锈钢焊接材料。焊后焊缝金属组织为奥氏体组织，具有较高的塑性和韧性，松弛焊接应力，并能溶入较多的固溶氢，降低接头形成冷裂纹的倾向。但焊缝为奥氏体组织，焊缝强度不可能与母材相匹配。另外，奥氏体焊缝与母材相比较，在物理、化学、冶金的性能上都存在很大差异，有时反而可能出现破坏事故。例如，在循环温度工作时，由于焊缝与母材膨胀系数不同，在熔合区产生切应力，能导致接头过早破坏。采用奥氏体焊接材料时，必须考虑母材稀释的影响。

马氏体不锈钢常用的焊接材料见表3-5。

表3-5　马氏体不锈钢常用的焊接材料

母材牌号	对焊接性能的要求	焊接材料						预热及层间温度/℃	焊后热处理
		焊条		实芯焊丝		药芯焊丝			
		型号	牌号	焊丝	焊缝类型	型号	牌号		
1Cr13 2Cr13	抗大气腐蚀	E410-16 E410-15	G202 G207	H0Cr14	Cr13	E410T-G	GDQM410	150~300	700℃~730℃回火，空冷
	耐有机酸腐蚀并耐热	—	G211	—	Cr13Mo2			150~300	—
	要求焊缝具有良好塑性	E308-16 E308-15 E316-16 E316-15 E310-16 E310-15 E309-16 E309-15	A102 A107 A202 A207 A402 A407 A302 A307	H0Cr18Ni9 H0Cr18Ni12Mo2 HCr25Ni20 HCr25Ni13	Cr18Ni9 18-12Mo2 25-20 25-13	E308LT 1-1 E316LT 1-1 E309LT 1-1	GDQA308L GDQA316L GDQA309L	补预热（厚大件预热200）	不进行热处理
1Cr17Ni2	—	E310-16 E310-15 E309-16 E309-15 E308-16 E308-15	A402 A407 A302 A307 A102 A107	HCr25Ni13 HCr25Ni20 HCr18Ni9	25-13 25-20 Cr18Ni9	E308LT 1-1 E309LT 1-1	GDQA308L GDQA309L	200~300	700℃~750℃回火，空冷
Cr11MoV	540℃以下有良好的热强性	—	G117	—	Cr10MoNiV			300~400	焊后冷至100℃~200℃，立即在700℃以上高温回火
Cr12WMoV	600℃以下有良好的热强性	E11MoVNiW-15	R817	—	Cr11WMo-NiV			300~400	焊后冷至100℃~200℃，立即在740℃~760℃以上高温回火

对于热强型马氏体钢，最希望焊缝成分接近母材，并且在调整成分时不出现δ相，而应为均一的微细马氏体组织。δ相不利于韧性。1Cr12WMoV之类的马氏体热强钢，主要成分为铁素体化元素（Mo、Nb、W、V），因此，为保证获得均一的马氏体组织，必须用奥氏体化元素加以平衡，即应有适量的C、Mn、N、Ni。1Cr2WMoV钢碳的质量分数规定在0.17%～0.20%，如焊缝w_C降至0.09%～0.15%，组织中就会出现较大量的块状和网状的δ相（也会有碳化物），使韧性急剧降低，也不利于抗蠕变的性能。若适当提高碳的质量分数（不大于0.19%），同时添加Ti，减少Cr，情况会有所好转。在调整成分时应注意马氏体点Ms的变化所带来的影响。由于合金化使Ms降低越大，冷裂敏感性就越大，并会产生较多残余奥氏体，对力学性能不利。

超低碳复相马氏体钢宜采用同质焊接材料，但焊后如不经超微细复相化处理，则强韧性难以达到母材的水平。

（2）焊前预热和焊后热处理。采用同质焊缝焊接马氏体不锈钢时，为防止焊接接头形成冷裂纹，宜采取预热措施。预热温度的选择与材料厚度、填充金属种类、焊接方法和构件的拘束度有关，其中与碳含量关系最大。例如，简单成分的Cr13钢，$w_C<0.1\%$时可以不预热；$w_C=0.1\%\sim0.2\%$，应预热到260℃缓冷；$w_C=0.2\%\sim0.5\%$，也可以预热到260℃，但焊后应及时退火。

马氏体型不锈钢的预热温度不宜过高，否则将使奥氏体晶粒粗大，并且随冷却速度降低，还会形成粗大铁素体加晶界碳化物组织，使焊接接头塑性和强度均有所下降。

焊后热处理的目的是降低焊缝和热影响区硬度、改善其塑性和韧性，同时减少焊接残余应力。焊后热处理必须严格控制焊件的温度，焊件焊后不可随意从焊接温度直接升温进行回火热处理。这是因为焊接过程中形成的奥氏体尚未完全转变成马氏体，如果立即升温到回火温度，奥氏体会发生珠光体转变，或者碳化物沿奥氏体晶界沉淀，产生粗大铁素体加碳化物组织，从而严重地降低焊接接头的韧性，而且对耐蚀性也不利。如果焊接接头焊后空冷到室温后再进行热处理，则马氏体不锈钢会出现空气淬硬倾向，造成常温塑性降低，并且在常温下残留的奥氏体将继续转变为马氏体组织，使焊接接头变得又硬又脆，组织应力也随之增大；若再加上扩散氢的聚集，焊接接头就有可能产生冷裂纹。正确的方法是：回火前使焊件适当冷却，让焊缝和热影响区的奥氏体基本分解为马氏体组织。

焊后热处理制度的制定须根据具体成分制定具体工艺。对于碳含量高且刚度大的构件，如2Cr12WMoV，要严格控制焊后热处理工艺。如图3－10（a）所示，焊后空冷至150℃，立即在此温度保温1～2h。一方面可让奥氏体充分分解为马氏体，不至于立即发生脆化；另一方面还可使焊缝中的氢向外扩散，起到消氢作用。然后加热到回火温度，适当保温，可形成回火马氏体组织，如图3－10（b）所示。若焊后空冷到300℃时，如图3－11（a）所示，虽可避免马氏体的产生，但在随后的高温回火过程中，奥氏体会转变成铁素体或碳化物沿晶界析出，性能反而不如前述的回火马氏体组织，如图3－11（b）所示。

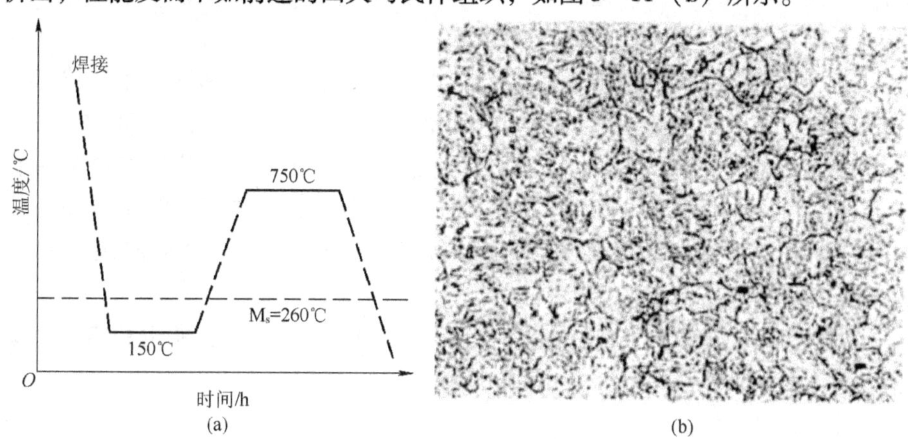

图3－10　正确的焊后热处理工艺

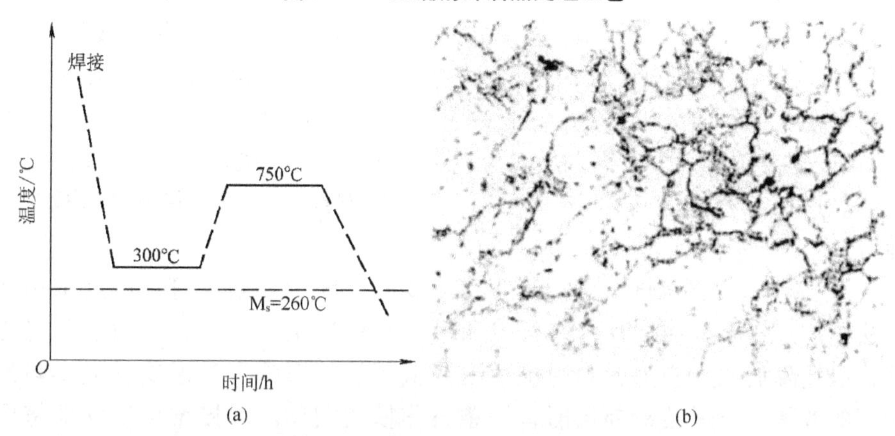

图3－11　不正确的焊后热处理工艺

回火对于超低碳复相马氏体钢焊缝金属的强韧性有影响，需要根据钢的具体成分确定其逆变开始温度 A_s。从图3－10可见，超低碳复相马氏体钢（00Cr13Ni7Si3）的硬度变化对淬火加热温度是不敏感的。

（三）典型案例——破裂2Cr13不锈钢阀杆补焊工艺

波纹管截止阀和波纹管闸阀均由2Cr13不锈钢材料作阀杆，在阀杆处有双重密封装置，除了装有一般阀门的填料密封以外，还有不锈钢波纹管作阀杆的密封元件。因此，密封性较一般阀门更加严密可靠，杜绝了该处的“跑、冒、滴、漏”。适用于导热油、有毒、易燃、渗透性强、带放射性的介质，以及对密封性有严格要求的工业管路中，目前已经得到了非常广泛的应用。作为重要的构件，2Cr13 不锈钢阀杆破裂后的补焊是工程实际中极其重要的工作。

1. 破裂 2Cr13 不锈钢阀杆补焊工艺

（1）焊条的选用。2Cr13 不锈钢的焊接可以选用铬不锈钢焊条和铬镍不锈钢焊条。采用铬不锈钢焊条焊接的焊缝具有较好的耐腐蚀（氧化剂、酸、有机酸、气蚀）、耐热和耐磨性能；采用铬镍不锈钢焊条焊接的焊缝具有良好的耐腐蚀和抗氧化性能。由于铬不锈钢的焊接性能较差，焊接后硬化性较大，容易产生裂纹，所以应注意焊接工艺、热处理条件及选用合适的焊条。

常用的铬不锈钢焊条牌号有 E1－12－16、E1－13－15。常用的铬镍不锈钢焊条牌号有 E0－19－10－16、E0－18－12Mo2－16。

（2）焊接操作。

1）裂纹补焊前的预处理。补焊前，必须将损坏的阀杆放到铣床上沿着裂纹的方向铣出 V 形或 U 形槽。所铣槽的深度一定要均匀，以免焊接时夹渣，并要保证横向铣到裂纹的根部，长度方向铣到裂纹两端的端点。当用肉眼无法确定裂纹的根部或裂纹的端点部位时，可用煤油作检查。

2）焊前预热。焊前可采用焊炬产生的氧－乙炔高温火焰对被焊件进行预热。这种工艺措施简单、方便，可防止冷裂纹。一般预热到 250℃ 左右即可。

3）施焊。先在阀杆上适当固定 2～3 点，随即矫直阀杆，然后采用间断法进行焊接。焊接过程中，每当使用了半根焊条就停下来用锤子敲打焊缝，以便降低残余应力，同时也适当降低焊缝热影响区的温度，减小热影响区的范围。当焊接最外层时，焊条不作横向摆动。焊接结束后立即将阀杆矫直。

2. 不锈钢阀杆补焊后的热处理

焊接刚结束时，部分奥氏体尚未完成马氏体组织的转变，此刻如果立即进行回火处理，碳化物会沉淀在奥氏体晶界上而形成珠光体，结果降低了金属材料的韧性和抗晶间腐蚀能力，所以焊后应让焊件先自然冷却至室温，然后再进行热处理。焊后热处理通常采用回火热处理工艺方法，主要目的是减少残余应力，使焊后的组织均匀，其工艺操作方法是：将焊后阀杆加热到

650℃～750℃，保温1 h后空冷至室温；对于局部联结阀杆的焊缝，可采用焊炬产生的氧－乙炔高温火焰对施焊区域进行烘烤，当施焊区域被烤得呈微暗红色后，持续一段时间即可。

在工程实际中，2Cr13不锈钢阀杆如发生破裂，采用以上焊接工艺，能保证焊接质量和使用。

任务四 奥氏体－铁素体双相不锈钢的焊接

双相不锈钢是在固溶体中铁素体相和奥氏体相各约占一半，一般较少相的含量至少也需要达到30%的不锈钢。这类钢综合了奥氏体不锈钢和铁素体不锈钢的优点，具有良好的韧性，强度及优良的耐氯化物应力腐蚀性能。

（一）奥氏体－铁素体双相不锈钢的类型

1. 低合金型双相不锈钢

00Cr23Ni4N钢是瑞典最先开发的一种低合金型的双相不锈钢，不含钼，铬和镍的含量也较低。由于钢中w_{Cr}为23%，有很好的耐孔蚀、缝隙腐蚀和均匀腐蚀的性能，可代替304L和316L等常用奥氏体不锈钢。

2. 中合金型双相不锈钢

典型的中合金型双相不锈钢有0Cr21Ni5Ti、1Cr21Ni5Ti。这两种钢是为了节约镍，分别代替0Cr18Ni9Ti和1Cr18Ni9Ti而设计的，但比后者具有更好的力学性能，尤其是强度更高（约为1Cr18Ni9Ti的2倍）。

00Cr18Ni5Mo3Si2、00Cr18Ni5Mo3Si2Nb双相不锈钢是目前合金元素含量最低、焊接性良好的耐应力腐蚀钢种，它在氯化物介质中的耐孔蚀性能同317L相当，耐中性氯化物应力腐蚀性能显著，优于普通18－8型奥氏体不锈钢，具有较好的强度－韧性综合性能、冷加工工艺性能及焊接性能，适用作结构材料。

00Cr22NI5Mo3N属于第二代双相不锈钢，钢中加入适量的氮不仅改善了钢的耐孔蚀和耐SCC性能，而且由于奥氏体数量的提高有利于两相组织的稳定，在高温加热或焊接热影响区能确保一定数量的奥氏体存在，从而提高了焊接热影响区的耐蚀和力学性能。这种钢焊接性良好，是目前应用最普遍的双相不锈钢材料。

3. 高合金双相不锈钢

这类双相不锈钢w_{Cr}高达25%，在双相不锈钢系列中出现最早。20世纪70

年代以后发展了两相比例更加适宜的超低碳含氮双相不锈钢，除钼以外，有的牌号还加入了铜、钨等进一步提高耐腐蚀性的元素。典型的钢种如：00Cr25Ni6Mo2N、00Cr25Ni7Mo3N、00Cr25Ni7Mo3WcuN 和 0Cr25Ni6Mo3CuN 等。

4. 超级双相不锈钢

这种类型的双相不锈钢是指 PREN（PRE 是 Pitting Resistance Equivalent 的缩写，指抗点蚀当量；N 指含氮钢）大于 40，$w_{Cr}=25\%$ 和 Mo 含量高（$w_{Mo}>3.5\%$）、氮含量高（$w_N=0.22\%\sim0.30\%$）的钢，主要的牌号有 00Cr25Ni7Mo4N、00Cr25Ni7Mo3.5WcuN 和 00Cr25Ni6.5Mo3.5CuN 等。

（二）奥氏体－铁素体双相不锈钢的耐蚀性

1. 耐应力腐蚀性能

与奥氏体不锈钢相比，双相不锈钢具有强度高，对晶间腐蚀不敏感和较好的耐点腐蚀和耐缝隙腐蚀的能力，其中优良的耐应力腐蚀是开发这种钢的主要目的。其耐应力腐蚀机理主要有以下几点：

（1）双相不锈钢的屈服强度比 18－8 型不锈钢高，即产生表面滑移所需的应力水平较高，在相同的腐蚀环境中，由于双相不锈钢的表面膜因表面滑移而破坏的应力较大，即应力腐蚀裂纹难以形成。

（2）双相不锈钢中一般含有较高的铬、钼合金元素，而加入这些元素都可延长孔蚀的孕育期，使不锈钢具有较好的耐点腐蚀性能，不会由于点腐蚀而发展成为应力腐蚀；而 18－8 型不锈钢中不含钼或很少含钼，其含铬量也不是很高，所以其耐点腐蚀能力较差，由点腐蚀扩展成孔蚀，成为应力腐蚀的起始点而导致应力腐蚀裂纹的延伸。

（3）双相不锈钢的两个相的腐蚀电极电位不同，裂纹在不同相中和在相界的扩展机制不同，其中必有对裂纹扩展起阻止或抑制作用的阶段，此时应力腐蚀裂纹发展极慢。

（4）双相不锈钢中，第二相的存在对裂纹的扩展起机械屏障作用，延长了裂纹的扩展期。此外，两个相的晶体形面取向差异，使扩展中的裂纹频繁改变方向，从而大大延长了应力腐蚀裂纹的扩展期。

2. 耐晶间腐蚀性能

双相不锈钢与奥氏体不锈钢一样也会发生晶间腐蚀，均与贫铬有关，只是发生晶间腐蚀的情况不同。如 00Cr18Ni5Mo3Si2 双相不锈钢在 650℃～850℃进行敏化加热处理不会出现晶间腐蚀。当敏化加热到 1 200℃～1 400℃时，空冷的试样无晶间腐蚀现象，但空冷时则有轻微的晶间腐蚀倾向，这是由于加热到 1 200℃以上时，铁素体晶粒急剧长大，奥氏体数量随加热温度的升高而迅速减少。到1 300℃以上温度时，钢内只有单一的铁素体组织且为过热的粗大晶粒，水冷后，粗大的铁素体晶粒被保留下来，在δ－δ相界面容易析出铬的氮化物，如Cr_2N等，在其周围形成贫铬层，导致晶间腐蚀。

3. 耐点蚀性能

双相不锈钢中含有Cr、Mo、N等元素，可使*PI*值增大，明显地降低点蚀速率，尤其N的作用更为明显，PI中N的系数可以增大到30。此外，增大焊接热输入，可提高HAZ中的γ相数量，也有利于提高耐点蚀性能，如图3－12所示。

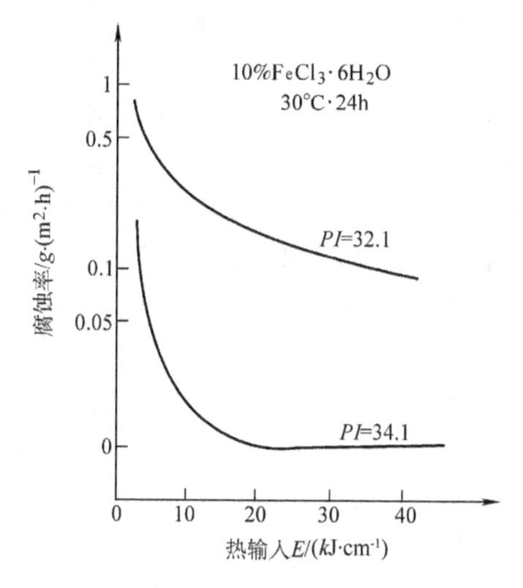

图3－12　焊接热输入对22－5型双相钢HAZ耐点蚀性的影响

（三）奥氏体－铁素体双相不锈钢的焊接性分析

与纯奥氏体不锈钢相比，双相不锈钢焊后具有较低的热裂倾向；与纯铁素体不锈钢相比，焊后具有较低的脆化倾向，且焊接热影响区粗化程度也较低，因而具有良好的焊接性。但双相不锈钢中因有较大比例铁素体存在，而铁素体钢所固有的脆化倾向，如475℃脆性，σ相析出脆化和晶粒粗化依然存在，只是因奥氏体的平衡作用而获得一定缓解，焊接时，仍应引起注意。选用合适的焊接材料不会发生焊接热裂纹和冷裂纹；双相不锈钢具有良好的耐应力腐蚀性能、耐点腐蚀性能、耐缝隙腐蚀性能及耐晶间腐蚀性能。

双相不锈钢焊接的最大特点是焊接热循环对焊接接头组织的影响。无论焊缝或是焊接HAZ都会有相变发生，因此，焊接的关键是要使焊缝金属和焊接热影响区均保持有适量的铁素体和奥氏体的组织。

1. 双相不锈钢焊接的冶金特性

（1）焊缝金属的组织转变。事实上所有双相不锈钢从液相凝固后都是完全的铁素体组织，这一组织一直保留至铁素体溶解度曲线的温度，只有在更低的温度下部分铁素体才转变成奥氏体，形成奥氏体—铁素体双相组织。

（2）焊接热影响区的组织转变。焊接加热过程，使得整个热影响区受到不同峰值温度的作用，如图 3－13 所示。最高温度接近钢的固相线（此处为 1 410℃）。但只有在加热温度超过原固熔处理温度的区间（图 3－13 中的点 d 以上的近缝区域），才会发生明显的组织变化。一般情况下，峰值低于固溶处理温度的加热区，无显著的组织变化，δ 相虽有些增多，但 γ 与 δ 两相比例变化不大。通常也不会见到析出相，如 σ 相。超过固溶处理温度的高温区（图 3－13 的 $d-c$ 区间），会发生晶粒长大和 γ 相数量明显减少，但仍保持扎制态的条状组织形貌。紧邻熔合线的加热区，相当于图 3－13 的 $c-b$ 区间，γ 相将全部溶入 δ 相中，成为粗大的单相等轴 δ 组织。这种 δ 相在冷却下来时可转变形成 γ 相，但已无扎制方向而呈羽毛状，有时具有魏氏体组织特征。因焊接冷却过程造成不平衡的相变，室温所得到的 γ 相数量在近缝区常具有低值。

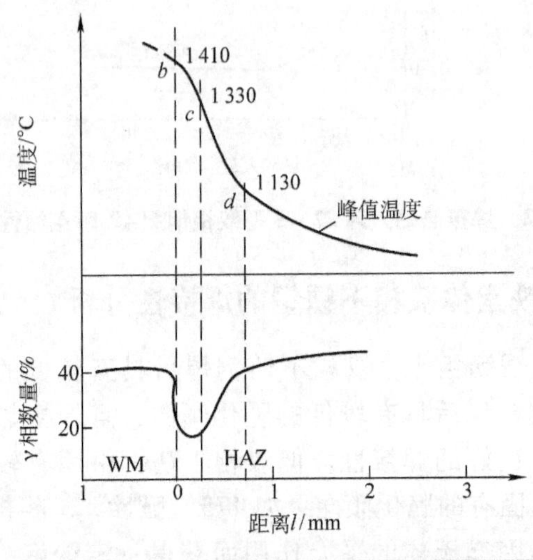

母材	23. 67Cr－4. 99Ni－1. 47Mo－1Cu－N
焊丝	24. 26Cr－7. 97Ni－1. 75Mo－1. 22Cu－N

图 3－13　24－52MoCu 双相钢焊接接头中 γ 相数量与峰值加热温度的关系

2. 双相不锈钢焊接接头的析出现象

双相不锈钢焊接时，有可能发生三种类型的析出，即铬的氮化物（如 Cr_2N、CrN）、二次奥氏体（γ_2）及金属间相（如 σ 相等）。

当焊缝金属铁素体数量过多或为纯铁素体组织时，很容易有氮化物的析出，这与在高温时，氮在铁素体中的溶解度高，而快速冷却时溶解度又下降有关。尤其是在焊缝近表面，由于氮的损失，使铁素体量增加，氮化物更易析出。焊缝若是健全的两相组织，氮化物的析出量很少。因此，为了增加焊缝金属的奥氏体数量，可在填充金属中提高镍、氮元素的含量。另外，若采用大的输入焊接，也可防止纯铁素体晶粒的生成而引起的氮化物的析出。当热影响区 δ/γ 相比例失调，致使 δ 相增多而 γ 相减少，出现 $\delta-\delta$ 相界时，也会在这种相界上有析出相存在，如 Cr_2N、CrN 以及 $Cr_{23}C_6$等，也可能出现 σ 相。氮化物常居主要地位。

在含氮量高的超级双相不锈钢多层焊时会出现二次奥氏体的析出。特别是前道焊缝采用低热输入而后续焊缝采用大热输入焊接时，部分铁素体会转变成细小分散的二次奥氏体 γ_2，这种 γ_2 也和氮化物一样会降低焊缝的耐腐蚀性能，尤其以表面析出影响更大。

一般来说，采用较高的热输入和较低的冷却速度有利于奥氏体的转变，减少焊缝金属的铁素体量，但是热输入过高或冷却速度过慢又会带来金属间相的析出问题。通常双相不锈钢焊缝金属不会发现有 σ 相析出，但在焊接材料或热输入选用不合理时，也有可能出现 σ 相。

图 3－14 所示为双相钢析出现象。可以看出，在 800℃ 只几分钟，铬的碳化物和氮化物就开始析出，这将导致腐蚀率增加。在 10～15min，钢中和焊缝中开始析出 σ 相。在 650℃～690℃ 温度进行热处理，冲击吸收功下降很快。475℃脆化也能在几分钟内出现，冲击吸收功降到很低。因此，焊件应避免在 300℃～500℃和 600℃～900℃温度区间热处理。

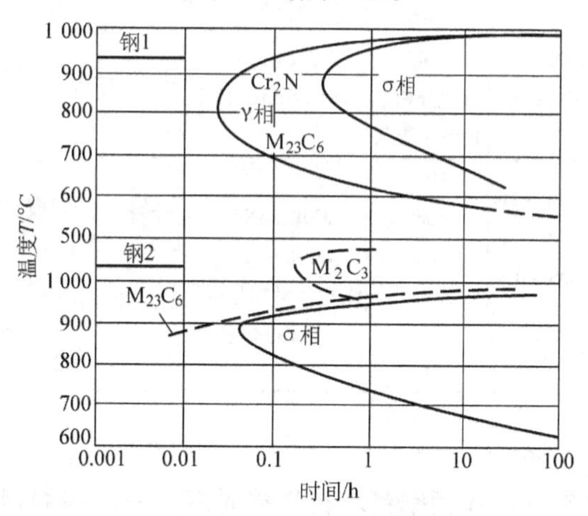

图 3－14　两种奥氏体－铁素体双相钢的 TTT 图

由于含碳量低，以及含氮的原因，双相不锈钢碳化物析出的倾向并不严重。由于含铬量高，贫铬现象也不足以在晶界产生问题。

（四）奥氏体－铁素体双相不锈钢的焊接工艺特点

1. 焊接方法

常用的方法为焊条电弧焊及钨极氩弧焊。药芯焊丝由于熔敷效率高，也已在双相不锈钢焊接领域得到越来越多的应用。埋弧焊可用于双相不锈钢厚板的焊接，但问题是稀释率大，应用不多。

2. 焊接材料

采用奥氏体相占比例大的焊接材料，来提高焊接金属中奥氏体相的比例，对提高焊缝金属的塑性、韧性和耐蚀性均是有益的。对于含氮的双相不锈钢和超级双相不锈钢的焊接材料，通常采用比母材高的镍含量和母材相同的含氮量，以保证焊缝金属有足够的奥氏体量。一般来说，通过调整焊缝化学成分，双相钢均能获得令人满意的焊接性。

双相不锈钢常用的焊接材料见表3－6。

表3－6　双相不锈钢常用的焊接材料

钢号	焊条		氩弧焊焊丝	药芯焊丝		埋弧焊	
	型号	牌号		型号	牌号	焊丝	焊剂
00Cr18Ni5Mo3Si2 00Cr18Ni5Mo3Si2Nb	E316L－16 E309MoL－16 E309－16	A022Si A042 A302	H00Cr18Ni14Mo2 H00Cr20Ni12Mo3Nb H00Cr25Ni13Mo3	E316LT1－1 E309LT1－1	GDQA316L GDQA309L	H1Cr24Ni13	HJ260 HJ172 SJ601
0Cr21Ni5Ti 1Cr21Ni5Ti 0Cr21NI6Mo2Ti 00Cr22Ni5Mo3N	E308－16 E309MoL－16	A102 A042 或成分相近的专用焊条	H0Cr20Ni10Ti H00Cr18Ni14Mo2	E308LT1－1	GDQA308L	—	—
00Cr25Ni5Ti 00Cr26Ni7Mo2Ti 00Cr25Ni5Mo3N	E309L－16 E308L－16 ENi－0 ENiCrMo－0 ENiCrFe－3	A072 A062 A002 Ni112 Ni307 Ni307A	H0Cr26Ni21 H00Cr21Ni10 或同母材成分焊丝或镍基焊丝	E309LT1－1 E2209T0－1	GDQA309L GDQS2209 BOHLER CN 22/9 N－FD	—	—

3. 焊接工艺措施

（1）控制热输入。双相钢要求在焊接时遵守一定的焊接工艺，其目的一方面是为了避免焊后由于冷速过快而在热影响区产生过多的铁素体，另一方面是为了避免冷速过慢在热影响区形成过多粗大的晶粒和氮化铬沉淀。如果通过适当的工艺措施，将焊缝和热影响区不同部位的铁素体含量控制在70%以下，则双相钢焊缝的抗裂性会相当好。但当铁素体含量超过70%时，在焊接应力很大的情况下会出现氢致冷裂纹。

（2）多层多道焊。采用多层多道焊时，后续焊道对前层焊道有热处理作用，焊缝金属中的铁素体进一步转变成奥氏体，成为奥氏体占优势的两相组织，毗邻焊缝的焊接热影响区组织中的奥氏体相也增多，从而使焊接接头的组织和性能得到改善。

（3）焊接顺序及工艺焊缝。与奥氏体不锈钢焊缝相反，接触腐蚀介质的焊缝要先焊，使最后一道焊缝移至非接触介质的一面。其目的是利用后道焊缝对先焊焊缝进行一次热处理，使先焊焊缝及其热影响区的单相铁素体组织部分转变为奥氏体组织。

如果要求接触介质的焊缝必须最后施焊，则可在焊接终了时，在焊缝表面再施以一层工艺焊缝，便可对表面焊缝及其邻近的焊接热影响区进行所谓的热处理。工艺焊缝可在焊后经加工去除。如果附加工艺焊缝有困难，在制定焊接工艺时，尽可能考虑使最后一层焊缝处于非工作介质面上。

（五）典型案例——00Cr22Ni5Mo3N双相不锈钢钢管的焊接

00Cr22Ni5Mo3N中合金型双相不锈钢钢管的焊接，钢管规格为406mm ×15.9mm。

1. 焊接方法

00Cr22Ni5Mo3N双相不锈钢可以采用焊条电弧焊（SMAW）、气体保护钨极氩弧焊（GTAW）、熔化极气体保护焊（GMAW）和埋弧焊（SAW）等多种方法焊接。其中根焊可以采用GTAW（填丝）和SMAW；填充、盖面焊可以采用SMAW和GMAW。施工现场短管二接一或三接一采用SAW完成，可提高现场的施工效率。但考虑到现场施工时，若根焊采用SMAW，钢管背部产生的焊渣及少量飞溅清理困难，同时会影响焊接接头的抗腐蚀性和低温冲击韧性，因此采用GTAW进行根焊和第一道填充焊，SMAW进行填充和盖面焊，以提高焊接效率。

2. 焊接材料

所采用的焊接材料及化学成分见表3－7。

表 3-7 焊接材料类别及化学成分

焊接方法	标准号/焊接材料类别	焊丝直径/mm	化学成分/%							
			w (C)	w (Si)	w (Mn)	w (Cr)	w (Ni)	w (Mo)	w (N)	PRE_N
GTAW	EN12072/W22 9 3NL AWS A59/ER2209	2.4	≤0.015	0.4	1.7	22.6	8.8	3.2	0.15	≥35
SMAW	EN1600/E22 9 3NLB AWS A54/E2209.16	3.2	≤0.03	0.3	1.1	23.0	8.8	3.2	0.16	≥35

3. 焊接工艺参数

(1) 坡口形式。采用 60°V 形坡口，钝边 1.0mm，间隙 3.0mm（见图 3-15）。

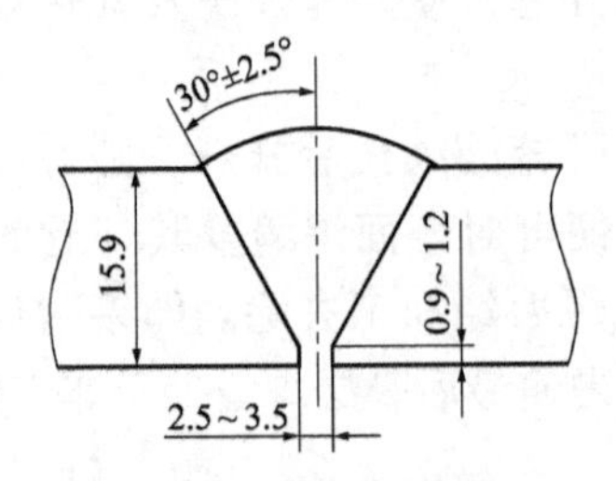

图3-15 焊接接头坡口设计

(2) 工艺参数。焊接工艺参数见表 3-8。

表 3-8 焊接工艺参数

焊道	焊接方法	电流/A	电压/V	保护气	流量/（L·min⁻¹）		焊接速度/（cm·min⁻¹）	热输入/（kJ·cm⁻¹）
					背气	保护气		
根焊	GTAW	99~150	10~11	100% Ar	20~23	11~12	8~9	7~11
填充1	GTAW	130~170	10~11	100% Ar	6~8	11~12	12~13	6.5~9
填充2	SMAW	92~101	20~26				10~12	9~16
填充3	SMAW	91~106	20~26				9~12	9~18
填充4	SMAW	101~115	20~26				18~19	7~10
盖面	SMAW	104~114	24~27				12~15	10~13
注：填充4和盖面采用排焊。								

任务五 奥氏体钢与珠光体钢的焊接

在石油化工、造纸、纺织印染机械及制酒设备中，许多焊接结构采用奥氏体不锈钢与低合金钢异种金属焊接制造。例如，各种容器、罐体内壁与腐蚀介质接触的部位采用奥氏体不锈钢，而基座、法兰等不与腐蚀介质接触的部位采用碳钢或低合金钢（珠光体钢）。这种奥氏体－珠光体异种钢的焊接结构能节省大量不锈钢，降低设备的成本，在生产中应用广泛。

（一）异种钢的焊接性分析

1. 焊缝成分的稀释

焊缝金属实际上是熔敷金属与熔化的基体金属混合在一起的合金。基体金属（母材）溶入焊缝后使其合金元素比例发生变化，焊缝中合金元素比例减小称为“稀释”，若比例增加则称为“合金化”。稀释或合金化的程度取决于熔合比，即基体金属在焊缝中所占的百分比。熔合比取决于多种因素，包括坡口形式、焊接工艺参数和金属的导热性等。异种材料多层焊接时，基体金属在焊缝中的比例，每一焊层之间都各不相同，因此引起焊缝金属化学成分和性能的变化。

异种金属接头两侧都熔化时，焊缝中某元素的质量百分数 C_w 计算式为：

$$C_w = (1-\theta)\ C_d + K\theta C_{b1} + (1-K)\ \theta C_{b2} \qquad (3-4)$$

式中　C_w——某元素在焊缝金属中的百分含量，%；

C_d——某元素在熔敷金属中的百分含量，%；

C_{b1}——某元素在母材 1 中的百分含量，%；

C_{b2}——某元素在母材 2 中的百分含量，%；

K——两种母材的相对熔合比，$K = F_1/F_2$，%；F_1、F_2 分别为熔化的两种母材在焊缝截面中所占的面积；

θ——熔合比，%。

相对熔合比 K 可以根据焊接热源的不同位置或金属的热物理性能变化确定。若为多层焊，打底焊缝成分仍按（3－4）式计算，其他各层焊缝成分计算公式变为：

$$C_w^{\,n+1} = (1-\theta)\ C_d + K\theta C_{b1} + (1-K)\ \theta C_w^{\,n} \qquad (3-5)$$

式中　$C_w^{\,n+1}$——第 $n+1$ 层焊缝中合金元素的百分含量，%；

$C_w^{\,n}$——第 n 层焊缝中合金元素的百分含量，%。

异种钢焊接时，可以采用常规的焊接方法。选择焊接方法时除考虑生产条件和生产效率外，应考虑选择熔合比最小的焊接方法。各种焊接方法对母材熔合比的影响如图 3－16 所示。埋弧焊由于焊接线能量较大，熔合比（稀释率）比其他焊接方法大一些，但焊接生产率高，在异种钢焊接中也是一种常用的焊接方法。

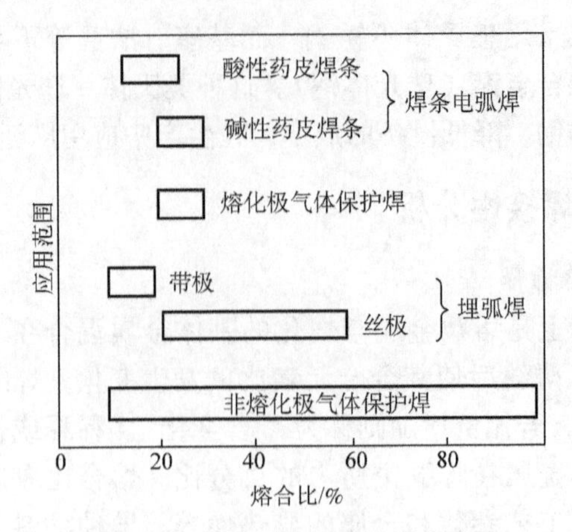

图 3－16　焊接方法对熔合比的影响

异种奥氏体钢焊接时，主要是依据焊件的工作条件（如温度、介质种类等），以及奥氏体本身的性能选用相应的奥氏体不锈钢焊条。图 3－17 为奥氏体异种钢焊缝组织图，纵坐标和横坐标分别为镍当量 $Ni_{eq}=Ni+30C+0.5Mn$（%）和铬当量 $Cr_{eq}=Cr+Mo+1.5Si+0.5Nb$（%）。图中无剖面线的中心区域表示适于大多数使用条件的焊缝金属成分，该区域焊缝金属的组织是奥氏体加 3%～8% 的铁素体。

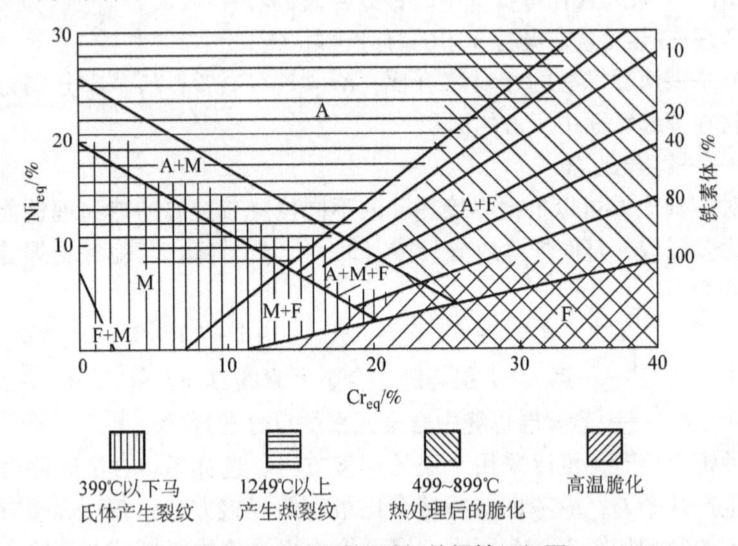

图 3－17　奥氏体异种钢的焊缝组织图

奥氏体钢与珠光体钢焊接时，由于珠光体钢母材的稀释作用，使焊缝的成分和组织发生了很大的变化。为了确保焊缝成分合理（保证塑性、韧性和抗裂性），通过选择填充金属成分和控制熔合比，能在相当宽的范围调整焊缝的成分和组织性能。应指出，奥氏体与珠光体异种钢焊接时，由于母材热物理性能不同和电弧偏吹的存在，两者的熔化量不可能完全相同，珠光体钢一侧的熔化量可能要大一些。

2. 熔合过渡区的形成

（1）马氏体脆性层。异种钢焊接接头塑性和韧性降低的主要原因是熔合区出现马氏体脆性层（宽度约为20～100μm）。熔合区马氏体脆性层的宽度与焊接工艺和填充材料等有关。奥氏体异种钢焊缝中Cr、Ni元素向珠光体母材一侧扩散，以及邻近熔合区的母材中碳原子由于受Cr的亲和作用向焊缝中的扩散，靠近焊缝边界（熔合区）的成分具有浓度、梯度陡变的特征。

凝固过渡层的宽度主要受焊接工艺和填充金属化学成分的影响，如采用高Ni含量的焊条能够减小马氏体脆性层的宽度。凝固过渡层中的母材比例与合金元素浓度的变化如图3－18所示。离焊接熔合区越近，珠光体钢的稀释作用越强烈，过渡层中Cr、Ni含量越少。一般情况下，过渡层中的镍含量低于5%～6%的区域，将产生马氏体组织。

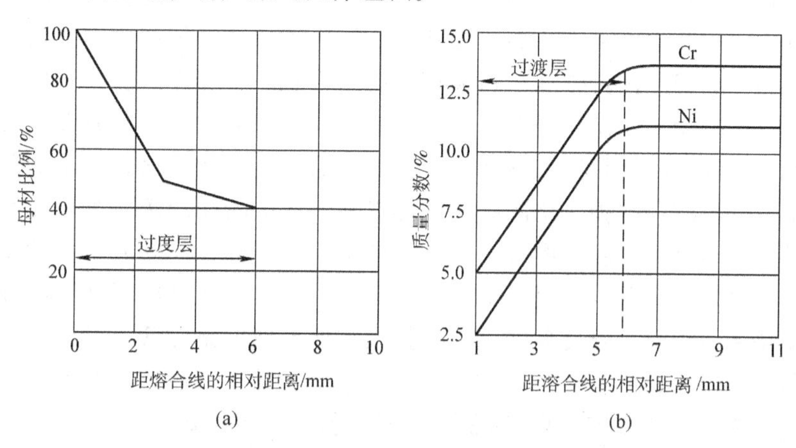

图3－18　在奥氏体焊缝靠近碳钢一侧的过渡层

（a）母材比例的变化；（b）合金元素浓度的变化

奥氏体焊缝中Ni含量对马氏体脆性层宽度的影响见图3－19，马氏体脆性层的宽度与焊缝中的Ni含量成反比。如填充材料为E308－15（Cr18－Ni8）焊条时，脆性层的宽度达100μm；采用奥氏体化能力较强的E310－15（Cr25－Ni20）或E16－25MoN－15（Cr16－Ni25）焊条时，脆性层宽度显著减小；当采用镍基填充材料时，脆性层可完全消失。

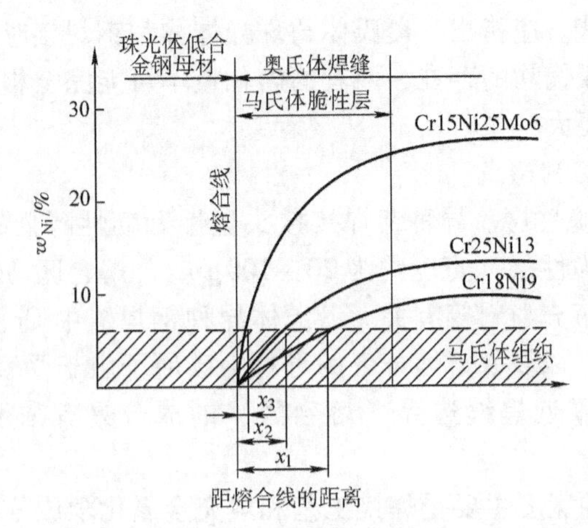

图 3-19 奥氏体焊缝中 Ni 含量对马氏体脆性层宽度的影响

1—珠光体低合金钢母材；2—奥氏体焊缝；3—马氏体脆性层

（2）碳迁移扩散层。奥氏体和珠光体异种钢在焊接过程中，特别是接头处于热处理及高温运行过程中，熔合区附近存在碳的扩散迁移，在熔合区靠珠光体钢一侧产生脱碳层，而在相邻的靠奥氏体焊缝一侧产生增碳层。这种脱碳层与增碳层总称为碳迁移过渡层。高温下长时间加热时，脱碳层母材由于碳元素的减少，珠光体组织将转变成铁素体组织而软化，同时促使脱碳层处的晶粒长大，沿熔合区生成粗晶粒层，导致性能脆化。增碳层中的碳除溶入焊缝以外，剩余的碳以铬的碳化物形态在晶界处析出。碳及其他元素的扩散迁移不完全是在浓度梯度推动下进行的溶质均匀化，而与元素间的亲和力有关，即决定于化学位。化学位与活度密切相关，活度越大化学位就越大。活度就是有效浓度，碳及某些元素的扩散方向及速度是在活度梯度推动下自动进行的，以达到体系自由能降低。在金相显微镜下，靠近熔合区的珠光体钢一侧存在白亮低碳带，而在不锈钢焊缝一侧存在暗色高碳区。

珠光体和奥氏体异种钢焊接时，熔合区附近出现软化和硬化现象是由碳的扩散迁移造成的。扩散迁移的结果使靠近熔合区的珠光体钢一侧出现脱碳层（铁素体）而软化，在焊缝一侧出现增碳层而硬化，使接头区塑性显著降低，从而降低了焊接结构的可靠性。

为了防止碳在熔合区附近的扩散迁移，可采取下列防止措施：

1）采用过渡层。用含碳化物形成元素（V、Nb、Ti 等）的焊条或高镍奥氏体焊条预先在珠光体钢一侧坡口上堆焊厚度 5 ~ 8mm 的过渡层，以防止珠光体钢中的碳向熔合区迁移，然后再用奥氏体填充材料将过渡层与奥氏体钢焊接起来。在珠光体钢坡口上堆焊过渡层，不但可防止扩散层出现，还可省去预热和减小裂纹敏感性。过渡层的厚度对于非淬火钢为5～6mm，对于淬火钢可增加到9mm。过渡层材料在焊接时应不发生淬硬。当钢板厚度超过30mm时，为了减小熔合区裂纹倾向，可增加过渡层厚度。

2）采用中间过渡段。中间过渡段的材质与被焊异种钢应有良好的焊接性，通常选用含强碳化物形成元素的珠光体钢。采取一定的焊接工艺将中间过渡段分别与两种材质焊接起来。

3）采用Ni含量高的填充材料。Ni元素能有效地阻止碳的迁移，选用镍基焊条或Ni含量高的焊丝焊接异种奥氏体钢可以防止或减小扩散层，获得优质焊接接头。

3. 接头区应力状态

珠光体钢与奥氏体钢的线膨胀系数有明显差别，奥氏体钢的线膨胀系数比珠光体钢大30%～50%，导热系数却只有珠光体钢的1/3。这两种材质的接头，在焊后冷却、热处理以及使用中，在熔合区附近产生很大的应力。图3－20所示是异种钢接头熔合区附近焊接应力的分布。

异种钢接头区残余应力的存在是影响接头强度和使用性能的重要原因。特别是奥氏体和珠光体异种钢接头在周期性加热和冷却条件下工作时承受严重的热交变应力，结果沿珠光体钢一侧熔合区产生热疲劳裂纹，并沿着弱化了的脱碳层扩展，导致接头过早断裂。这时，应避免使异种钢接头处在这种工况下。

若不得不采用异种钢接头时，应选用线膨胀系数介于珠光体钢与奥氏体钢之间的镍基合金作为焊接材料，可以减轻热交变应力的产生。此外，由于碳钢或低合金钢通过塑性变形降低应力的能力较弱，高温应力集中在奥氏体钢母材一侧有利。所以应选用线膨胀系数接近低合金钢的镍基填充材料。

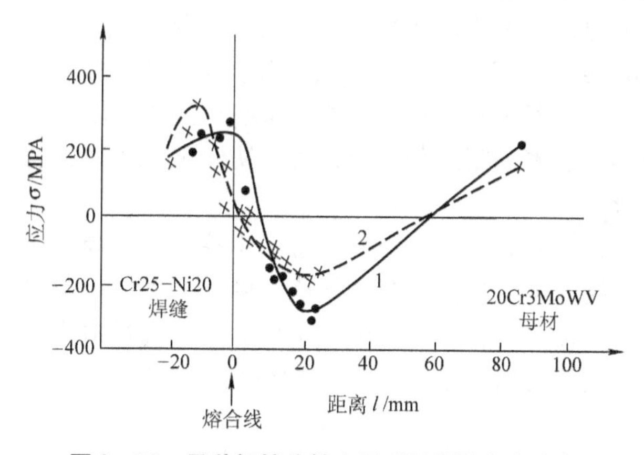

图3－20　异种钢接头熔合区附近焊接应力分布

（二）异种钢的焊接工艺特点

1. 焊接方法及焊接材料

珠光体钢与奥氏体钢焊接时，常规的手工电弧焊和气体保护焊都可采用。选择焊接方法除考虑生产条件和生产效率外，还应考虑选择熔合比最小的焊接方法，要保持珠光体钢坡口面熔深最小。

通过选择焊接材料克服珠光体钢对焊缝金属稀释带来的不利影响；抑制碳化物形成元素的不利影响，防止外在拘束条件下的焊缝中产生冷、热裂纹，保证接头力学性能和使用性能；保证良好工艺性能和生产效率，尽可能降低成本。根据焊接接头的使用条件，在考虑稀释对焊缝金属成分的影响后，选用合适的填充金属合金成分。针对奥氏体和珠光体异种钢的焊接，一般选用Cr25－Ni13系焊条，如E309－15、E309－16等。多道焊时，根据各焊道稀释的变化，可采用多种填充金属。

2. 焊接工艺要点

焊接珠光体和奥氏体异种钢接头时，应尽量降低熔合比，减少焊缝金属被稀释。为此应减小焊条或焊丝直径，采用大坡口、小电流、快速多层焊等工艺。由于接头两侧母材的线膨胀系数不同，可借助适当的系统设计和接头布置以改变应力分布。长焊缝应分段跳焊。

珠光体和奥氏体异种钢焊接中的问题及防止措施：

1）焊缝中易出现脆性马氏体组织，通过选择焊接材料的合金系可以避免马氏体组织的产生；

2）为了防止熔合区马氏体脆性层，在珠光体钢一侧坡口面上堆焊一层Cr23－Ni13过渡层，如图3－21所示；避免在奥氏体钢上堆焊碳钢或低合金钢的隔离层，因为这样将导致形成硬脆的马氏体组织。

3）为了防止异种钢熔合区附近碳的迁移，可采用含碳化物形成元素的珠光体钢作过渡段，或用含V、Nb、Ti的焊条在珠光体钢坡口上堆焊第一隔离层，再用奥氏体焊条堆焊第二隔离层，可以防止或减小碳迁移扩散层，使接头性能大为改善。

如果珠光体钢淬硬倾向大，为了防止产生冷裂纹，焊前应进行预热，预热温度比单独焊接同类珠光体钢时要低些。由于珠光体钢与奥氏体钢线膨胀系数不同，焊后在接头处产生很大的残余应力，可通过适当的合金系和焊接次序减小作用于接头处的应力。一般不进行焊后热处理。

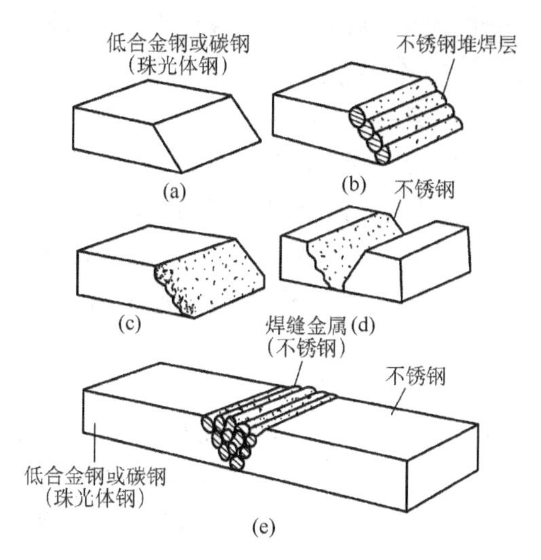

图 3－21　在珠光体钢一侧堆焊隔离层

（三）典型案例——0Cr18Ni9 不锈钢与 16Mn 法兰的焊接

某厂生产的不锈钢化工容器，其规格为 ϕ1 200（内）×10mm，1 400（内）×12mm 等两种。壳体为 0Cr18Ni9 不锈钢材质，需要与 16Mn 的法兰锻钢焊接。如图 3－22 所示 B2 焊缝。该焊缝在焊接过程中，对施焊条件的要求较为苛刻，焊接质量要求较高。因此从 0Cr18Ni9 与 16Mn 焊接性能的不同入手，通过多次试验评定焊接工艺，采用埋弧自动焊进行焊接，从而解决了焊接易产生裂纹的问题，为容器的质量作了有力的保证。

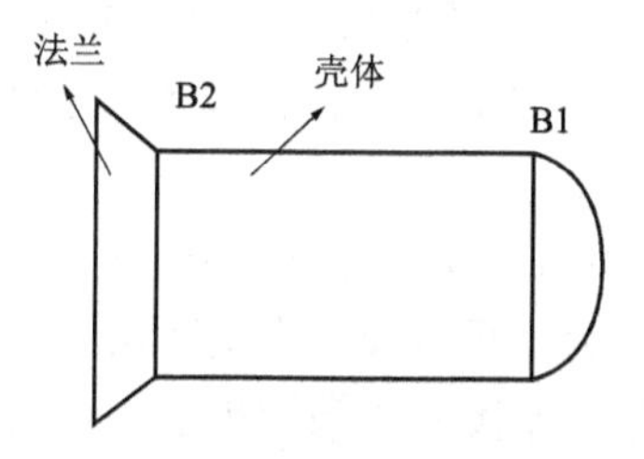

图 3－22　B2 焊缝容器示意图

1. 焊接性分析

（1）可行性分析。从 0Cr18Ni9 不锈钢与 16Mn 锻钢的化学成分分析，可以看出 16Mn 的碳当量较小，焊接性较好，其含少量的锰元素，从而能形成碳化物。所以与 0Cr18Ni9 不锈钢焊接时，16Mn 的脱碳现象轻，焊缝稀释率较小，产生马氏体组织的倾向也小，其母材金属侧脱碳，反而会使淬硬倾向减小，这对两种材质的焊接很有利。

（2）难点分析。0Cr18Ni9 和 16Mn 锻钢是两种焊接性能截然不同的材料。且 0Cr18Ni9 不锈钢和 16Mn 锻钢化学成分差异很大，因此它们的焊接属于异种钢焊接，要在该熔焊的条件下获得满意的焊接接头存在许多问题。由于 0Cr18Ni9 不锈钢的导热性较 16Mn 钢差，焊接残余应力较大，从高温直接冷却到常温时很容易产生冷裂纹。由于焊接热循环的作用 0Cr18Ni9 不锈钢有较大的过热倾向，晶粒易粗化，热影响区会出现粗大的铁素体和碳化物组织，塑性降低，冷却时能引起脆化，如果再有氢的作用，冷裂纹的倾向就更加明显。

1）热导率和比热容的差异。金属的热导率和比热容强烈地影响着被焊材料的熔化、熔池的形成，以及焊接区温度场和焊缝的凝固结晶。0Cr18Ni9 不锈钢热导率比 16Mn 低，两者的差异可使两者的熔化不同步，熔池形成和金属结合不良，导致焊缝结晶条件变坏，焊缝性能和成形不良。

2）线膨胀系数的差异。由于 0Cr18Ni9 不锈钢的线膨胀系数比 16Mn 低合金钢大，造成它们在形成焊接连接之后的冷却过程中，焊缝两侧的收缩量不同，导致焊接接头出现复杂的高应力状态，进而加速裂纹的产生。当应力值超过焊缝金属的强度极限时，就会沿融合线产生裂纹，最后导致焊缝金属剥离。预防冷裂纹产生的主要措施除严格选择低氢型焊接材料，并严格执行烘干制度外，还必须在施焊前对母材进行预热，施焊过程中保持较高的层间温度，以及焊后立即进行消氢处理。

2. 焊接工艺的制定

为保证焊接质量，制定正确的焊接工艺，因埋弧自动焊生产效率高，焊接质量高，劳动强度低，故采用埋弧自动焊焊接方法。在焊接试验中发现，裂纹是出现次数最多的焊接缺陷。经多次反复试验并分析，最终制定合理的焊接工艺。

（1）焊材选择。0Cr18Ni9 不锈钢与 16Mn 钢焊接接头的焊缝金属化学成分主要取决于填充金属。为了保证结构使用性能的要求，焊缝金属的成分应接近于其中一种钢的成分。焊接方法采用埋弧自动焊。焊丝选用 H0Cr21Ni10，ϕ3.2，焊剂为 H260，烘干到 300℃。

（2）预热温度和层间温度。焊前预热和层间温度的控制对减少裂纹的形成有一定影响。预热温度过高，会导致焊缝的冷却速度变慢，有可能引起焊接接头晶粒边界碳化物的析出和形成铁素体组织，大大地降低接头的冲击韧性。预热温度过低，则起不到预热的作用，无法防止裂纹的形成。0Cr18Ni9 不锈钢与 16Mn 钢焊接的预热温度和层间温度要控制在 150℃ ~300℃。

（3）焊接工艺参数确定。选择合适的填充材料，焊接工艺合理，遵守操作规程，就能很容易获得良好的焊接接头。焊缝结构示意图如图 3－23 所示。经过多次反复焊接工艺试验，最终确定焊接参数见表 3－9。将 0Cr18Ni9 材料的筒节与 16Mn 法兰锻钢材料组对焊缝的对接处用砂轮打磨至见金属光泽。然后用加热器对端部 150mm 范围内进行预热，预热温度为 150℃～300℃。局部预热范围应从焊缝边缘开始，如果不预热或预热不彻底，将会在焊点周围产生微裂纹，导致应力集中，促使裂纹扩展造成破坏。

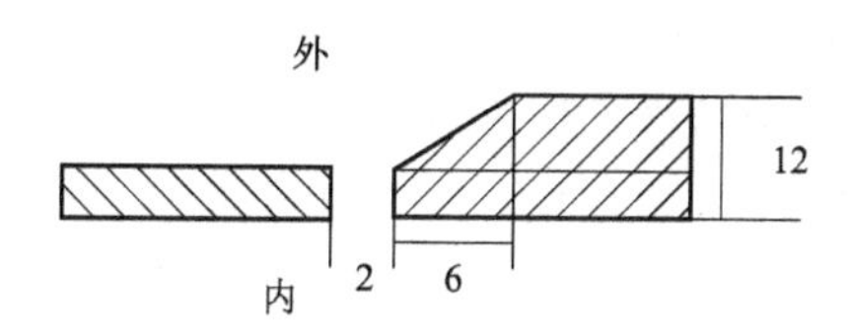

图 3－23　焊缝结构示意图

表 3－9　焊接工艺参数

焊接层次	焊接方法	焊丝牌号	焊丝直径/mm	焊接电流/A	焊接电压/V	焊接速度/($m \cdot h^{-1}$)
外	埋弧自动焊	H0Cr21Ni10	3.2	450	23	36
内	埋弧自动焊	H0Cr21Ni10	3.2	450	23	36

（4）当用测温仪测得的温度达到要求后，开始按焊接工艺用选定好的焊材对焊缝进行焊接。严格按照操作规程先里后外进行焊接，连续两遍成型，保证焊透。

施焊完毕后，对焊缝部位按图纸要求进行 20% 无损检测和 100% 渗透检测，最终焊缝质量达到合格要求。两种检测所得结果表明，通过选择合适的焊接工艺参数并进行良好的操作，最终获得良好的焊接效果，满足焊接结构的使用要求。

思考题

1. 什么是不锈钢？其主要合金元素是什么？

2. 为什么奥氏体不锈钢焊缝中要求含有一定数量的铁素体组织？通过什么途径控制焊缝中的铁素体含量？

3. 奥氏体不锈钢焊接接头区域在哪些部位可能产生晶间腐蚀，是由于什么原因造成的？如何防止？

4. 简述奥氏体不锈钢产生热裂纹的原因。焊接时应采取何种工艺措施防止热裂纹？

5. 铁素体不锈钢焊接中容易出现什么问题？在焊接工艺上有什么特点？

6. 何谓“脆化”现象？铁素体不锈钢焊接时有哪些脆化现象，各发生在什么温度区域？如何避免？

7. 马氏体不锈钢焊接中容易出现什么问题？在焊接材料的选用和工艺上有什么特点？制订焊接工艺时应采取哪些措施？

8. 双相不锈钢的成分和性能有何特点？与一般奥氏体不锈钢相比，双相不锈钢的焊接性有何不同？

9. 从双相不锈钢组织转变的角度出发，分析焊缝中的 Ni 含量为什么比母材要高及焊接热循环对焊接接头组织、性能的影响。

10. 奥氏体钢与珠光体钢焊接时有何特点？碳迁移过渡层形成因素有哪些？如何防止？

模块四

铸铁焊接

铸铁是碳的质量分数大于2.11%的铁碳合金，其熔点低，液态下流动性好，结晶收缩率小，便于铸造生产形状复杂的机械零部件。铸铁还具有成本低，耐磨性、减振性和切削加工性能好等优点，在机械制造业中获得了广泛应用。按质量统计，在汽车、农机和机床中铸铁用量约占50%~80%。铸铁焊接主要应用于以下三方面：①铸造缺陷的焊补；②已损坏的铸铁成品件的焊补；③零部件的生产。

任务一　铸铁的种类及石墨化

（一）铸铁的种类

按照碳元素在铸铁中存在的形式和石墨形态，可将铸铁分为白口铸铁、灰铸铁、可锻铸铁、球墨铸铁及蠕墨铸铁等五大类。

白口铸铁中的碳绝大部分以渗碳体（Fe_3C）的形式存在，断口呈白亮色，性质脆硬，极少单独使用。白口铸铁是制造可锻铸铁的中间品，表层为白口铸铁的冷硬铸铁常用作轧辊。

灰铸铁、可锻铸铁、球墨铸铁及蠕墨铸铁中的碳基本以石墨形式存在，部分存在于珠光体中。这四种铸铁由于石墨形态不同，使得性能有较大差别。最早出现的灰铸铁，石墨呈片状，其成本低廉，铸造性、加工性、减振性及金属间摩擦性均优良，至今仍然是工业中应用最广泛的铸铁类型。但是，由于片状石墨对基体的严重割裂作用，灰铸铁强度低、塑性差。可锻铸铁是由一定成分的白口铸铁经石墨化退火获得的，石墨呈团絮状，塑性比灰铸铁高。球墨铸铁由于石墨呈球状，对基体的割裂作用小，使铸铁的力学性能大幅度提高。而后出现的蠕墨铸铁，石墨呈蠕虫状，头部较圆，具有比灰铸铁强度高、比球墨铸铁铸造性能好、耐热疲劳性能好的优点，在工业中得到了一定的应用。

1. 灰铸铁

灰铸铁是因断面呈灰色而得名。灰铸铁中的碳以片状石墨的形式存在于珠光体、铁素体或二者混合的基体中。典型灰铸铁的金相组织由白色不规则块状的铁素体，渗碳体与铁素体层状分布的珠光体，端部尖锐、灰色长条状的片状石墨组成，有时含有少量的磷共晶。石墨片以不同的数量和尺寸分布在基体中，对灰铸铁的力学性能产生很大影响。石墨含量高且呈粗片状时，灰铸铁抗拉强度低，石墨含量低呈细片状时，其抗拉强度高。基体为纯铁素体时，灰铸铁抗拉强度和硬度低，以纯珠光体为基体的灰铸铁，抗拉强度和硬度均较高。常用灰铸铁的牌号、显微组织、力学性能及用途见表4－1。

表4－1　常用灰铸铁牌号、显微组织、力学性能及用途（GB/T 9439—1988）

牌　号	显微组织		抗拉强度/MPa	硬度/HB	特点及用途举例
	基体	石墨			
HT100	铁素体	粗片状	≥100	≤175	强度低，用于制造对强度及组织无要求的不重要铸件，如油底壳、盖、镶装导轨的支柱等
HT150	铁素体＋珠光体	较粗片状	≥150	150～200	强度中等，用于制造承受中等载荷的铸件，如机床底座、工作台等
HT200	珠光体	中等片状	≥200	170～220	强度较高，用于制造承受较高载荷的耐磨铸件，如发动机的气缸体、液压泵、阀门壳体、机床机身、气缸盖、中等压力的液压筒等
HT250	细片状珠光体	较细片状	≥250	190～240	
HT300	细片状珠光体	细小片状	≥300	210～260	强度高，基体组织为珠光体，用于承受高载荷的耐磨件，如剪床、压力机的机身、车床卡盘、导板、齿轮、液压筒等
HT350	细片状珠光体	细小片状	≥350	230～280	

表4－1列出的铸铁牌号中的HT表示灰铸铁，是“灰铁”二字汉语拼音的字头，后面的数字表示以MPa为单位的抗拉强度。灰铸铁几乎无塑性，其伸长率$\delta<0.5\%$，冲击韧度$a_{KV}=2\sim5J/cm^2$。灰铸铁缺口敏感性较低，石墨对基体的割裂使振动能不利于传递，可以有效地吸收振动能。抗压强度高、耐磨性好、收缩率低、流动性好，可以铸造具有复杂形状的机械零件。因此，灰铸铁广泛用于各种机床的床身及拖拉机、汽车发动机缸体、缸盖等铸件的生产。

2. 球墨铸铁

用球化剂对液态铸铁浇铸前进行球化处理可以得到球墨铸铁，其石墨呈球状。我国常用的球化剂为稀土镁合金。细小圆整的石墨球对钢基体的割裂作用较小，在相同基体的情况下，其力学性能是所有铸铁中最高的。由于经球化剂处理后的铁液结晶过冷倾向变大，具有较大的白口倾向，所以，还需要进行孕育处理，促进石墨化过程的进行，避免出现莱氏体组织。

球墨铸铁的牌号、力学性能及显微组织见表 4－2。牌号中 QT 表示球墨铸铁，是“球铁”二字汉语拼音的字头。后面第一组三位数字表示抗拉强度，第二组数字表示伸长率。球墨铸铁的化学成分为：$w_C = 3.0\% \sim 4.0\%$，$w_{Si} = 2.0\% \sim 3.0\%$，$w_{Mn} = 0.4\% \sim 1.0\%$，$w_P \leqslant 0.1\%$，$w_S \leqslant 0.04\%$，$w_{Mg} = 0.03\% \sim 0.05\%$，$w_{RE} = 0.03\% \sim 0.05\%$。球墨铸铁主要用于制造曲轴、大型管道、受压阀门和泵的壳体、汽车减速器壳以及齿轮、蜗轮、蜗杆等。

表 4－2 球墨铸铁牌号、力学性能及显微组织（GB/T 1348—1988）

牌号	抗拉强度/MPa	屈服强度/MPa	伸长率/%	布氏硬度/HBS	显微组织
	最小值				
QT400－18	400	250	18	130～180	铁素体
QT400－15	400	250	15	130～180	铁素体
QT450－10	450	310	10	160～210	铁素体
QT500－7	500	320	7	170～230	铁素体＋珠光体
QT600－3	600	370	3	190～270	珠光体＋铁素体
QT700－2	700	420	2	225～305	珠光体
QT800－2	800	480	2	245～335	珠光体或回火组织
QT900－2	900	600	2	280～360	贝氏体或回火马氏体

（二）石墨化过程及其影响因素

铸铁的成分、组织及性能特点关键在于碳的存在形式。碳含量超过在铁中的溶解度时，铸铁中便有高碳相析出，或是渗碳体，或是自由状态的碳－石墨（Graphite，符号为 G），石墨的强度、硬度和塑性都很低。熔融状态的铁液在冷却过程中，由于化学成分和冷却条件的不同，既可从液相中或高温奥氏体中直接析出渗碳体（介稳状态），也可直接析出石墨（稳定状态）。同时，渗碳体加热至高温还可以分解出石墨。可以把表示渗碳体析出规律的 $Fe-Fe_3C$ 相图和表示石墨析出规律的 Fe－C（G）相图叠画在一起，称之为铁碳合金双重相图，如图 4－1 所示。图中虚线表示 Fe－C（G）稳定系相图，实线表示 $Fe-Fe_3C$ 介稳定系相图。按照稳定系可以将 $w_C = 4.26\%$ 的铸铁称为共晶铸铁。

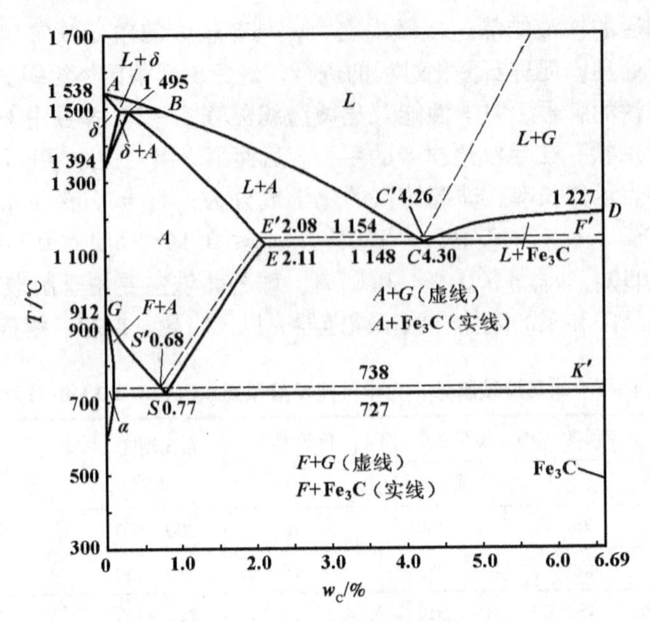

图 4－1 铁－碳二元相图

对于亚共晶铁碳合金，冷却到液相线以下，首先从液态铁液中析出奥氏体，随着温度下降，析出奥氏体的量增多，其含碳量沿着固相线变化，不断增高，直至 E'或 E 点成分；同时，剩余液相不断减少，含碳量沿液相线变化直至 C'或 C 点的共晶成分。共晶反应时，液相分解为 E'或 E 点成分的奥氏体加共晶渗碳体或共晶石墨（$L \to A + Fe_3C$ 或 $L \to A + G$）。温度继续下降，E'或 E 点成分的先析奥氏体及共晶奥氏体由于含碳量超过了碳的溶解度，奥氏体的含碳量沿着 $E'-S'$或 $E-S$ 线变化，排出的碳以二次渗碳体（C_{II}）或二次石墨的形式存在。共析反应时，奥氏体分解为铁素体和共析渗碳体或共析石墨。以上各阶段形成的渗碳体在高温下保温时会分解析出石墨。此外，过共晶成分的铸铁可以从高温铁水中直接析出一次渗碳体或一次石墨。

综上分析可见，铸铁组织中石墨的形成过程即石墨化过程可以分为以下两个阶段：

（1）石墨化第一阶段。包括从过共晶铁液中直接析出的初生（一次）石墨；共晶转变过程中形成的共晶石墨；奥氏体冷却析出二次石墨；以及一次渗碳体、共晶渗碳体和二次渗碳体在高温下分解析出的石墨。这一阶段由于温度较高，碳原子扩散能力强，石墨化比较容易实现。

（2）石墨化第二阶段。包括共析转变过程中形成的共析石墨；共析渗碳体分解析出的石墨。如果第二阶段石墨化能充分进行，则铸铁的基体将完全为铁素体，但是由于温度较低，一般难以实现，因此铸铁在铸态下多为铁素体加珠光体混合组织。也可以对铸铁进行专门的石墨化退火，使珠光体中的共析渗碳体分解，获得基体完全为铁素体的铸铁。

影响铸铁石墨化的主要因素是铸铁的化学成分和结晶及冷却过程中的冷却速度。从化学成分对石墨化的影响来看，可以将合金元素分为促进石墨化的元素和阻碍石墨化（促进白口化）的元素，如图 4－2 所示。可见，C、Si、Al、Ni、Cu 等为促进石墨化的元素，而 S、V、Cr、Mo、Mn 等为阻碍石墨化的元素。常用合金元素及杂质元素对铸铁石墨化、组织和性能的影响结果见表 4－3。

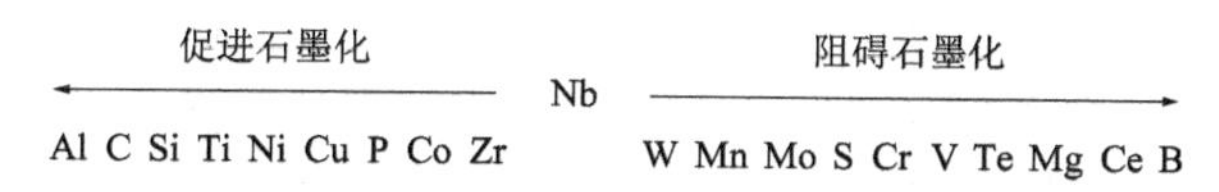

图 4－2 合金元素对铸铁石墨化的影响

表 4－3 常用合金元素及杂质元素对铸铁石墨化、组织和性能的影响结果

合金元素	影响结果
C、Si	强烈石墨化元素，能改变石墨析出的数量，形态和大小，随着碳、硅含量的增加，促使石墨聚集和粗大
S	强烈阻碍石墨化的元素，是铸铁中的有害元素，易形成 FeS，FeS 与 Fe 形成低熔点共晶时，易造成偏析，降低晶界强度，出现热裂纹使高温铸件开裂
Mn	阻碍石墨化的元素，促进形成渗碳体；与硫形成 MnS，其熔点高可减弱硫的有害作用；锰可促进珠光体基体形成，从而提高铸铁的强度。但锰量过高，会阻碍第二阶段石墨化，有二次渗碳体沿晶界析出，使铸铁强度降低，脆性增加
P	磷在固溶体中的溶解度很低，且随含碳量的增加而降低，当磷含量超过溶解度极限时，会生成 Fe_3P 以磷共晶形式存在，磷共晶硬而脆，沿晶界分布，增加铸铁的脆性，易在铸件冷却过程中产生裂纹。故磷是铸铁中的有害元素，一般其质量分数控制在 0.3% 以下
Ni、Cu	促进石墨化，同时促进生成和细化珠光体，对壁厚悬殊的铸件有良好作用。可促进薄壁处石墨化，防止产生白口，对壁厚处，可使奥氏体稳定而获得细密的珠光体，使铸件组织均匀化
Cr、Mo W、V	与碳生成合金碳化物，强烈地阻碍石墨化，同时可强化铸铁基体，提高铸铁的强度和耐磨性

铸铁中的锰是阻碍石墨化元素。固溶体或渗碳体中的锰能增强铁碳原子间的结合力，且降低共析温度，促进珠光体的形成。硫是强烈阻碍石墨化的元素，它不仅增强铁碳原子间的结合力，而且形成 FeS，常以低熔点共晶体

（Fe + FeS）的形式分布在晶界上，阻碍碳原子扩散，促进铸铁白口化。铸铁中的磷是微弱促进石墨化的元素，但作为杂质元素，形成的 Fe_3P 将与渗碳体或铁素体形成硬而脆的磷共晶，使铸铁强度降低，脆性增大。

从冷却速度对石墨化的影响来看，缓慢冷却有利于石墨化。铸铁的冷却速度与铸模类型、浇注温度、铸件壁厚及铸件尺寸等因素有关。例如，同一铸件，厚壁处为灰铸铁，而薄壁处可能出现白口铸铁。化学成分和冷却速度对铸铁石墨化和基体组织的影响见图 4 - 3。

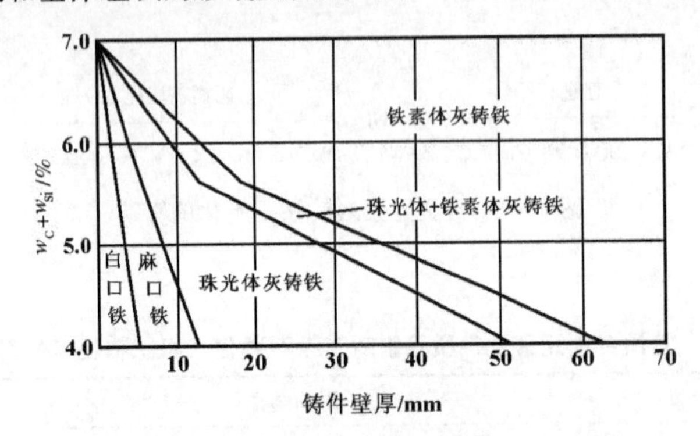

图 4 - 3　铸件壁厚（冷却速度）和化学成分（碳硅总量）对铸铁石墨化和基体组织的影响

任务二　铸铁焊接接头白口及淬硬组织

以碳的质量分数为 3.0%，硅的质量分数为 2.5% 的常用灰铸铁为例，分析在焊条电弧焊条件下焊接接头各区域的组织变化规律。由于含硅量高，灰铸铁为 Fe - C - Si 三元合金，与图 4 - 1 的 Fe - C 二元合金相比，三元合金的共晶转变和共析转变是在某一温度区间内进行的。在不同冷却速度条件下，Fe - C - Si 三元合金在共晶转变温度区间可能进行 L→A + G（稳态）转变或 L→A + Fe_3C（介稳态）转变；在共析转变温度区间可能进行 A→F + G（稳态）转变或 A→F + Fe_3C（介稳态）转变，当冷却速度快时，还会出现 A→M 转变。上述转变中，L 为液相，A 为奥氏体，G 为石墨，F 为铁素体，M 为马氏体。

整个焊接接头由焊缝区、热影响区和原始组织区（母材）组成，其中热影响区根据温度范围与组织变化特点又可以分为半熔化区、奥氏体区、部分重结晶区和碳化物石墨化与球化区，见图 4 - 4。

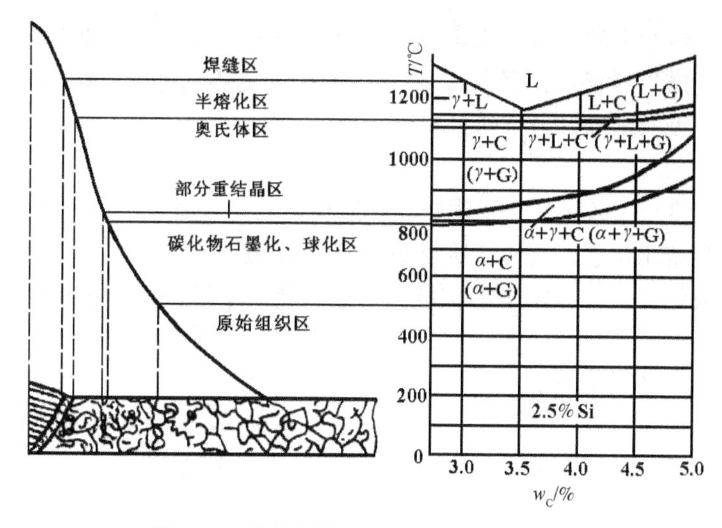

图4-4 灰铸铁焊接接头各区域组织变化

1. 焊缝区

在焊条电弧焊情况下，由于焊缝金属的冷却速度远远大于铸件在砂型中的冷却速度，当焊缝与灰铸铁铸件成分相同时，焊缝将主要由共晶渗碳体、二次渗碳体及珠光体组成，即焊缝为具有莱氏体组织的白口铸铁。白口铸铁硬而脆，硬度高达500~800HB，将影响整个焊接接头的机械加工性能，同时促进产生裂纹。在不预热条件下，即使增大焊接热输入，仍然不能完全消除白口。因此，对于同质铸铁焊缝，要求选择合适的焊接材料，调整焊缝化学成分、增强焊缝金属的石墨化能力，并配合适当的工艺措施使焊缝金属缓冷，促进碳以石墨形式析出。为了达到上述目的，焊接灰铸铁时可以采用热焊或半热焊，由于热焊时的冷却速度仍然高于铸铁铁液在砂型中的冷却速度，为了保证焊缝石墨化，要求同质焊条的碳、硅含量高，使得焊缝中的碳、硅含量稍高于灰铸铁母材，以防止白口的产生。

采用普通低碳钢焊条焊补铸铁是异质材料用于铸铁焊接的最初尝试，由于母材含碳量高，低碳钢焊条含碳量低，为了减小母材对焊缝成分的影响，应采用小电流焊接，但是母材成分在第一层焊缝中所占比例为1/4~1/3，焊缝平均碳的质量分数高达0.7%~1.0%，属于高碳钢，快冷后焊缝将出现很多脆硬的马氏体，与白口一样，会恶化焊接接头的加工性并增加裂纹敏感性。为了防止铸铁母材过渡到焊缝金属中的碳产生高硬度马氏体的有害作用，可以采取措施降低焊缝含碳量或改变碳的存在形式，使焊缝金属不出现淬硬组织并具有一定塑性。例如，用低碳钢焊条焊接灰铸铁时尽量用小电流，减少母材熔化量，并配合预热等措施减缓冷却速度，防止马氏体相变，以获得珠光体类型组织为主的焊缝。也可以选用其他类型焊接材料，使得焊缝成为镍基奥氏体（碳以石墨形式存在）、铁基铁素体（高钒钢焊缝中碳以细小碳化物形式存在）及其他非铁合金等形式。

2. 半熔化区

此区温度范围较窄，处于固相线和液相线之间，为1 150℃ ~1 250℃，焊接时处于半熔化状态，故称之为半熔化区。高温下半熔化区中铸铁母材部分熔化变为液体，一部分固态母材成为高碳奥氏体。冷却时，上述液相铸铁金属将在共晶温度区间转变为高温莱氏体，即共晶渗碳体 + 奥氏体。继续冷却过程中，奥氏体因碳的溶解度下降而析出二次渗碳体，在共析温度区间奥氏体转变为珠光体，最终得到共晶渗碳体 + 二次渗碳体 + 珠光体的白口铸铁。在快冷条件下，还会出现奥氏体转变为马氏体的固态相变。

3. 奥氏体区

该区处于母材固相线与共析温度上限之间，加热温度范围为 820℃ ~1 150℃，不会出现液相，只有固态相变。由于加热温度高，铸铁的钢基体被完全奥氏体化，但距离熔合线远近不同，即热循环的最高温度不同，奥氏体化的温度不同，使得碳在奥氏体中的含量产生差别。灰铸铁中的片状石墨作为碳库，可以向周围的基体组织提供碳。在奥氏体区温度较高的地方，碳较多地向周围奥氏体扩散使含碳量增高，同时奥氏体晶粒长大；在奥氏体区温度较低的地方，碳向周围奥氏体扩散数量较少使含碳量较低，且奥氏体晶粒较小。在随后的冷却过程中，首先从奥氏体中析出二次渗碳体，而后进行共析转变。当冷却速度较慢时，奥氏体转变为珠光体类型组织；当冷却速度较快时，奥氏体直接转变为马氏体，使焊接接头的加工性变差。

4. 部分重结晶区

部分重结晶区很窄，加热温度范围为 780℃ ~820℃，从铁 - 碳二元相图来看，该区处于奥氏体与铁素体双相区。在电弧焊条件下，母材中的珠光体加热时转变为奥氏体，铁素体晶粒长大。冷却过程中，再次发生固态相变，奥氏体又转变回珠光体类型组织，快冷时会出现马氏体，最终得到马氏体 + 铁素体混合组织。

很多铸铁件焊补后要求机械加工，一般认为硬度在 300HB 以下可以进行机械加工。灰铸铁本身为珠光体或珠光体 + 铁素体基体，硬度为 190 ~280HB，具有良好的加工性。但是，焊接接头中出现的高硬度白口（500 ~800HB）及马氏体组织（500HB 左右）会给机械加工带来很大困难，表现在用高速钢刀具加工不动，用硬质合金刀具磨损严重，并会出现“打刀”或“让刀”现象。在“让刀”的地方加工表面出现凸起，这对导轨等要求很高的滑动摩擦工件表面来说是绝对不允许的。白口铸铁收缩率高，会产生较大的焊接应力，白口与马氏体组织硬而脆，对抑制裂纹的萌生和扩展不利，因此应采取措施防止这些有害组织的出现。

任务三 灰铸铁的焊接

（一）灰铸铁的焊接性分析

焊接灰铸铁时，除焊接接头出现白口组织外，还有焊接裂纹的出现。

铸铁焊接时，裂纹是很容易出现的一种焊接缺陷。与钢类似，铸铁焊接裂纹也可以分为冷裂纹和热裂纹两类，但产生的原因及影响因素有很大差异。铸铁焊接接头一旦出现裂纹，承载能力大大下降，整体结构也不能满足致密性要求，导致焊接失败。因此，对铸铁焊接裂纹的研究具有重要意义。

1. 冷裂纹

由于产生裂纹的温度在500℃以下，不是热裂纹，故而称之。从出现位置来看，焊缝及热影响区均有较大的冷裂纹敏感性，仅局部加热至高温，冷却后就可能产生裂纹。

（1）冷裂纹产生的原因。铸铁型同质焊缝较长或焊补部位刚度较大时容易出现冷裂纹，即使焊缝没有白口或马氏体组织也可能产生。经测定，出现裂纹的温度一般在500℃以下，常伴随脆性断裂的声音。冷裂纹很少在500℃以上产生的原因，一方面是由于铸铁在较高温度下有一定塑性，另一方面是此时焊缝承受的焊接应力也较小。研究表明，铸铁焊缝冷裂纹的裂纹源为片状石墨的尖端位置。片状石墨不仅减小了焊缝金属的有效承载面积，而且其尖端会造成严重的应力集中。由于灰铸铁焊缝止裂能力差，往往形成尺寸较大，甚至贯穿焊缝金属的脆性宏观裂纹。

不同石墨形态的铸铁，由于石墨边缘的形状不同，不仅应力集中程度不同，对基体组织割裂程度不同，造成力学性能的差异，而且止裂能力也有较大差别，使得裂纹敏感性不同。灰铸铁的片状石墨边缘（即尖端）非常尖锐，应力集中系数大，抗拉强度低，塑性差，止裂能力也差，故冷裂纹倾向大。球墨铸铁的石墨呈球状，应力集中系数小，抗拉强度较高，塑性和韧性较好，且止裂能力较强，因此冷裂纹倾向比相同组织的灰铸铁低。蠕墨铸铁的石墨比球状石墨长，但边缘较钝，其力学性能和冷裂纹倾向处于灰铸铁和球墨铸铁之间。从裂纹产生条件分析，当焊接应力在石墨边缘局部区域造成的塑性变形，超过了焊缝或母材金属在该区域的塑性变形能力时，则引发裂纹。片状石墨尖端由于应力集中严重，基体金属脆化，塑性变形能力差，在较小焊接应力作用下即萌生裂纹并扩展，使得灰铸铁焊缝及母材的冷裂纹倾向较大。

用异质焊条焊接灰铸铁，连续焊长焊缝也会产生横向冷裂纹并发出金属断裂声，其中镍－铜焊缝收缩率高、热应力大，裂纹倾向较大；高钒钢焊缝也会产生横向冷裂纹。铜钢焊缝屈服点低于灰铸铁且塑性好，冷却收缩时热应力达到其屈服点时发生塑性变形，热应力不再增大而不裂，抗冷裂纹能力最强。

用异质焊接材料焊接灰铸铁时，由于钢焊缝和镍基合金焊缝金属比灰铸铁母材力学性能好，但收缩率大，当焊缝金属体积较大或焊接工艺不当时，会造成焊缝底部或热影响区裂纹，严重时会使焊缝金属的部分甚至全部与灰铸铁母材分离，称之为剥离性裂纹。剥离性裂纹产生于熔合区、热影响区，沿焊缝与热影响区交界扩展，通常没有开裂声，个别情况下伴有开裂声，断口呈脆断特征。材质差的低强度灰铸铁石墨片粗大，易从热影响区粗大石墨片处引发裂纹并剥离；深坡口多层焊时熔敷量越大，应力也越大、越易剥离；焊缝金属屈服点高，会在热影响区、熔合区产生较大热应力导致开裂。由上可判断剥离的主要原因是脆弱的母材、热影响区及熔合区不能承受焊接时过大的热应力引起的。

综上所述，灰铸铁焊接接头冷裂纹与合金结构钢不同，主要受焊接应力即热应力的影响，只要热应力不超过焊缝及热影响区金属的塑性变形能力就不会开裂，白口和马氏体等脆硬组织通过影响焊缝及热影响区金属的力学性能和热应力而促进裂纹，氢的影响不大。为了反映铸铁焊接冷裂纹主要因热应力引起的特点，这种裂纹也称为热应力裂纹。采取减小热应力的措施能有效地防止产生这种裂纹。

（2）防止冷裂纹的措施。既然灰铸铁焊接冷裂纹产生的主要原因是热应力，那么防止冷裂纹的措施也应从减小热应力入手。

防止铸铁型同质焊缝出现冷裂纹的最有效的措施是对焊补工件进行整体高温预热（600℃～700℃），使焊缝金属处于塑性状态，并促进焊缝金属石墨化，改善组织，充分降低焊接应力，并要求焊后在相同温度下消除应力。在某些情况下，采用加热减应区法缓解焊接区域的焊接应力，既可以避免高温预热，也能有效地防止冷裂纹。

对异质焊缝而言，为了降低热应力，防止冷裂纹和剥离性裂纹，要求焊缝金属应与铸铁有良好的结合性，强度适当，尤其是屈服强度低一些较为有利，并具有较好的塑性和较低的硬度。

2. 热裂纹

铸铁焊接的热裂纹大多出现在焊缝上，为结晶裂纹。当焊缝为铸铁时，由于铁液凝固过程中析出石墨，体积膨胀且流动性好，不会产生热裂纹。但采用低碳钢焊条或镍基铸铁焊接材料时，焊缝有较大的热裂纹倾向。

用低碳钢焊条焊接灰铸铁时，即使采用小电流，第一层焊缝碳的质量分数仍高达0.7%～1.0%，含硫量也较高，促进形成FeS与Fe的低熔点共晶物（熔点为988℃），高的焊缝含碳量会增加热裂纹敏感性，导致形成焊缝底部热裂纹甚至宏观热裂纹。这种热裂纹出现时与冷裂纹不同，没有开裂声，打开断口可以观察到表面因为高温氧化形成的蓝紫色特征，微观上主要为沿一次奥氏体晶界开裂的沿晶断口形貌，并存在高温液态薄膜拉开后回缩的皱褶。

用镍基焊接材料焊接铸铁时，由于铸铁母材中含有较多的S、P等杂质，熔入镍基奥氏体焊缝金属后，与奥氏体不锈钢焊接类似，容易形成$Ni-Ni_3S_2$（熔点为644℃）和$Ni-Ni_3P$（熔点为880℃）低熔点共晶，且镍基焊缝凝固后为较粗大的单相奥氏体柱状晶，凝固过程中容易使低熔点共晶在奥氏体晶间连续分布，促进热裂纹形成，因此，镍基焊缝对热裂纹有较大敏感性。

镍基焊缝的热裂纹沿奥氏体晶间开裂，属于典型的结晶裂纹。影响镍基焊缝热裂纹倾向的冶金因素主要有：低熔点共晶物的数量多少及其熔点高低，焊缝合金系统及其结晶温度区间的大小。研究表明，随着焊缝硫、磷含量的增加，抗热裂纹性能明显下降；调节焊缝金属中的碳、硅、钴、稀土等合金元素的含量，可以得到抗热裂纹性能较佳的合金系统。图4－5给出了碳对镍铁型焊缝金属抗热裂纹性能的影响规律，图中V_{bl}值表示产生热裂纹的临界变形速率。V_{bl}值越大，焊缝金属抗热裂纹性能越好。

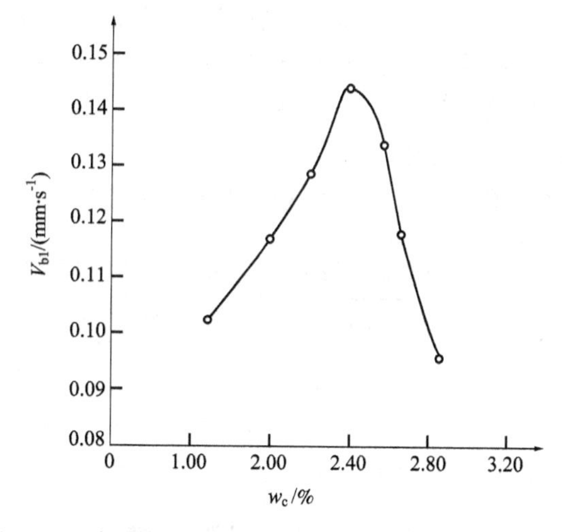

图4－5 碳对镍铁型焊缝金属抗热裂纹性能的影响规律

稀土元素钇对镍铁型铸铁焊条的焊缝金属抗热裂纹性能有明显影响。向焊缝加入适量稀土能使抗热裂纹性能提高；但过量加入稀土反而使焊缝的抗热裂纹性能下降。加入适量稀土时，由于稀土元素具有较强的脱硫、脱磷作用，使奥氏体晶间的低熔点共晶物减少，同时还能使晶粒细化，促使石墨呈球状析出，改善焊缝金属的力学性能，因此焊缝具有较高的抗热裂纹性能。但是过量加入稀土钇，会造成钇在晶间偏析，与镍或铁形成低熔点共晶物，恶化焊缝的抗热裂纹性能。

（二）灰铸铁的焊接工艺特点

1. 同质焊缝（铸铁型）电弧热焊

电弧热焊是铸铁焊接应用最早的一种工艺。将铸铁件预热到600℃～700℃，然后在塑性状态下进行焊接，焊接温度500℃～400℃，为防止焊接过程中开裂，焊后立即进行消除应力处理及缓冷的铸铁焊补工艺称为电弧热焊。对结构复杂且焊补处拘束度大的焊件，采用整体预热；对于结构简单，要焊补的地方拘束度较小的焊件，可以采用大范围局部预热。将灰铸铁高温预热，不仅减小了焊接区域的温差，而且使母材从常温无塑性状态变为具有一定塑性，从而大大减小了热应力，避免开裂。另外，由于高温预热及焊后缓冷，可以使焊缝和半熔化区的石墨化较为充分，焊接接头可以完全避免白口及淬硬组织的产生。使用合适成分的焊条，焊接接头的硬度与母材相近，有优良的加工性，力学性能、颜色也与母材一致，所以，电弧热焊的焊接质量很好。

预热温度在300℃～400℃时称为半热焊。较低的预热温度可以改善焊工的劳动条件，降低焊补成本，对防止焊接热影响区出现马氏体及熔合区白口较有效，并可以改善接头加工性。但是，当铸铁件结构复杂，焊补位置刚度较大时，局部半热焊会增大热应力，促使产生裂纹。

灰铸铁焊接用同质焊条及其他铸铁焊接材料见表4－4。

表4－4　铸铁焊条及焊丝（GB/T 10044—1988）

类别	名称	型号	焊条熔敷金属或焊丝主要化学成分/%						备注
			w_C	w_{Si}	w_{Mn}	w_{Fe}	w_{Ni}	w_{Cu}	
铁基焊条	灰铸铁焊条	EZC	2.0～4.0	2.5～6.5	≤0.75	余	—	—	—
	球墨铸铁焊条	EZCQ	3.2～4.2	3.2～4.0	≤0.80	余	—	—	加球化剂0.04%～0.15%

续表

类别	名称	型号	焊条熔敷金属或焊丝主要化学成分/%						备注
			w_C	w_{Si}	w_{Mn}	w_{Fe}	w_{Ni}	w_{Cu}	
镍基焊条	纯镍铸铁焊条	EZNi-1	≤2.0	≤2.5	≤1.0	≤8	≥90	—	
		EZNi-2	≤2.0	≤4.0	≤1.0	≤8	≥85	—	少量 Cu、Al
	镍铁铸铁焊条	EZNiFe-1	≤2.0	≤2.5	≤1.8	余	45~60	—	—
		EZNiFe-2	≤2.0	≤4.0	≤1.0	余	45~60	≤2.5	少量 Al
		EZNiFe-3	≤2.0	≤4.0	≤1.0	余	45~60	≤2.5	Al 稍多
	镍铜铸铁焊条	EZNiCu-1	≤1.0	≤0.80	≤2.5	≤6	60~70	24~35	—
		EZNiCu-2	0.35~0.55	≤0.75	≤2.3	3-6	50~60	35~45	—
	镍铁铜铸铁焊条	EZNiFeCu	≤2.0	≤2.0	≤1.5	余	45~60	4-10	—
其他焊条	纯铁及碳钢焊条	EZFe-1	≤0.04	≤0.10	≤1.0	余	—	—	—
		EZFe-2	≤0.15	≤0.03	≤0.6	余	—	—	—
	高钒焊条	EZV	≤0.25	≤0.70	≤1.5	余	—	—	w_V=8%~13%
铁基焊丝	灰铸铁焊丝	RZC-1	3.2~3.5	2.7~3.0	0.60~0.75	余	—	—	—
		RZC-2	3.5~4.5	3.0~3.8	0.30~0.80	余	—	—	—
		RZCH	3.2~3.5	2.0~2.5	0.50~0.70	余	1.2~1.6	—	少量 Mo
	球墨铸铁焊丝	RZCQ-1	3.2~4.0	3.2~3.8	0.10~0.40	余	≤0.5	w_{Ce}≤0.20	加球化剂0.04%~0.10%
		RZCQ-2	3.5~4.2	3.5~4.2	0.50~0.80	余	—	—	

注：字母“E”表示焊条，字母“R”表示焊丝，字母“Z”表示焊条或焊丝用于铸铁焊接，“EZ”或“RZ”后面为主要化学元素符号或金属类型代号，如“EZC”表示熔敷金属类型为铸铁，“EZCQ”表示熔敷金属类型为球墨铸铁，后面的数字为细类编号。

铸铁件电弧热焊虽然采取了预热缓冷的工艺措施，但焊缝金属的冷却速度仍然大于铸铁铁液在砂型中的冷却速度，为了保证焊缝石墨化，防止白口，焊缝金属中的碳、硅总量应稍高于母材，以 $w_C=3.0\%\sim3.8\%$、$w_{Si}=3.0\%\sim3.8\%$ 较好，w_C+w_{Si} 的质量分数为6.0%~7.6%。半热焊时，预热温度降低，焊接接头冷却速度变快，应进一步提高石墨化元素含量，使 $w_C=3.5\%\sim4.5\%$、$w_{Si}=3.0\%\sim3.8\%$ 较合适，二者总的质量分数为6.5%~8.3%，比热焊时稍高。采用的电弧热焊铸铁焊条型号为EZC，但制造方法有两种：一种是采用铸铁焊芯外涂石墨型药皮（Z248）；另一种采用H08低碳钢焊芯外涂石墨型药皮（Z208）。前者直径多在6mm以上，后者直径在5mm以下。大直径铸铁芯焊条允许大电流施焊，可以加快焊补速度，缩短焊工热焊时间，应用较多。国外发展了铸铁焊接用药芯焊丝，低碳钢外皮内装有石墨、硅铁、铝粉等粉末。采用大电流半自动焊，主要用于壁厚大于 15mm 的灰铸铁件上大、中型缺陷的焊补，焊丝熔敷率高达 20kg/h，提高了生产率。

铸铁电弧热焊工艺包括焊前准备、预热、焊接、焊后缓冷及加工等过程。焊前准备要求清除铸造缺陷内的型砂和夹渣，如果焊补区域有油污，可用氧乙炔焰烧掉，使用扁铲或风铲、角砂轮、工具磨等工具开坡口，坡口底面应圆滑过渡。对尺寸较大或位于铸件边角的缺陷，焊前可以在缺陷周围造型，如图 4 -6 所示。由于热焊时熔池尺寸大，存在时间长，造型可以防止铁液流失，增大焊补金属体积，减缓焊补区冷却速度。预热温度主要根据铸铁件的体积、壁厚、结构复杂程度、缺陷位置及加热条件等因素来确定。预热时应注意控制加热速度，使铸铁件温度均匀，减小热应力，防止加热过程中出现裂纹。

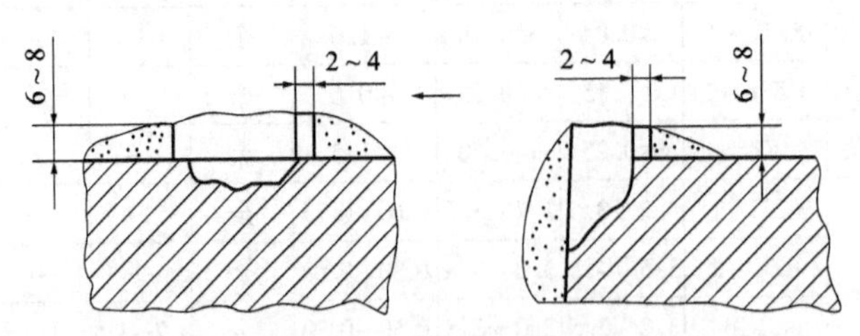

图 4 -6　缺陷造型示意图

(a) 较大缺陷；(b) 边角缺陷

铸铁电弧热焊及半热焊一般选用大直径焊条，焊接电流与直径的经验公式为：

$$I=(40\sim50)\ d$$

式中　d——焊条直径 (mm)。

焊接时，从缺陷中心引弧，逐渐向外扩展，连续焊接将缺陷焊满。缺陷较大时，逐层焊接直至填满。焊接过程中，注意电弧要适当拉长，保证药皮中的石墨充分熔化，电弧在缺陷边缘处停留时间不要太长，防止母材熔化过多及咬边，铁液表面熔渣过多时，应及时除渣，还要注意焊补过程中保持预热温度。焊后必须采取保温缓冷措施，可以用石棉等保温材料覆盖铸件。对于重要铸件，焊补后最好马上入炉进行消除应力热处理，保温一段时间后随炉冷却。

除了电弧热焊、半热焊以外，还可以在不预热状态下进行铸铁件焊补，优点是焊接材料价格较低，焊补区与母材颜色一致，可以减少能源消耗，改善焊接条件，降低焊补成本，缩短焊补周期。但是，与热焊和半热焊相比，焊接熔池及热影响区冷却速度快，容易产生白口及淬硬组织，焊接接头裂纹倾向也较大。为了解决上述焊接性问题，从焊接材料入手，要提高焊条药皮的石墨化能力，使焊缝含有较高的碳、硅，还可以加入多元少量有孕育作用的合金元素，如 Ca、Ba、Al 等，它们可以形成高熔点的硫化物、氧化物质点，作为石墨形核的异质核心，促进石墨化，防止白口的产生。此外，通过冶金处理，可以在焊接灰铸铁时改变焊缝石墨的形态，从细小的片状石墨变为蠕虫状，甚至球状，并使基体为铁素体 + 珠光体组织，提高焊缝的抗冷裂纹性能。配合上述焊接材料，必须增大焊接热输入，采用大电流、连续焊工艺，降低焊缝的冷却速度。还要注意，不预热焊对缺陷体积有要求。体积小则热输入不足，冷却速度快，促进形成焊缝及半熔化区白口，促进奥氏体区形成马氏体。还可以使用具有贝氏体和马氏体连续相变松弛应力效应的焊条进行灰铸铁不预热电弧焊，提高铸铁型焊缝的抗冷裂纹性能。

同质焊条不预热焊一般采用灰铸铁芯焊条（如 Z248），大电流、慢速、往复运条连续焊，焊缝高出母材 5mm 以上，利用强大的电弧热延长焊缝及熔合区 1 200℃ ~800℃停留时间并减慢冷却速度，形成一个小范围的局部热焊。焊缝成分：$w_C = 3.0\% \sim 3.8\%$、$w_{Si} = 4.2\% \sim 5.0\%$、$w_{Al} = 0.3\% \sim 0.5\%$、$w_S \leqslant 0.04\%$、$w_P \leqslant 0.10\%$，这样的成分有较强的石墨化能力，焊补区体积≥ $8cm^2 \times 0.7cm$ 时焊缝无白口、熔合区白口轻微或无白口，焊缝、熔合区、热影响区硬度均接近于母材，加工性好；力学性能相当于普通灰铸铁，有一定的抗裂性；工艺较简单，劳动条件好、生产率较高、节能、成本较低，自 20 世纪 70 年代在全国推广使用以来在机械行业相当大的程度上取代了热焊。同质焊条不预热焊既不像同质焊条热焊那样能防止过大的热应力、也不像异质焊条电弧冷焊工艺那样能消除热应力，只能采用分段焊或加热减应区法减小热应力，实践证明大多数情况下甚至刚度较大时也有可能避免裂纹。

2. 气焊

电弧热焊及半热焊主要适用于壁厚大于 10mm 铸件上缺陷的焊补，薄壁件宜用气焊。氧乙炔火焰温度比电弧温度低很多，而且热量不集中，需要很长时间才能将焊补处加热到熔化温度，使得受热面积较大，相当于局部预热焊接条件。采用适当成分的铸铁焊丝，对薄壁铸件上的缺陷进行焊补时，由于冷却速度慢，焊缝容易获得灰铸铁组织，焊接热影响区也容易避免白口及淬硬组织的产生。但是，被焊件受热面积大，焊接热应力较大，有一定的裂纹倾向，故气焊适用于拘束度小的薄壁件缺陷的焊补。拘束度大时，宜采用整体预热的气焊热焊法，预热温度为 600℃ ~700℃，焊后缓冷。一些汽车或拖拉机发动机缸体及缸盖材质为灰铸铁，其上的铸造缺陷就是用连续式加热炉进行高温预热后，采用气焊方法修复的。

灰铸铁气焊焊丝的化学成分见表4－4。RZC－1型焊丝的碳硅总质量分数为6.0%左右，适用于热焊，RZC－2型焊丝提高了石墨化元素含量，可用于不预热气焊。还要与牌号为CJ201的铸铁气焊钎剂配合使用，保证熔合良好。焊补铸铁宜选用功率较大的大、中号气焊炬，使用中性焰或弱碳化焰防止碳、硅的氧化烧损。

采用气焊方法焊补灰铸铁缺陷时，由于硅容易被氧化生成酸性氧化物 SiO_2，其熔点高达1 713℃，黏度较大，流动性不好，会造成焊缝夹渣等缺陷，应设法去除。去除的方法是加入以碱性氧化物（如 Na_2CO_3、$NaHCO_3$、K_2CO_3 等）为主要组成的钎剂，互相结合成为低熔点熔渣，容易浮到熔池表面，便于清除。以 Na_2CO_3 为例，与 SiO_2 的反应如下式所示。

$$2Na_2CO_3 + SiO_2 = 2(Na_2O) \cdot SiO_2 + 2CO_2 \uparrow \tag{4-1}$$

为了降低预热温度，并且有效地防止裂纹，可以采用加热减应区法焊补铸铁，适用于焊条电弧焊或气焊焊补铸铁件上拘束度较大部位的裂纹等缺陷。加热减应区法是在焊件上选定一处或几处适当的部位，作为所谓的“减应区”，焊前、焊后及焊接过程中，对其进行加热和保温，以降低或转移焊接接头拘束应力、防止裂纹的工艺方法。采用加热减应区法焊补铸铁，成败的关键在于正确选择“减应区”，以及对其加热、保温和冷却的控制。选择原则是使减应区的主变形方向与焊缝金属冷却收缩方向一致。焊前对减应区加热能使缺陷位置获得最大的张开位移，焊后使减应区与焊补区域同步冷却。

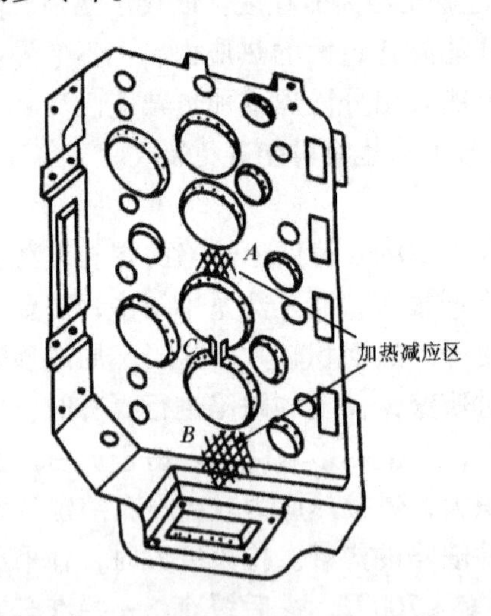

图4－7 加热减应区气焊法修复缸盖裂纹

为了增强减应区的变形能力，提高该区温度是有利的，但不应超过铸铁的相变温度，控制在600℃～700℃较好。如图4－7所示，灰铸铁发动机缸盖在 C 处出现裂纹，若用一般气焊法只焊补该处，因拘束度较大，焊后仍可能开裂。选择 A、B 两处作为减应区，焊前用三把气焊炬对 A、B、C 三处同步加热，温度达到600℃左右时，对 C 处继续加热使之熔化并形成坡口以保证焊透。继续提高 A、B 两处减应区温度至650℃，开始对 C 处焊接。焊后使三处同步冷却，可以获得良好焊补质量，不会出现裂纹。

加热减应区法气焊修复铸铁缺陷是比较简便的方法，适用于焊补铸件上拘束度较大部位的裂纹等缺陷。例如各种发动机缸体孔壁间的裂纹，各种轮类铸铁件上断裂的轮辐、轮缘及壳体上轴孔壁间的裂纹等。正确运用加热减应区法可以提高焊补成功率。

3. 手工电渣焊

电渣焊具有加热与冷却缓慢的特点，适合铸铁焊补要求，手工电渣焊设备简单，应用灵活，对重型机器厂、机床厂灰铸铁厚件较大缺陷的焊接修复是比较合适的。

电渣焊过程中有大量液体金属及熔渣，而铸铁焊接要求缓冷，可根据缺陷的实际情况，采用造型法使焊缝强迫成形。焊补铸铁时，可以使用石墨块造型，外堆型砂防漏并有助于缓冷。石墨型熔点高，不会被高温熔渣熔化，可以保证焊补区域成型良好。如图 4 - 8 所示，使用石墨电极，在石墨电极与母材之间引燃电弧熔化焊剂造渣，渣池达到一定深度后转入正常的电渣焊过程。填充材料可以用与母材成分相近的铸铁棒或干净的铸铁屑。用铸铁棒时，先用石墨电极造渣，而后更换为金属电极—铸铁棒，在渣池的电阻热作用下铸铁棒不断熔化，填满缺陷。用铸铁屑作填充材料时，一直使用石墨电极，施焊过程中不断均匀地将铸铁屑加入到渣池中。

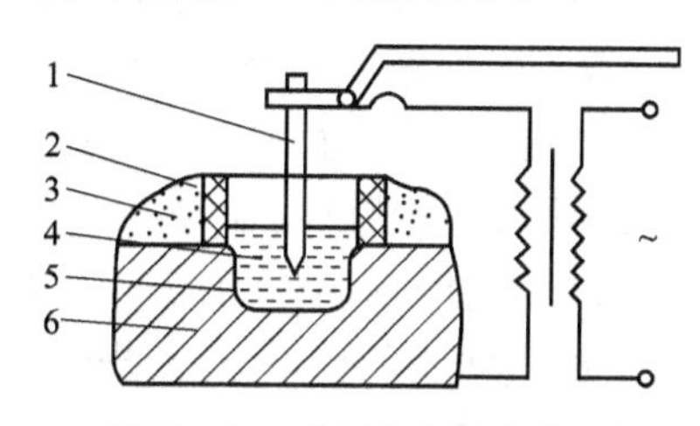

图 4 - 8　手工电渣焊示意图

1—电极；2—石墨型；3—铸造型砂

4—渣池；5—金属熔池；6—铸铁件

手工电渣焊过程中应注意：

（1）造渣后可持续通电加热一段时间，提高铸铁件的温度，相当于预热的作用。

（2）电极要不断沿缺陷四周运动，使各部位受热、熔化均匀，直至焊满缺陷为止。

手工电渣焊焊补灰铸铁件，工艺合适时焊补区硬度低，无白口及马氏体组织，机械加工性优良，力学性能可满足灰铸铁要求，焊缝金属颜色与母材一致。但是，焊前造型及造渣过程比较麻烦。

4. 异质焊缝（非铸铁型）电弧冷焊

前面指出，铸铁电弧冷焊是铸铁焊接的发展方向。要获得异质焊缝，应采用新的焊接材料。一条途径是尽量降低焊缝含碳量获得钢焊缝，另一条途径是寻求新的异质焊接材料，改变碳的存在形式，防止出现淬硬组织，提高焊缝金属的力学性能。非铸铁型焊缝或称为异质焊缝，按照成分及组织可以分为镍基、铁基和铜基三类。由于相应的焊接材料与灰铸铁母材成分差别很大，多采用小规范电弧冷焊，但母材中的碳及杂质元素不可避免地因熔化和扩散进入焊缝金属，促进焊接接头形成白口及淬硬组织，进而影响接头的加工性和冷裂纹、热裂纹敏感性，因此，不同的铸铁异质焊接材料各有其特殊性。

（1）铁基焊缝及焊接材料。焊接结构钢常用的普通低碳钢焊条 E4303、E5015 或 E5016 用于铸铁焊接时，焊缝和奥氏体区容易出现淬硬组织，熔合区白口宽度较大，焊接接头有较大的冷裂纹和热裂纹倾向，而且气孔倾向较大，焊接质量不好，不能作为主要铸铁焊接材料。但有时可利用它与铸铁易结合的特性使用，因此，发展了几种钢基铸铁焊条。细丝 CO_2 气体保护焊也在铸铁焊补方面有一些应用。

表 4-4 中的 EZFe-1 型焊条（Z100）是纯铁焊芯氧化性药皮铸铁焊条，可以降低焊缝含碳量，但第一层焊缝金属含碳量仍较高，熔合区白口较宽，焊接接头加工性差，裂纹倾向较大，只能应用在灰铸铁钢锭模等不要求加工和致密性、受力较小部位的铸造缺陷焊补。EZFe-2 型焊条是低碳钢焊芯铁粉型铸铁焊条，在低氢型药皮中加入一定量的低碳铁粉，有助于减少母材熔化量，降低焊缝含碳量，但焊接接头的白口、淬硬组织和裂纹问题没有解决。EZV 型焊条（Z116、Z117）是低碳钢焊芯、低氢型药皮高钒铸铁焊条。钒是急剧缩小 γ 相区、扩大 α 相区的元素，又是强烈的碳化物形成元素，当焊缝中的 w_V/w_C 比值合适时，碳几乎完全与钒化合生成弥散分布的碳化钒，基体组织为铁素体。这种焊缝金属具有很好的力学性能和抗裂性，抗拉强度可达 558~588MPa，伸长率高达 28%~36%，还可以满足球墨铸铁焊接的要求。但是，由于钒从焊缝、碳从母材同时向熔合线方向扩散，在焊缝底部形成了一条主要由碳化钒颗粒组成的高硬度带状组织，加上半熔化区白口较宽，使焊接接头加工性差，这种焊条主要用于非加工面缺陷的焊补。

（2）镍基焊缝及焊接材料。镍是奥氏体形成元素，镍和铁能完全互溶，铁镍合金中镍的质量分数大于 30% 时，γ 相区将扩展到室温，得到硬度较低的单相奥氏体组织。镍还是较强的石墨化元素，且与碳不形成碳化物。镍基焊缝高温下可以溶解较多的碳，随着温度下降，部分过饱和的碳将以石墨形式析出，石墨析出伴随着体积膨胀，有利于降低焊接应力，防止焊接热影响区冷裂纹。镍基焊缝中的镍可以向半熔化区扩散，对缩小白口宽度、改善焊接接头加工性非常有效。因此，尽管镍基铸铁焊接材料价格贵，但在实际工作中仍然应用广泛。

镍基铸铁焊条所用的焊芯有纯镍、镍铁（$w_{Ni}=55\%$，余为Fe）和镍铜（$w_{Ni}=70\%$，余为Cu）三种，按照熔敷金属主要化学成分分为纯镍铸铁焊条、镍铁铸铁焊条、镍铜铸铁焊条和镍铁铜铸铁焊条等四种，均采用石墨型药皮。镍基铸铁焊条的最大特点是奥氏体焊缝硬度较低，半熔化区白口层薄，可呈断续状态分布，适用于加工面有缺陷的焊补。

1）纯镍铸铁焊条。如EZNi－1（Z308），优点是在电弧冷焊条件下焊接接头加工性优异。焊接工艺合适时半熔化区白口宽度仅为0.05mm左右，且呈断续状态分布，是所有铸铁异质焊接材料中最窄的，使得热影响区硬度较低，加工性好。焊缝为奥氏体加点状石墨，硬度低，塑性较好，抗热裂纹性能较好。焊接接头的抗拉强度为147～196MPa，与HT150和HT200灰铸铁母材强度相当。这种焊条在铸铁焊条中价格最贵，主要用于对焊补后加工性能要求高的缺陷焊补，或用作其他焊条的打底层。

2）镍铁铸铁焊条。如EZNiFe－1（Z408），熔敷金属铁的质量分数高达40%～55%，价格较低。由于铁的固溶强化作用，其熔敷金属力学性能较高，抗拉强度可达到390～540MPa，伸长率一般大于10%，主要用于高强度灰铸铁和球墨铸铁的焊接。这种焊条的焊缝金属抗热裂纹性能优于其他镍基铸铁焊条，而且第一层焊缝金属被母材稀释后镍的质量分数为35%～40%。由图4－9所示的镍铁合金线膨胀系数随成分的变化规律可见，此时焊缝金属的膨胀系数较低，且与铸铁母材接近，有利于降低焊接应力。由于焊缝强度较高，用这种焊条焊接刚度较大部位的缺陷或焊补量较大时，有时在焊接接头的熔合区出现剥离性裂纹。另外，镍铁合金焊芯电阻率高，像不锈钢焊条一样，焊接时有红尾现象，如果继续焊接则因焊条熔化速度加快而影响焊接质量，为了解决这一问题，发展了镍铁铜铸铁焊条EZNiFeCu（Z408A）。

3）镍铜铸铁焊条。EZNiCu－1（Z508）采用Monel合金焊芯，故又称之为蒙乃尔焊条。由于含镍量处于纯镍铸铁焊条和镍铁铸铁焊条之间，使焊接接头的半熔化区白口宽度和接头的加工性能也介于二者之间。但镍铜合金的收缩率较大（约为2%），容易引起较大的焊接应力，产生焊接裂纹。该焊条的灰铸铁焊接接头抗拉强度较低，为78～167MPa，仅适用于强度要求不高的加工面有缺陷的焊补。

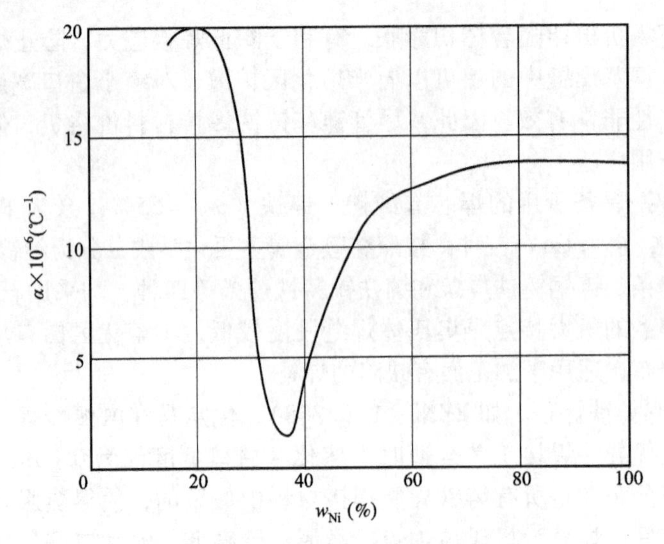

图 4-9 镍铁合金的线膨胀系数

镍基焊缝的共同特点是含碳量较高，组织为奥氏体+石墨。适当的含碳量不仅可以提高焊缝金属的抗热裂纹性能，还可作为脱氧剂防止焊缝气孔，此外，可以防止半熔化区的碳向焊缝扩散，有利于减小白口宽度。碳以石墨形式析出时可以缓解焊接应力，降低焊缝金属的热裂纹倾向。因此，这类焊条均采用石墨型药皮，主要用于不同厚度铸铁件加工面上中、小缺陷的焊补。三种镍基铸铁焊条的铸铁焊接接头力学性能比较见表 4-5。

表 4-5 三种镍基铸铁焊条的铸铁焊接接头力学性能比较

焊条型号	焊缝金属抗拉强度/MPa	灰铸铁对接接头抗拉强度/MPa	焊缝金属硬度/HV	热影响区硬度/HB
EZNi	≥245	147~196	130~170	≤250
EZNiFe	≥392	球墨铸铁对接接头强度 294~490	160~210	≤300
EZNiCu	≥196	78~167	150~190	≤300

（3）铜基焊缝及焊接材料。除了表 4-5 中给出的钢基和镍基铸铁焊条外，有些情况下还可以用铜基焊接材料焊补铸铁缺陷。铜与碳不形成碳化物，也不溶解碳，而且铜的强度低、塑性很好，铜基焊缝金属的固相线温度低，这些特性对防止焊接接头冷裂纹及熔合区剥离性裂纹很有利。但纯铜焊缝金属抗拉强度低，粗大柱状的单相 α 组织对热裂纹比较敏感。可以加入少量铁解决上述两个问题。例如，铜基焊缝中的铜铁质量分数比为 80:20 时，强度可提高到 147~196MPa，且抗热裂纹性能大幅度提高。这是由于高温下铁在

铜中的溶解度较小，熔池凝固时首先析出富铁的 γ 相，对后结晶的 α 铜有细化晶粒作用，双相组织焊缝的抗热裂纹性能必然提高。富铁相强度高，使焊缝强度提高。

以纯铜为焊芯，低氢型药皮的 Z607 焊条，通过在药皮中加入较多低碳铁粉使焊缝中的铜铁质量分数比达到 80∶20，故又称为铜芯铁粉焊条。但是，焊接铸铁时，母材中的碳等元素不可避免地进入焊缝，使富铁相含碳量增高，在焊接快冷条件下，形成在铜基体上分布有马氏体等高硬度组织的机械混合物焊缝。同时，铜为弱石墨化元素，半熔化区白口层较宽，整个焊接接头加工性不良。这种焊条抗裂性好，适用于非加工面上刚度较大部位的缺陷焊补。Z612 焊条系铜包钢芯、钛钙型药皮铸铁焊条，其成分及性能特点与 Z607 焊条相同，焊补铸铁效果很好。

除了专用铜基铸铁焊条以外，还可将铜合金焊条直接用于焊接铸铁。如铜合金焊条 ECuSn－B（T227），含有质量分数为 7.0%～9.0% 的锡和少量磷，焊后得到以锡磷青铜为基体加富铁相的焊缝，接头白口较窄，可以机械加工。但铜基焊缝的颜色与铸铁母材相差较大，对焊补区有颜色要求时不宜采用。

（4）异质焊缝电弧冷焊工艺。要获得满足技术要求的铸铁焊接接头，在正确选择焊接材料的基础上，还要制定合适的焊接工艺。焊接工艺内容包括：焊前准备、焊接规范的选择、焊接方向及焊道顺序，以及采取的特殊措施。异质焊缝电弧冷焊工艺要点可以归纳为四句话：“短段断续分散焊，较小电流熔深浅，每段锤击消应力，退火焊道前段软”。

1）焊前准备。焊前准备是指用机械等方法将缺陷表面清理干净，制备适当大小的坡口等工作。焊补处的油污等脏物可用碱水、汽油刷洗，或用气焊火焰清除。对于裂纹缺陷，可以用肉眼或放大镜观察，必要时采用渗煤油、着色等无损探伤方法检测其两端的终点，在前方 3～5mm 处钻止裂孔（ϕ5～ϕ8mm），防止在预热及焊接过程中裂纹向前扩展。可以用机械方法开坡口，也可以直接用电弧或氧乙炔焰开坡口，应在保证焊接质量的前提下尽量减小坡口角度，减少母材的熔化量。

2）焊接参数。使用异质焊接材料进行铸铁电弧冷焊时，在保证焊缝金属成形及与母材熔合良好的前提下，尽量用小规格焊条和小规范施焊，并采用短弧焊、短段焊、断续焊、分散焊及焊后立即锤击焊缝等工艺措施，适当提高焊接速度，不作横向摆动，并注意选择合理的焊接方向及顺序。目的是降低焊接应力，减小半熔化区和热影响区宽度，改善接头的加工性及防止裂纹产生。

为了降低铸铁母材对焊缝成分及性能的影响，焊接电流可按照经验公式选择，即：

$$I = (29 \sim 34)\ d \tag{4-2}$$

式中 d——焊条直径（mm）。

采用较低的电弧电压（短弧焊）和较快的焊接速度进行焊接。薄壁铸件散热慢，每次焊接的焊缝长度为10～20mm，厚壁件可增加到30～40mm。为了避免焊补处温升过高、应力增大，可采用断续焊。待焊接区域冷却至不烫手时（50℃～60℃）再焊接下一段。每焊完一段，趁焊缝金属高温下塑性良好时，立即用较钝的尖头小锤快速锤击焊缝，使之产生明显塑性变形，以松弛焊接应力。

3）栽丝焊补法。对于结构复杂或厚大灰铸铁件上的缺陷焊补，焊接方向和顺序的合理安排非常重要，应本着从拘束度大的部位向拘束度小的部位焊接的原则。如图4－10所示，灰铸铁缸体侧壁有3处裂纹缺陷，焊前在1和2裂纹端部钻止裂孔，适当开坡口。焊接裂纹1时，应从闭合的止裂孔一端向开口端方向分段焊接。裂纹2处于拘束度较大部位，由于裂纹两端的拘束度比中心大，可采用从裂纹两端交替向中心分段焊接工艺，有助于减小焊接应力。还要注意，最后焊接止裂孔。

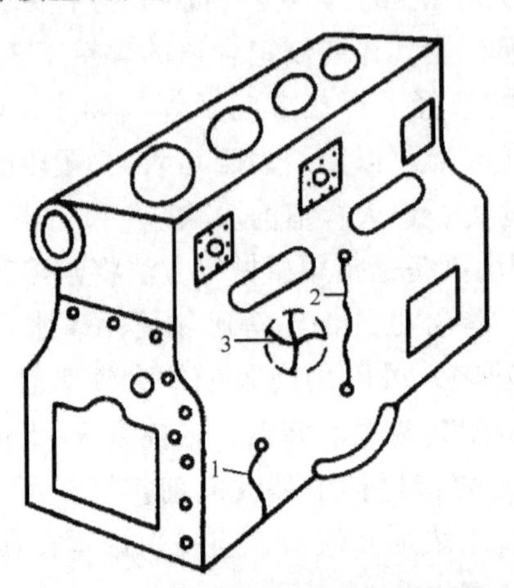

图4－10　灰铸铁缸体侧壁裂纹的焊补

1，2，3—裂纹

当铸铁件的缺陷尺寸较大、情况复杂、焊补难度大时，可以采用镶块焊补法、栽丝焊补法及垫板焊补法等特殊焊补技术。图4－10中的缺陷3由多个交叉裂纹组成，如逐个焊补，则难以避免出现焊接裂纹。可以将该缺陷整体加工掉，按尺寸准备一块厚度较薄的低碳钢板。焊前将低碳钢板冲压成凹形，如图4－11（a）所示，或者用平板在其中间切割一条窄缝，如图4－11（b）所示，目的是降低拘束度。焊补时低碳钢板容易变形，利于缓解焊接应力，防止焊接裂纹，此即镶块焊补法。按图 4 - 11（b）给出的顺序分段焊接，最后用结构钢焊条将中间的切缝焊好，保证缸体壁的水密性。

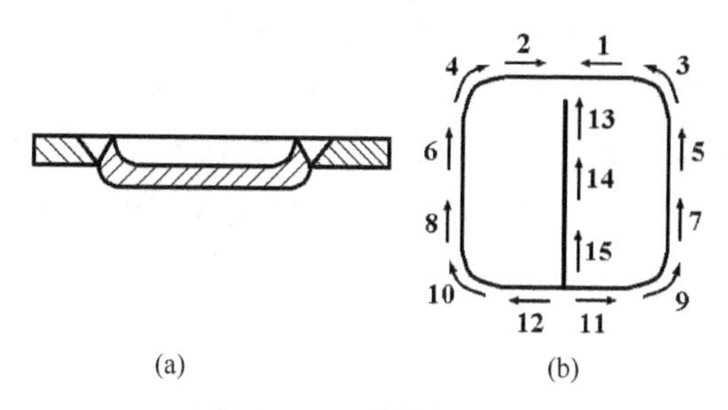

图 4 - 11 镶块焊补法

（a）凹形低碳钢板镶块；（b）平板低碳钢板镶块

厚壁铸铁件大尺寸缺陷焊补时，需要开坡口进行多层焊，这样将导致焊接应力积累。由于焊补量大，为了降低成本采用钢基焊缝时，焊缝金属强度高，收缩率大，容易产生剥离性裂纹，使焊补失败。即使焊接后不开裂，使用过程中也可能因承载能力不足而失效。此时可采用栽丝焊补法，通过碳素钢螺栓将焊缝金属与铸铁母材连接起来，既防止焊接裂纹，又提高了焊补区域的承载能力。如图 4 - 12 所示，焊前在坡口内钻孔，攻螺纹，螺栓直径根据壁厚在 8 ~ 16mm 之间选择，拧入深度约等于直径尺寸，螺栓高出坡口表面 4 ~ 6mm 两排均匀分布。一般而言，螺栓的总截面积可取为坡口表面积的 25% ~ 35%。施焊时，先围绕每个螺栓按冷焊工艺要求焊接，最后将坡口焊满。这种方法的不足之处是工作量很大，对焊工要求高，焊补工期长。坡口尺寸更大时，甚至可以在坡口内放入低碳钢板，用焊缝强度高、抗裂性好的铸铁焊条（如 EZNiFe、EZV 焊条）将铸铁母材和低碳钢板焊接起来，称之为垫板焊补法。这种方法可以大大减少焊缝金属量，有利于降低焊接应力，防止裂纹，还节省了大量焊接材料，缩短焊补工期。

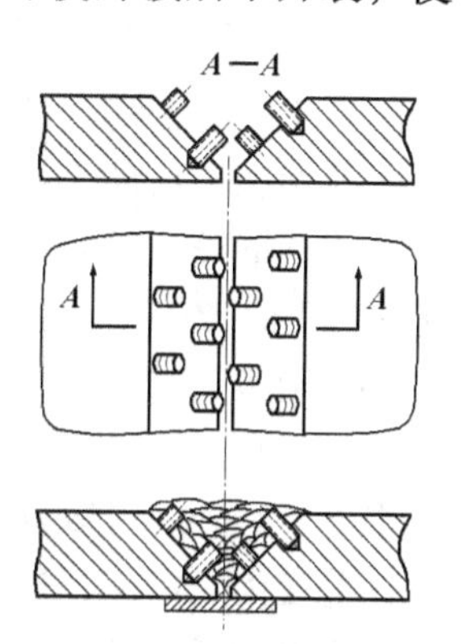

图 4 - 12 栽丝焊补法

5. 灰铸铁的钎焊与喷焊

从上述灰铸铁的焊接性讨论来看，由于熔焊加热和冷却速度比在铸造条件下快，焊接接头存在白口及淬硬组织、焊接裂纹两大问题。采用钎焊方法焊补铸铁缺陷，因为加热温度低，将完全避免上述焊接性问题。灰铸铁钎焊对准备工作的要求较高，需将缺陷表面的氧化物、油污完全清理干净，露出金属光泽。使用铜基钎料，氧乙炔火焰作热源，对加工面铸造缺陷进行焊补。

灰铸铁钎焊可以使用工业常用的铜锌钎料 BCu62ZnNiMnSi - R（HL104），其化学成分见表4-6。少量硅在弱氧化焰作用下很快生成 SiO_2，与钎剂（硼酸和硼砂的质量分数之比为1:1的混合物）成分一起形成低熔点的硅酸盐，覆盖在液态钎料表面，阻碍锌的蒸发，减小对人体的危害。这种钎料价格较便宜，钎焊接头抗拉强度一般为120～150MPa，稍低于常用灰铸铁强度值。但是，金黄色钎缝硬度太低，与灰铸铁颜色差别大，而且钎料的固相线温度为850℃，液相线温度为875℃，钎焊时需要把灰铸铁加热到900℃左右，超过了灰铸铁的共析上限温度，快冷条件下热影响区会出现一些马氏体或贝氏体，影响接头的加工性。

表4-6 铜锌钎料的化学成分 %

钎料	w_{Cu}	w_{Sn}	w_{Si}	w_{Ni}	w_{Mn}	w_{Al}	w_{Zn}	备注
BCu62ZnNiMnSi - R	61.0～63.0	0.1	0.1～0.3	0.3～0.5	0.1～0.3	—	余量	GB/T 6418—1993
Cu - Zn - Mn - Ni 钎料	48.0～52.0	0.3～0.8	—	3.0～4.0	8.5～9.5	0.2～0.6	余量	—

由于低温下铜、锌与铁的固溶度很小，影响铜锌液态钎料在灰铸铁表面的润湿性和扩散能力，因此用上述铜锌钎料钎焊灰铸铁时，接头强度偏低。为了改善铜锌钎料钎焊灰铸铁的接头性能，大幅度增加锰和镍的含量，发展了一种 Cu - Zn - Mn - Ni 钎料，其成分特点见表4-6。在铜锌钎料中加入较多的锰和镍，利用这两种元素在铜和铁中固溶度均较大的性质，可以提高液态钎料在灰铸铁表面的润湿性，促进钎料成分向灰铸铁中扩散，从而提高接头强度。另外，可以降低钎焊温度，有助于防止热影响区高硬度组织，还使得钎缝变为灰白色，接近灰铸铁的颜色。Cu - Zn - Mn - Ni 灰铸铁钎料，应配合使用以下成分的钎剂：$w_{H_3BO_3}=40\%$，$w_{Li_2CO_3}=16\%$，$w_{Na_2CO_3}=24\%$，$w_{NaF}=7.4\%$，$w_{NaCl}=12.6\%$。

氧乙炔火焰钎焊时，先用弱氧化焰预热铸铁件，有助于去除焊补表面的石墨。添加钎剂时温度控制在600℃以下，钎剂全部熔化后，铸件温度升高到650℃～700℃时，改用中性焰，直至完成钎焊。使用 Cu - Zn - Mn - Ni 钎料钎焊灰铸铁 HT200 时，接头最高硬度小于230HBS，抗拉强度 $\sigma_b \geq 196$MPa，拉伸试件均断在灰铸铁上。而且钎焊接头机械加工性优异，钎缝颜色基本接近灰铸铁的颜色。

（三）典型案例——灰铸铁气缸的焊补

气缸裂纹（见图4-13中 *A*、*B* 两处裂纹，气缸材质为HT200）的焊补。

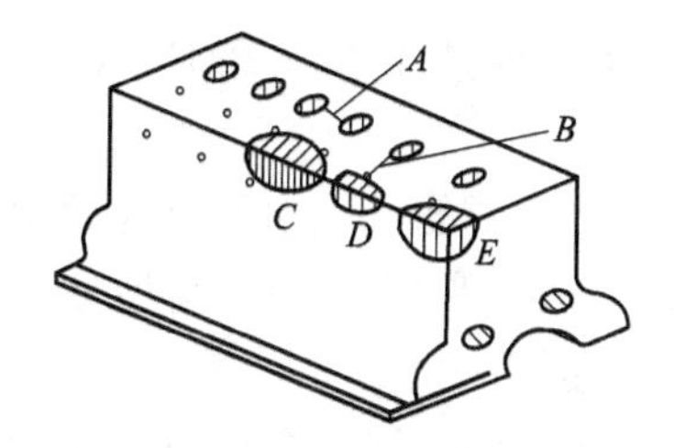

图4－13　气缸裂纹及减应区

1. 焊接性分析

灰铸铁中碳成片状石墨形态分布，硫、磷杂质含量高，增大了焊缝对冷却速度的敏感性，而焊接时，接头的冷却速度大于铸件在砂型中的冷却速度，焊缝结晶时间短，石墨化过程不充分，致使熔合区和焊缝中碳以 Fe_3C 状态存在，形成白口及淬硬组织。此外，灰铸铁强度低、塑性差，焊接过程冷却速度快，焊件受热不均而形成较大的焊接应力，使焊接接头易出现裂纹，所以，灰铸铁属难焊的金属材料，除了正确选择焊接方法及其所用的焊接材料外，还需要有与之相适应的焊接工艺措施配合，焊补才能取得成功。

2. 焊接方法的选择

焊补灰铸铁的常用方法有电弧焊和气焊，此外还有钎焊和手工电渣焊。气焊设备简单，操作灵活，火焰温度比电弧温度低，热量不集中，加热区面积较大，加热时间较长，起局部预热作用，焊后还可以利用气体火焰对焊缝进行整形，或对焊补区继续加热，促进石墨化过程，有利于防止白口和减少焊接应力。气焊前对清理污物要求不高，可以用火焰直接进行清理，简化了准备工作。气缸裂纹焊缝较短，又是带孔洞的缸体结构，所以选用加热减应区气焊法进行焊补。加热减应区焊法是选择待焊铸件的某些部位（减应区）进行预热、保温或焊后加热，以减小阻碍焊补区在焊接过程中自由伸缩的约束，从而降低焊接应力及裂纹出现的可能性。加热减应区焊法关键是正确选择加热部位。加热部位应选在加热时能使待焊补的裂纹作横向略微张开的部位，与其他部位联系不多且强度较大的部位，且不会因预热而引起阻碍焊缝收缩的应力。气缸的减应区为图4－13中的阴影区域 *C*、*D*、*E*。

3. 焊接工艺

（1）焊前准备。

1）焊前将裂纹附近区域的油、锈等清除干净，用尖冲在裂纹的全长上冲眼，每个眼相距10～15mm，以显示出裂纹的长度及形状。

2）用砂轮或錾子开坡口，坡口角度70°～80°。

（2）焊丝、熔剂和焊炬的选择。

1）气焊灰铸铁选用焊丝RZC－1、RZC－2、RZCH。RZCH主要用于高强度及合金铸铁件，普通灰铸铁件选用焊丝 RZC－1、RZC－2，本例焊丝选用 RZC－2（或 HS401）。

2）为了去除焊接过程中生成的氧化物和改善润湿性能，常使用熔剂。气剂 201 呈碱性，而焊接时生成的高熔点 SiO_2 呈酸性，两者生成低熔点的盐类上浮到焊缝表面，所以熔剂选用气剂 201。

3）虽然铸铁的熔点低于碳钢，但补焊灰铸铁时为提高熔池温度，消除气孔、夹渣、未焊透、白口化等缺陷，选用大号焊炬 H01－20，5 号焊嘴。

（3）操作工艺。用两把 H01－20 型号焊炬同时加热减应区 *D*，当 *D* 处的温度升高到 400℃～500℃时，撤出一把焊炬加热 *A* 处裂纹，并进行焊补。焊补 *A* 处裂纹时的操作要点：

1）火焰。焊接过程必须使用中性火焰或弱碳化焰，火焰始终要覆盖住熔池，以减少碳、硅的烧损，保持熔池温度。

2）焊接。先用火焰加热坡口底部使之熔化形成熔池，将已烧热焊丝沾上熔剂迅速插入熔池，让焊丝在熔池中熔化而不是以熔滴状滴入熔池。焊丝在熔池中不断的往复运动，使熔池内的夹杂物浮起，待熔渣在表面集中，用焊丝端部沾出排除。若发现熔池底部有白亮夹杂物（SiO_2）或气孔时，应加大火焰，减小焰心到熔池的距离，以便提高熔池底部温度使之浮起，也可用焊丝迅速插入熔池底部将夹杂物、气孔排出。

3）收尾。焊到最后的焊缝应略高于铸铁件表面，同时将流到焊缝外面的熔渣重熔，待焊缝温度降低至处于半熔化状态时，用冷的焊丝平行于铸件表面迅速将高出部分刮平，这样得出的焊缝没有气孔、夹渣，且外表平整。*A* 处裂纹焊补好后要清除表面氧化膜层。

A 处焊好后立即移到 *B* 处进行加热并焊补。焊补时操作要点与 *A* 处相同。同时用另一把焊炬加热减应区 *C*，当 *C* 处温度达到 500℃～600℃后，将焊炬移向 *D* 处加热。当 *B* 处焊补结束后，用两把焊炬同时加热 *D* 处，当该处温度达到 600℃～700℃之后，用一把焊炬加热减应区 *E*，当 *E* 处的温度达到 700℃左右时，应立即降低火焰温度，使 *E* 处温度缓慢下降，当 *E* 处温度降到 400℃～500℃时，停止加热。放在室内自然冷却，冷却后进行气密性试验。

任务四　球墨铸铁的焊接

（一）球墨铸铁的焊接性特点

球墨铸铁与灰铸铁的差别在于液态铸铁在出炉浇注前是否加入球化剂，加入适量的镁和稀土铈进行球化处理使石墨呈球状，可得到力学性能良好的球墨铸铁。球墨铸铁焊接性特点表现在两个方面。

（1）球墨铸铁中的球化剂有增大铁液结晶过冷度、阻碍石墨化和促进奥氏体转变为马氏体的作用。例如，对灰铸铁熔池而言，在1 200℃ ~1 000℃温度内的冷却速度为18℃/s时，可以防止灰铸铁焊缝出现莱氏体。而焊接球墨铸铁时，即使焊前预热到400℃，使焊接熔池在1 200℃ ~1 000℃温度内的冷却速度下降到5.4℃/s，球墨铸铁焊缝中仍然有20%左右的莱氏体。而半熔化区冷却速度比焊缝快，更容易出现白口。所以，焊接球墨铸铁时，铸铁型焊缝及半熔化区液态金属结晶过冷度增大，更容易出现莱氏体组织（即白口铸铁），奥氏体区更容易出现马氏体组织。

（2）由于球墨铸铁的力学性能远比灰铸铁好，特别是以铁素体为基体的球墨铸铁，塑性和韧性很好，对焊接接头的力学性能要求相应提高。焊接接头中白口铸铁的存在将使冲击韧度值大幅度下降，对强度和塑性指标也有较大的不良影响。另外，焊接接头出现白口铸铁的部位容易萌生裂纹，促进形成焊接冷裂纹。

（二）球墨铸铁的焊接工艺特点

球墨铸铁由于含有球化剂，加剧了焊缝和半熔化区液相金属的过冷倾向，促进形成白口铸铁。球化剂元素还增加奥氏体的稳定性，促进奥氏体区形成马氏体组织。因此，球墨铸铁的焊接性比灰铸铁差。铁素体球墨铸铁的抗拉强度为400~500MPa，伸长率高达10% ~18%；珠光体球墨铸铁抗拉强度提高到600~800MPa，伸长率下降到2% ~3%；铁素体+珠光体混合组织的球墨铸铁，力学性能处于二者之间，球墨铸铁良好的力学性能对焊接提出了较高要求。近年来国内外推广应用铸态铁素体球墨铸铁，也向焊接领域提出了在焊态下获得纯铁素体基体球墨铸铁焊缝的要求。此外，球墨铸铁力学性能接近于钢，焊接方法不仅用于球墨铸铁件铸造缺陷的修复，还用于球墨铸铁之间、球墨铸铁与其他金属之间的焊接结构制造。

1. 气焊

由于气焊具有火焰温度低、焊接区加热及冷却缓慢的特点，对降低焊接接头的白口及淬硬组织形成倾向有利。另外，可以减少球化剂的蒸发，有利于保证焊缝获得球墨铸铁组织。表4-4给出的气焊用球墨铸铁焊丝分为RZCQ-1和RZCQ-2两种，均含有少量球化剂。球化剂分为轻稀土镁合金和钇基重稀土合金两种。用不同球化剂的球墨铸铁焊丝进行小缺陷气焊焊补时，由于熔池存在时间短，焊缝均球化良好。但焊接较大缺陷时，熔池存在时间较长，由于钇的沸点高，抗球化衰退能力强，更利于保证焊缝石墨球化，实际应用较多。这种焊丝球墨铸铁厂可以自行浇铸，推荐成分为：$w_C=3.14\%$，$w_{Si}=3.96\%$，$w_{Mn}=0.47\%$，$w_P=0.114\%$，$w_S=0.009\%$，$w_Y=0.170\%$。所谓球化衰退是指焊接熔池停留一定时间后球化效果下降甚至消失的现象。

气焊球墨铸铁焊态下组织为珠光体+铁素体+球状石墨，工艺合适时半熔化区无白口。由于焊接熔池体积小，冷却速度快，与球墨铸铁母材相比，焊缝中的球状石墨尺寸较小，但数量较多，这也与球化剂中含有的硅、钙等元素的孕育作用有关。增加了石墨形核的异质核心，使球状石墨数量增加。焊后经正火热处理，焊接接头的抗拉强度为622MPa，伸长率为2.7%，可以满足珠光体球墨铸铁的力学性能要求。焊后经退火热处理，焊接接头的抗拉强度为467MPa，伸长率为10%，可以满足铁素体球墨铸铁的力学性能要求。

随着铸造技术的进步，可以在铸态下直接获得铁素体球墨铸铁和珠光体球墨铸铁，这就要求焊态下也得要到铁素体或珠光体球墨铸铁焊缝。在气焊条件下，通过选用合适的焊丝，工艺方面注意控制焊缝金属的冷却速度，可以避免焊缝白口，获得接近珠光体球墨铸铁的焊缝组织并防止裂纹。对于铸态铁素体球墨铸铁件，大量研究表明，可以通过加强对焊缝金属孕育处理，形成更多的异质石墨核心，并加强石墨化，得到焊态铁素体焊缝金属。例如，焊缝化学成分为$w_C=3.34\%$、$w_{Mn}=0.4\%$、$w_{RE}=0.073\%$、$w_S=0.015\%$、$w_P=0.026\%$，当$w_{Si}\geq3.40\%$时，能可靠地消除焊缝中的共晶渗碳体。继续少量增加焊缝金属含硅量，铁素体增多，珠光体减少，且石墨球数量增加。加入少量铝，由于Al_2O_3可以作为球状石墨的异质核心，使基体组织中铁素体又有增加，焊缝铝的质量分数为0.27%较好。再往球墨铸铁焊缝金属中加入微量铋（$w_{Bi}=0.009\%\sim0.012\%$），由于Bi与Ce能形成高熔点的金属间化合物$Ce_4Bi_3$、CeBi、$Ce_3Bi$，熔点分别为1 630℃、1 520℃、1 400℃，它们都可以作为球状石墨的异质核心，利用铋的球化和孕育作用，使石墨球数明显增加，基体组织含碳量减少，仅出现少量珠光体，可以认为焊态焊缝已经成为铁素体球墨铸铁。观察焊接接头的半熔化区和奥氏体区，未出现白口和马氏体。

在上述基础上，可以用少量铜、锰、镍、锡等元素，对球墨铸铁焊缝合金化，在焊态下可以获得珠光体球墨铸铁焊缝。而使用RZCQ型球墨铸铁焊丝，焊缝基体为铁素体+珠光体混合组织。

气焊的缺点主要是焊接生产率较低。

2. 同质焊缝（球墨铸铁型）电弧焊

由于母材和焊接材料中都存在一定量的球化剂，严重阻碍石墨化，焊条电弧焊时焊缝和半熔化区容易出现白口铸铁。这不仅影响焊接接头机械加工性能，而且促进焊接接头出现裂纹。因此，要求完全避免白口需要高温预热（如700℃）。如果焊后铸铁件要进行整体热处理，可以考虑较低温度预热（如500℃）。

球墨铸铁电弧焊的困难在于：

（1）很难获得石墨稳定球化的焊缝。电弧温度很高，而所有的球化元素熔点、沸点都较低，容易蒸发，且与氧的亲和力很强，易氧化，难以稳定过渡到熔池中；熔池温度也较高，随着熔池存在时间增长而氧化、蒸发；空气、水分也会从坡口间隙、裂缝间隙侵入熔池加剧氧化，球墨铸铁熔池液体金属流失或倾倒出来会立即剧烈燃烧发光就是证明。

（2）已知的球化元素都增大白口倾向，在石墨球化的同时促进焊缝白口。如何防止石墨球化元素在焊接时的蒸发、氧化，提高熔池抗球化衰退能力，减小白口倾向，成为研制高球化稳定性、低白口倾向同质铸铁焊条的关键。

可以采用强脱氧、强脱硫、强孕育达到石墨球化稳定、白口倾向小的目的。由于将强烈阻碍石墨化和阻碍球化的元素 S 降低到很低的水平，并限制了白口倾向较大的球化元素的加入，选择采用 C、Si、Al、Ca、Ba、Ce 等强脱氧元素或兼有强脱硫能力和强孕育能力的元素，并用试验方法确定了合适的含量或加入量，不仅稳定了球化，而且由于石墨结晶晶核数量大增，球状石墨也相应增加，白口倾向大为降低。

为了符合球墨铸铁焊接的要求，加入微量球化元素可获得稳定的球状石墨。当用稀土镁时因 Mg 的沸点仅 1 107℃，大部分蒸发氧化，焊缝中 Mg 残留含量不稳定而且很低，有时小于 0.009%；而以 Ce 为主的轻稀土因 Ce 沸点高达 2 930℃，蒸发量少得多，在强脱氧脱硫条件下过渡较多而稳定，其质量分数在 0.01% ~0.02%。Ce 也生成 CeO_2、CeS 形成石墨结晶核心，实验证明在这样微量条件下没有增大白口倾向。但用重稀土 Y 作球化元素时，虽然同样可达到稳定球化的效果，力学性能也很好，但白口倾向有所增大。

对于厚大件球墨铸铁的不预热连续焊，随着缺陷尺寸变小，焊缝硬度会升高，所以，只能在一定的结构、刚度、壁厚条件下采用不预热焊。

3. 异质焊缝（非球墨铸铁型）电弧焊

球墨铸铁同质焊缝电弧焊时，焊接材料价格较低，但一般要求高温预热，缺陷体积较小时，采用不预热焊难以保证焊补质量。因此，可以将一些力学性能好的灰铸铁异质焊接材料用于球墨铸铁电弧冷焊，例如镍铁铸铁焊条和高钒铸铁焊条。特别是制造球墨铸铁与球墨铸铁、球墨铸铁与其他金属焊接结构件的发展，进一步推动了镍基铸铁焊接材料和工艺的发展。

高钒铸铁焊条（EZV 型）的焊缝组织对冷却速度不敏感，细小的碳化钒

(V_4C_3) 对铁素体的弥散强化作用使焊缝金属具有较好的力学性能，可以满足多种球墨铸铁对焊缝金属的力学性能要求。但是，焊接接头半熔化区白口铸铁层较宽，焊缝底部有一条碳化钒颗粒组成的高硬度带状组织，使接头加工性差，只在非加工面缺陷焊补时有一些应用。

球墨铸铁异质焊接材料主要采用镍铁铸铁焊条（EZNiFe 型），第一层焊缝金属镍的质量分数约为40%，膨胀系数较小，有利于降低焊接应力防止裂纹。在镍基铸铁焊条中，该焊条抗热裂纹性能最好，力学性能最高，但用于球墨铸铁电弧冷焊，焊缝的力学性能仍需提高。例如，焊接 QT400－18 球墨铸铁时塑性不足，焊接 QT600－3 球墨铸铁时抗拉强度不够。市售镍铁铸铁焊条成分差别较大，用于灰铸铁焊接时，对焊缝力学性能要求不高都可以用，用于球墨铸铁焊接时应注意选用质量好的镍铁焊条。

镍铁铸铁焊条用于球墨铸铁焊接结构件制造时，由于生产率低，焊条头丢弃使材料成本增加，以及焊条红尾影响焊接质量等原因，工业发达国家发展了适用于自动焊接的药芯焊丝和实芯焊丝。熔敷金属的主要成分为 Ni（w_{Ni} = 50%），其余为 Fe。药芯焊丝直径多为 2.4mm，实芯焊丝常用直径为 0.8～1.2mm。药芯焊丝可以用 CO_2 气体保护或自保护，焊接电流为 330～380A，熔敷效率较高，但半熔化区白口较宽。实芯焊丝用氩气保护，常用电流在 100A 左右，焊接熔滴为短路过渡，焊接热影响区很窄，接头加工性良好。为了提高自动焊接效率并防止裂纹，最好将球墨铸铁件预热到 315℃～350℃。

思考题

1. 工业上常用的铸铁有哪几种？简述碳在每种铸铁中的存在形式和石墨形态有何不同，力学性能各有什么不同。

2. 分析影响铸铁型焊缝组织的主要因素有哪些。

3. 分析灰铸铁电弧焊焊接接头形成白口与淬硬组织的区域特点、原因及危害。

4. 分析灰铸铁同质焊缝产生冷裂纹的原因及防止措施。

5. 说明用镍基铸铁焊条电弧冷焊铸铁时，焊缝易产生热裂纹的原因及防止措施。

6. 球墨铸铁焊接性特点是什么？焊接过程中应采用什么样的工艺措施？

7. 简述采用铸铁同质焊条对焊接工艺有何要求。

8. 说明铸铁异质焊缝焊条电弧冷焊工艺要点“短段断续分散焊，较小电流熔深浅，每段锤击消应力，退火焊道前段软”的具体内容。

模块五

有色金属的焊接

随着有色金属应用的日益广泛，其连接技术也随之备受关注。有色金属种类很多，各自具有不同的性能特点。本章主要阐述有色金属应用中最常见的铝、铜、钛及其合金的性能及焊接特点，着重对其焊接性进行分析，同时分别介绍了铝、铜、钛及其合金常用的焊接方法、焊接材料和工艺要点。

任务一　铝及铝合金的焊接

铝及铝合金具有密度小、比强度高和良好的耐蚀性、导电性、导热性，以及在低温下能保持良好的力学性能等特点，广泛应用于航空航天、汽车、电工、化工、交通运输、国防等工业部门。

（一）铝及铝合金的分类、成分及性能

1. 铝及铝合金的分类

根据合金化系列，铝及铝合金分为工业纯铝、铝铜合金、铝锰合金、铝硅合金、铝镁合金、铝镁硅合金、铝锌镁铜合金等七大类。按强化方式，分为非热处理强化铝合金和热处理强化铝合金。前者只能变形强化，后者既可热处理强化，也可变形强化。按铝制产品形式不同，分为变形铝合金和铸造铝合金。铝合金分类示意图如图 5－1 所示。铝合金的分类见表 5－1。

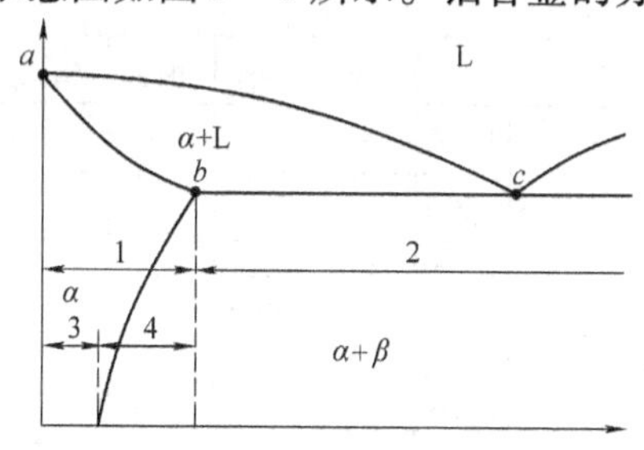

图 5－1　铝合金分类示意图

1—变形铝合金；2—铸造铝合金；3—非热处理强化铝合金；4—热处理强化铝合金

表 5-1 铝合金分类

分类		合金名称	合金系	性能特点	牌号示例
变形铝合金	非热处理强化铝合金	防锈铝	Al-Mn	抗蚀性、压力加工性与焊接性能好，但强度较低	3A21
			Al-Mg		5A05
	热处理强化铝合金	硬铝	Al-Cu-Mg	力学性能高	2A11
		超硬铝	Al-Cu-Mg-Zn	强度最高	7A04
		锻铝	Al-Mg-Si-Cu	锻造性能好，耐热性能好	6A02
			Al-Cu-Mg-Fe-Ni		2A70
铸造铝合金		铝硅合金	Al-Si	铸造性能好，不能热处理强化，力学性能较低	ZL102
		特殊铝硅合金	Al-Si-Mg	铸造性能良好，可热处理强化，力学性能较高	ZL101
			Al-Si-Cu		ZL107
		铝铜铸造合金	Al-Cu	耐热性好，铸造性能与抗蚀性差	ZL201
		铝镁铸造合金	Al-Mg	力学性能高，抗蚀性好	ZL301

非热处理强化铝合金可通过加工硬化、固溶强化提高力学性能，特点是强度中等、塑性及耐蚀性好，又称防锈铝，焊接性良好，是焊接结构中应用最广的铝合金。热处理强化铝合金是通过固溶、淬火、时效等工艺提高力学性能。经热处理后可显著提高抗拉强度，但焊接性较差，熔焊时产生焊接裂纹的倾向较大，焊接接头的力学性能下降。热处理强化铝合金包括硬铝、超硬铝、锻铝等。

2. 铝及铝合金的牌号、成分及性能

常用铝及铝合金的牌号及化学成分见表 5-2，常用铝及铝合金的力学性能见表 5-3。

表 5-2 常用铝及铝合金的牌号及化学成分

类别	牌号	主要化学成分/%												原牌号
		w_{Cu}	w_{Mg}	w_{Mn}	w_{Fe}	w_{Si}	w_{Zn}	w_{Ni}	w_{Cr}	w_{Ti}	w_{Be}	w_{Al}	w_{Fe+Si}	
工业纯铝	1A99	0.05	—	—	0.003	0.002	—	—	—	—	—	99.99	—	LG5
	1A97	0.05	—	—	0.015	0.015	—	—	—	—	—	99.97	—	LG4
	1A85	0.01	—	—	0.10	0.08	—	—	—	—	—	99.85	—	LG1
	1070	0.04	0.03	0.03	0.25	0.2	0.04	—	—	0.03	—	99.8	—	—
	1035	0.05	—	—	0.35	0.40	—	—	—	—	—	99.30	0.60	L4
	1200	0.05	—	—	0.05	0.05	0.10	—	—	0.05	—	99.00	1.00	L5
	8A06	0.10	0.10	0.10	0.50	0.55	0.10					余量	1.00	L6

续表

类别	牌号	主要化学成分/%												原牌号
		w_{Cu}	w_{Mg}	w_{Mn}	w_{Fe}	w_{Si}	w_{Zn}	w_{Ni}	w_{Cr}	w_{Ti}	w_{Be}	w_{Al}	w_{Fe+Si}	
防锈铝	5A02	0.10	2.0～2.8	0.15～0.4	0.4	0.4	—	—	—	0.15	—	余量	0.6	LF2
	5A03	0.10	3.2～3.8	0.30～0.6	0.50	0.50～0.8	0.20	—	—	0.15	—		—	LF3
	5052	0.1	2.2～2.8	0.1	0.4	0.25	0.1	—	0.15～0.35	—	—		—	—
	5083	0.10	4.0～4.9	0.4～1.0	0.40	0.40	0.25	—	0.05～0.25	0.15	—		—	LF4
	5A05	0.10	4.8～5.5	0.30～0.6	0.50	0.50	0.20	—	—	—	—		—	LF5
	5B05	0.20	4.7～5.7	0.20～0.6	0.4	0.4	—	—	—	0.15	—		0.6	LF10
	5A12	0.05	8.3～9.6	0.40～0.8	0.30	0.30	0.20	0.10	Sb 0.004～0.05	0.05～0.15	0.05		—	LF12
	3003	0.05～0.2		1.0～1.5	0.7	0.6	0.10	—	—	—	—		—	—
	3A21	0.20	0.05	1.0～1.6	0.70	0.6	0.10	—	—	0.15	—		—	LF21
硬铝	2A02	2.6～3.2	2.0～2.4	0.45～0.7	0.30	0.30	0.10	—	—	0.15		余量	—	LY2
	2A04	3.2～3.7	2.1～2.6	0.5～0.8	0.30	0.30	0.10	—	—	0.05～0.4	0.001～0.005		—	LY4
	2A06	3.8～4.3	1.7～2.3	0.5～1.0	0.50	0.50	0.10	—	—	0.03～0.15	0.001～0.005		—	LY6
	2B11	3.8～4.5	0.4～0.8	0.40～0.8	0.50	0.50	0.10	—	—	0.15	—		—	LY8
	2A10	3.9～4.5	0.15～0.3	0.30～0.5	0.20	0.25	0.10	—	—	0.15	—		—	LY10
	2A11	3.8～4.8	0.40～0.8	0.40～0.8	0.70	0.70	0.30	0.10	—	0.15	—		w_{Fe+Ni} 0.7	LY11
	2A12	3.8～4.9	1.2～1.8	0.30～0.9	0.50	0.50	0.30	0.10	—	0.15	—		w_{Fe+Ni} 0.5	LY12
	2A13	4.0～5.0	0.30～0.5	—	0.60	0.70	0.60	0.10	—	0.15	—		—	LY13

续表

类别	牌号	主要化学成分/%												原牌号
		w_{Cu}	w_{Mg}	w_{Mn}	w_{Fe}	w_{Si}	w_{Zn}	w_{Ni}	w_{Cr}	w_{Ti}	w_{Be}	w_{Al}	w_{Fe+Si}	
锻铝	6A02	0.2~0.6	0.45~0.9	或Cr 0.15~0.35	0.50	0.50~1.2	0.2	—	—	0.15	—	余量	—	LD2
	2A70	1.9~2.5	1.4~1.8	0.2	0.9~1.5	0.35	0.3	0.9~1.5	—	0.02~0.1	—		—	LD7
	2A90	3.5~4.5	0.4~0.8	0.2	0.5~1.0	0.5~1.0	0.3	1.8~2.3	—	0.15	—		—	LD9
	2A14	3.9~4.8	0.4~0.8	0.4~1.0	0.7	0.6~1.2	0.3	0.1	—	0.15	—		—	LD10
超硬铝	7A03	1.8~2.4	1.2~1.6	0.10	0.20	0.20	6.0~6.7	—	0.05	0.02~0.08	—	余量	—	LC3
	7A04	1.4~2.0	1.8~2.8	0.20~0.6	0.50	0.50	5.0~7.0	—	0.10~0.25	—	—		—	LC4
	7A09	1.2~2.0	2.0~3.0	0.15	0.5	0.5	5.1~6.1	—	0.16~0.30	—	—		—	LC9
	7A10	0.5~1.0	3.0~4.0	0.20~0.35	0.30	0.30	3.2~4.2	—	0.10~0.2	0.05	—		—	LC10
特殊铝	4A01	0.20	—	—	0.6	4.5~6.0	w_{Zn+Sn} 0.10	—	—	0.15	—	余量	—	LT1
	4A17	Cu+Zn 0.15	0.05	0.5	0.5	11.0~12.5	—	—	—	0.15	—		Ca 0.10	LT17

表 5-3 常用铝及铝合金的力学性能

类别	合金牌号	材料状态	抗拉强度 σ_b/MPa	屈服强度 σ_s/MPa	伸长率 δ/%	断面收缩率 ψ/%	布氏硬度 HB
工业纯铝	1A99	固溶态	45	$\sigma_{0.2}=10$	$\delta_5=50$	—	17
	8A06	退火	90	30	30	—	25
	1035	冷作硬化	140	100	12	—	32
防锈铝	3A21	退火	130	50	20	70	30
		冷作硬化	160	130	10	55	40
	5A02	退火	200	100	23	—	45
		冷作硬化	250	210	6	—	60
	5A05 5B05	退火	270	150	23	— —	70

续表

类别	合金牌号	材料状态	抗拉强度 σ_b/MPa	屈服强度 σ_s/MPa	伸长率 δ/%	断面收缩率 ψ/%	布氏硬度 HB
硬铝	2A11	淬火+自然时效	420	240	18	35	100
		退火	210	110	18	58	45
		包铝的，淬火+自然时效	380	220	18	—	100
		包铝的，退火	180	110	18	—	45
	2A12	淬火+自然时效	470	330	17	30	105
		退火	210	110	18	55	42
		包铝的，淬火+自然时效	430	300	18	—	105
		包铝的，退火	180	100	18	—	42
	2A01	淬火+自然时效	300	170	24	50	70
		退火	160	60	24	—	38
锻铝	6A02	淬火+人工时效	323.4	274.4	12	20	95
		淬火	215.6	117.6	22	50	65
		退火	127.4	60	24	65	30
超硬铝	7A04	淬火+人工时效	588	539	12	—	150
		退火	254.8	127.4	13	—	—

铝及铝合金的物理性能见表5-4。

表5-4　铝及铝合金的物理性能

合　金	密度 ρ/（g·cm^{-3}）	比热容 C/（J·g^{-1}·℃$^{-1}$）	热导率 λ/（J·cm^{-1}·s^{-1}·℃$^{-1}$）	线膨胀系数 α/（℃×10^{-6}）	电导率 ρ/（Ω·cm×10^{-6}）
		100℃	25℃	20~100℃	20℃
纯铝	2.7	0.90	2.21	23.6	2.665
3A21	2.693	1.00	1.80	23.2	3.45
5A03	2.67	0.88	1.46	23.5	4.96
5A06	2.64	0.92	1.17	23.7	6.73
2A12	2.78	0.92	1.17	22.7	5.79
2A16	2.70	0.88	1.38	22.6	6.10
6A02	2.80	0.79	1.75	23.5	3.70
2A14	2.85	0.83	1.59	22.5	4.30

（二）铝及铝合金的焊接性

铝及其合金的化学活性很强，表面极易形成难熔氧化膜（Al_2O_3熔点约为

2 050℃，MgO 熔点约为 2 500℃），加之铝及其合金导热性强，焊接时易造成不熔合现象。由于氧化膜密度与铝的密度接近，也易成为焊缝金属的夹杂物。同时，氧化膜（特别是有 MgO 存在的不很致密的氧化膜）可吸收较多水分而成为焊缝气孔的重要原因之一。此外，铝及其合金的线膨胀系数大，焊接时容易产生翘曲变形。这些都是焊接生产中比较困难的问题。对铝合金进行焊接可用不同的焊接方法，表 5－5 所列为部分铝及铝合金的相对焊接性。

表 5－5 部分铝及铝合金的相对焊接性

焊接方法	焊接性及适用范围							说明
	工业纯铝	铝锰合金	铝镁合金		铝铜合金	适用厚度/mm		
	1070 1100	3003 3004	5083 5056	5052 5454	2014 2024	推荐	可用	
TIG 焊（手工、自动）	好	好	好	好	很差	1～10	0.9～25	填丝或不填丝，厚板需预热。交流电源
MIG 焊（手工、自动）	好	好	好	好	差	≥8	≥4	焊丝为电极，厚板需预热和保温。直流反接
脉冲 MIG 焊（手工、自动）	好	好	好	好	差	≥2	1.6～8	适用于薄板焊接
气焊	好	好	很差	差	很差	0.5～10	0.3～25	适用于薄板焊接
焊条电弧焊	尚好	尚好	很差	差	很差	3～8	—	直流反接，需预热，操作性差
电阻焊（点焊、缝焊）	尚好	尚好	好	好	尚好	0.7～3	0.1～4	需要电流大
等离子弧焊	好	好	好	好	差	1～10	—	焊缝晶粒小，抗气孔性能好
电子束焊	好	好	好	好	尚好	3～75	≥3	焊接质量好，适用于厚件

1. 焊缝中的气孔

铝及其合金熔焊时最常见的缺陷是焊缝气孔，特别是对于纯铝和防锈铝的焊接。

（1）铝及其合金熔焊时形成气孔的特点。氢是铝及其合金熔焊时产生气孔的主要原因，氢的来源是弧柱气氛中的水分、焊接材料以及母材所吸附的水分，其中焊丝及母材表面氧化膜的吸附水分对焊缝气孔的产生有重要的影响。

1）弧柱气氛中水分的影响。弧柱空间或多或少存在一定量的水分，尤其在潮湿季节或湿度大的地区进行焊接时，由弧柱气氛中水分分解而来的氢，溶入过热的熔融金属中，凝固时来不及析出成为焊缝气孔。这时所形成的气孔具有白亮内壁的特征。

弧柱气氛中的氢之所以能使焊缝形成气孔，与它在铝中的溶解度变化有关。由图 5－2 可见，平衡条件下氢的溶解度沿图中的实线变化，凝固点时可从 0.69mL/100g 突降到 0.036mL/100g，相差约 20 倍（在钢中只相差不到 2 倍），这是氢易使铝焊缝产生气孔的重要原因之一。铝的导热性很强，在同样的工艺条件下，铝熔合区的冷却速度为高强钢焊接时的 4～7 倍，不利于气泡浮出，更易于促使形成气孔。

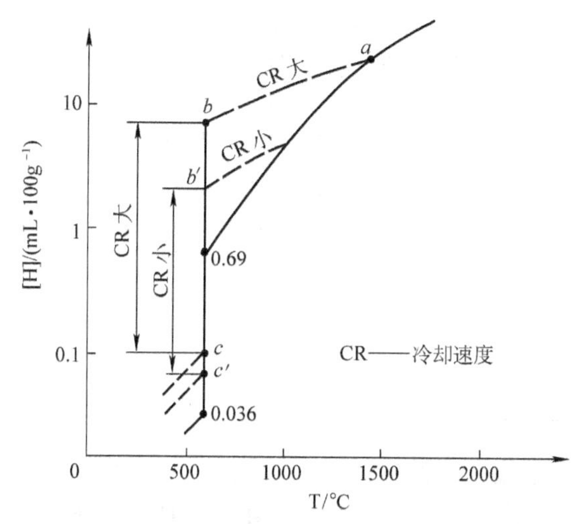

图 5－2　氢在铝中的溶解度（P_{H_2} = 101kPa）

不同合金系对弧柱气氛中水分的影响是不同的。纯铝对气氛中的水分最为敏感。Al－Mg 合金 Mg 含量增高，氢的溶解度和引起气孔的临界氢分压 p_{H2} 随之增大，因而对吸收气氛中水分不太敏感。相比之下，同样焊接条件下，纯铝焊缝产生气孔的倾向要大些。

不同的焊接方法对弧柱气氛中水分的敏感性也不同。TIG 焊或 MIG 焊时氢的吸收速率和吸氢量有明显差别。MIG 焊时，焊丝以细小熔滴形式通过弧柱落入熔池，由于弧柱温度高，熔滴比表面积大，熔滴金属易于吸收氢；TIG 焊时，熔池金属表面与气体氢反应，因比表面积小和熔池温度低于弧柱温度，吸收氢的条件不如 MIG 焊时容易。同时，MIG 焊的熔深一般大于 TIG 焊的熔深，也不利于气泡的浮出。所以，在同样的气氛条件下，MIG 焊时焊缝气孔倾向比 TIG 焊时大。

2）氧化膜中水分的影响。在正常的焊接条件下，对于气氛中的水分已严格限制，这时，焊丝或工件氧化膜中所吸附的水分将是生成焊缝气孔的主要原因。氧化膜不致密、吸水性强的铝合金（如 Al－Mg 合金），比氧化膜致密的纯铝具有更大的气孔倾向。因为 Al－Mg 合金的氧化膜由 Al_2O_3 和 MgO 构成，而 MgO 越多，形成的氧化膜越不致密，更易于吸附水分；纯铝的氧化膜只由 Al_2O_3 构成，比较致密，相对来说吸水性要小。Al－Li 合金的氧化膜更易吸收水分而促使产生气孔。

MIG 焊由于熔深大，坡口端部的氧化膜能迅速熔化，有利于氧化膜中水分的排除，氧化膜对焊缝气孔的影响就小得多。由表 5－6 可见，焊丝表面氧化膜的清理对焊缝含氢量的影响很大（焊丝是纯铝），若是 Al－Mg 合金焊丝，影响将更显著。严格限制弧柱气氛水分的 MIG 焊接条件下，用 Al－Mg 合金焊丝比用纯铝焊丝时具有更大的气孔倾向。

表 5－6　纯铝焊丝表面清理方法对焊缝含氢量的影响

处理方法	未处理	不完全的机械刮削	15% NaOH（2min）＋15% HNO_3（8min）＋水洗干燥	沸腾蒸馏水中加热 1h，室内存放 1d
气体总量/（$mL \cdot 100g^{-1}$）	2.8	1.6	1.0	8.7
氢量/（$mL \cdot 100g^{-1}$）	2.1	1.3	0.7	6.9
氢体积比率/%	74.9	81.3	70.0	79.3

TIG 焊时，在熔透不足的情况下，母材坡口根部未除净的氧化膜所吸附的水分是产生焊缝气孔的主要原因。这种氧化膜不仅提供了氢的来源，而且能使气泡聚集附着。刚形成熔池时，如果坡口附近的氧化膜未能完全熔化而残存下来，则氧化膜中水分因受热而分解出氢，并在氧化膜上萌生气泡；由于气泡是附着在残留氧化膜上，不易脱离浮出，且因气泡是在熔化早期形成的，有条件长大，所以常造成集中的大气孔。这种气孔在焊缝根部未熔合时就更严重。坡口端部氧化膜引起的气孔，常沿着熔合区原坡口边缘分布，内壁呈氧化色，这是其重要特征。由于 Al－Mg 合金比纯铝更易于形成疏松而吸水性强的厚氧化膜，所以 Al－Mg 合金比纯铝更容易产生这种集中的氧化膜气孔。因此，焊接铝镁合金时，焊前须仔细清除坡口端部的氧化膜。

母材表面氧化膜也会在近缝区引起“气孔”，这出现于 Al－Mg 合金气焊或 TIG 焊慢速焊条件下。这种“气孔”以表面密集的小颗粒状的“鼓泡”形式呈现出来，也被认为是“皮下气孔”。

（2）防止焊缝气孔的途径。防止焊缝中的气孔可从两方面着手。一是限制氢溶入熔融金属，或者是减少氢的来源，或者减少氢与熔融金属作用的时间（如减少熔池吸氢时间）；二是尽量促使氢从熔池逸出，即在熔池凝固之前使氢以气泡形式及时排出，这就要改善冷却条件以增加氢的逸出时间（如增大熔池析氢时间）。

1）减少氢的来源。使用的焊接材料（包括保护气体、焊丝、焊条等）要严格限制含水量，使用前需干燥处理。一般认为，氩气中的含水量小于0.08%时不易形成气孔。氩气的管路也要保持干燥。

焊前处理十分重要。焊丝及母材表面的氧化膜应彻底清除，采用化学方法或机械方法均可，若两者并用效果更好。在5A03（板厚1.8mm）手工TIG焊时，仅经过化学清洗仍不能防止气孔。化学清洗后，焊前应用细钢丝刷再全面刷一遍近缝区，并用刮刀刮削坡口端面，装配时要防止再度弄脏。机械清理后表面氧化速度很快，应及时进行焊接。

化学清洗有两个步骤：脱脂去油和去除氧化膜。处理方法和所用溶液的示例见表5-7。清洗后到焊前的间隔时间（即存放时间）对气孔的产生有一定影响。存放时间延长，焊丝或母材吸附的水分增多。所以，化学清洗后应及时施焊，一般要求化学清洗后2~3h内进行焊接，一般不要超过12h。对于大型构件，清洗后不能立即焊接时，施焊前应再用刮刀刮削坡口端面并及时施焊。

表5-7　铝合金化学清洗溶液及处理方法示例

作　用	配　方	处理方法
脱脂去油	Na_3PO_4 50g Na_2CO_3 50g Na_2SiO_3 30g H_2O 1 000g	在60℃溶液中浸泡5~8min，然后在30℃热水中冲洗、冷水中冲洗，用干净的布擦干
清除氧化膜	NaOH（除氧化膜）5%~8% HNO_3（光化处理）30%~50%	50℃~60℃；NaOH中浸泡（纯铝20min，铝镁合金5~10min），用冷水冲洗。然后在30% HNO_3 中浸泡（≤1min）。最后在50℃~60℃热水中冲洗，放在100℃~110℃干燥箱中烘干或风干

正反面全面保护，配以坡口刮削是有效防止气孔的措施。将坡口下端根部刮去一个倒角（成为倒V形小坡口），对防止根部氧化膜引起的气孔很有效。焊接时铲焊根有利于减少焊缝气孔的倾向。在MIG焊时，采用粗直径焊丝，比用细直径焊丝时的气孔倾向小，这是由焊丝及熔滴比表面积降低所致。

2）控制焊接工艺。焊接参数的影响可归结为对熔池高温存在时间的影响，也就是对氢溶入时间和氢析出时间的影响。熔池高温存在时间增长，有利于氢的逸出，但也有利于氢的溶入；反之，熔池高温存在时间减少，可减少氢的溶入，但也不利于氢的逸出。焊接参数不当时，如造成氢的溶入量多而又不利于逸出时，气孔倾向势必增大。

对于TIG焊参数的选择，一方面采用小热输入以减少熔池存在时间，从而减少气氛中氢的溶入，因而须适当提高焊接速度；同时又要保证根部熔合，以利根部氧化膜中的气泡浮出，又须适当增大焊接电流。从图5-3可见，采用大焊接电流配合较高的焊接速度较为有利。否则，焊接电流不够大，焊接速度又较快时，根部氧化膜不易熔掉，气体也不易排出，气孔倾向必然增大。焊接电流不够大时，放慢焊接速度有利于熔池排除气体，气孔倾向也可有所减小，但因不利于根部熔合，氧化膜中水分的影响显著，气孔倾向仍比较大。

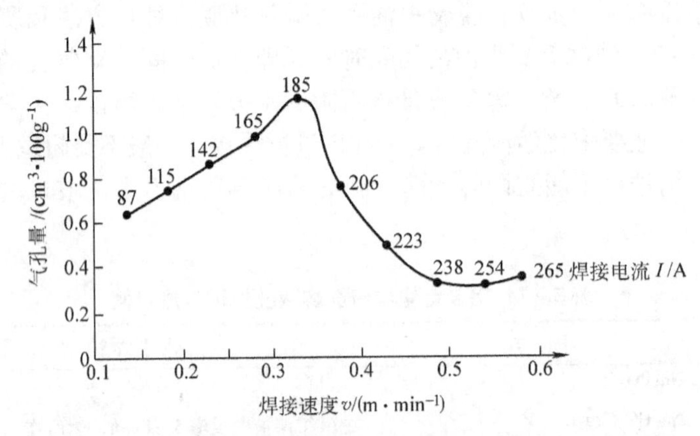

图5-3 焊接参数对气孔倾向的影响（5A06，TIG）

在MIG焊条件下，焊丝氧化膜的影响更明显，减少熔池存在时间，难以有效地防止焊丝氧化膜分解出来的氢向熔池侵入。因此希望增大熔池时间以利气泡逸出。从图5-4可见，降低焊接速度和提高热输入，有利于减少焊缝中的气孔。从图5-5可见，薄板焊接时，焊接热输入的增大可以减少焊缝中的气体含量；但在中厚板焊接时，由于接头冷却速度较大，热输入增大后的影响并不明显。比较接头形式也可看到，T形接头的冷却速度约为对接接头的1.5倍，在同样的热输入条件下焊接薄板时，对接接头的焊缝气体含量较高；中厚板焊接时，T形接头的焊缝含有较多气体。因此，在MIG焊条件下，接头冷却条件对焊缝气体含量有较明显的影响。必要时可采取预热来降低接头冷却速度，以利气体逸出，这对减少焊缝气孔倾向有一定好处。

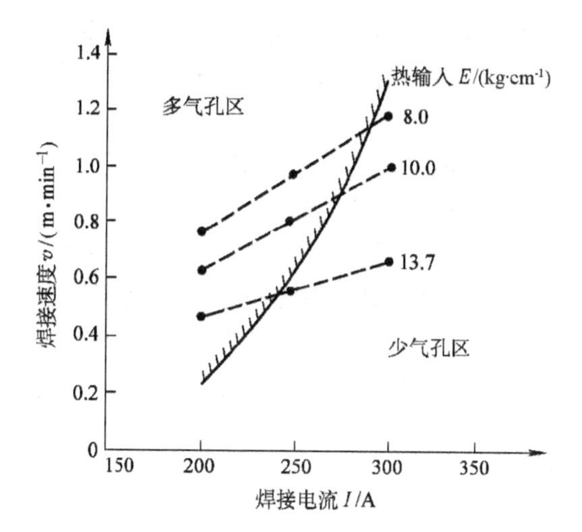

图 5－4　MIG 焊时焊缝气孔倾向与焊接参数的关系

（板 Al－2.5%Mg，焊丝 Al－3.5%Mg）

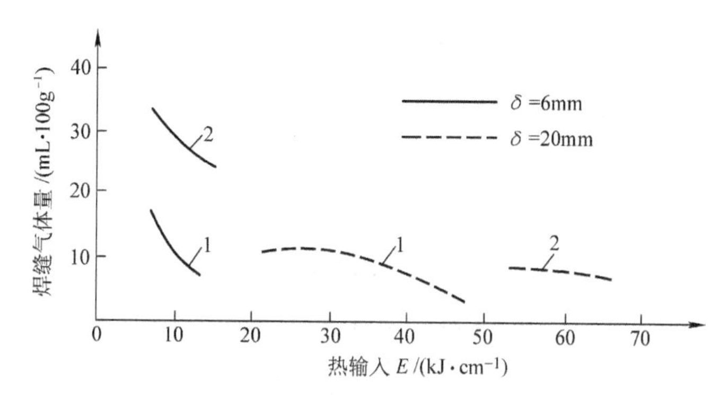

图 5－5　板厚及接头形式对焊缝气体含量的影响（MIG）

1—对接接头；2—T 形接头

改变弧柱气氛的性质，对焊缝气孔倾向也有一些影响。例如，在氩弧焊时，Ar 中加入少量 CO_2 或 O_2 等氧化性气体，使氢发生氧化而减小氢分压，能减少气孔的生成倾向。但是 CO_2 或 O_2 的数量要适当控制，数量少时无效果，过多时又会使焊缝表面氧化严重而发黑。

2. 焊接热裂纹

铝及其合金焊接时，常见的热裂纹主要是焊缝凝固裂纹和近缝区液化裂纹。

（1）铝合金焊接热裂纹的特点。铝合金属于共晶型合金。从理论上分析，最大裂纹倾向与合金的“最大凝固温度区间”相对应。但是，由平衡状态图得出的结论与实际情况有较大出入。例如，在 T 形角接接头的焊接条件下，

Al－Mg 合金焊缝裂纹倾向最大时的成分是在 2% Mg 附近（图 5－6），并不是凝固温度区间最大（15.36% Mg）的合金。其他铝合金的情况也是如此。

由于焊接加热和冷却过程都很快，使合金来不及建立平衡状态，在不平衡的凝固条件下固相线一般要向左下方移动。也就是说，固相与液相之间的扩散来不及进行，先凝固的固相中合金元素含量少，而液相中却含较多合金元素，以致可在较少的平均浓度下就出现共晶。例如在 80～100℃/s 冷却速度下，Al－Cu 合金的实际固相线向左下方移动，使极限溶解度的成分为 0.2% Cu（而不是原来的 5.65% Cu），共晶温度降低到 525℃（原来是 548℃）。若合金中存在其他元素或杂质时，还可能形成三元共晶，其熔点要比二元共晶更低一些，凝固温度区间也更大一些。易熔共晶的存在，是铝合金焊缝产生凝固裂纹的重要原因之一。

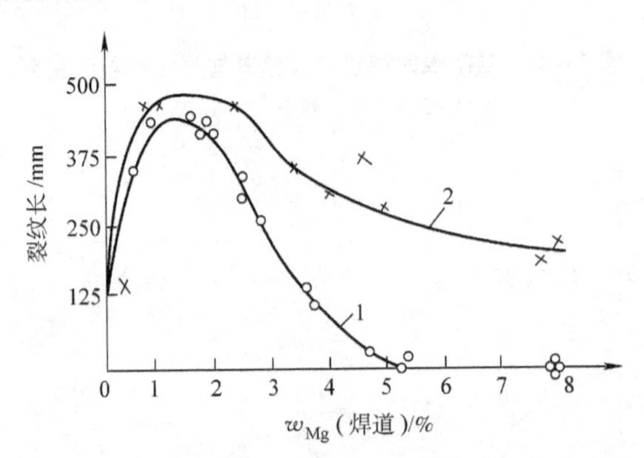

图5－6　Al－Mg 合金焊缝凝固裂纹与 w_{Mg} 的关系（T 形角接接头）

1—连续焊道；2—断续焊道

铝合金的线膨胀系数比钢约大 1 倍，在拘束条件下焊接时易产生较大的焊接应力，也是促使铝合金具有较大裂纹倾向的原因之一。

近缝区液化裂纹同焊缝凝固裂纹一样，也与晶间易熔共晶有联系，但这种易熔共晶夹层并非晶间原已存在的，而是在不平衡的焊接加热条件下因偏析而形成的，所以称为晶间液化裂纹。

（2）防止焊接热裂纹的途径。母材的合金系对焊接热裂纹有重要的影响。在焊接中获得无裂纹的铝合金接头并同时保证各项使用性能要求是很困难的。例如，硬铝和超硬铝就属于这种情况。即使对于纯铝、铝镁合金等，有时也会遇到裂纹问题。

对于焊缝金属的凝固裂纹，主要是通过合理确定焊缝的合金成分，并配合适当的焊接工艺来进行控制。

1）合金系的影响。在铝中加入 Cu、Mn、Si、Mg、Zn 等合金元素可获得

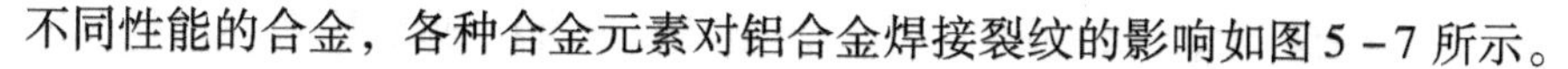

不同性能的合金，各种合金元素对铝合金焊接裂纹的影响如图 5－7 所示。

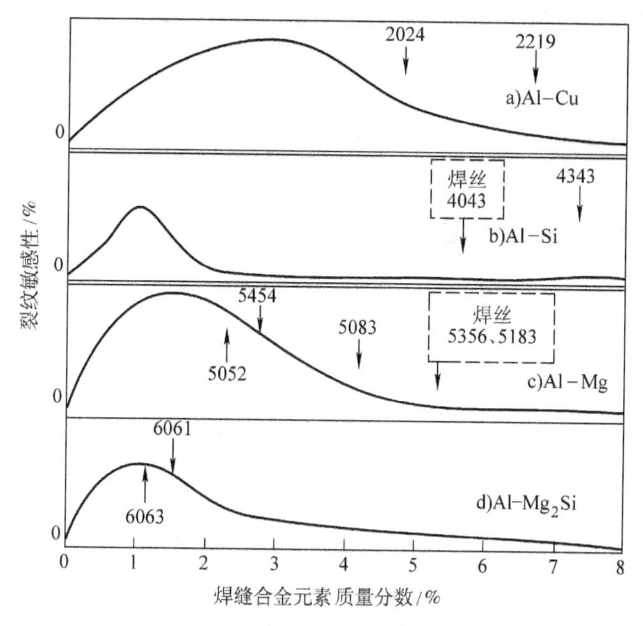

图 5－7　铝合金的裂纹敏感性

对于裂纹倾向大的硬铝之类高强铝合金，在原合金系中进行成分调整以改善抗裂性，往往成效不大。生产中不得不采用含 $w_{Si}=5\%$ 的 Al－Si 合金焊丝（4A01）来解决抗裂问题。因为可以形成较多的易熔共晶，流动性好，具有很好的“愈合”作用，有很高的抗裂性能，但强度和塑性不理想，不能达到母材的水平。

超硬铝的焊接性差，尤其在熔焊时易产生裂纹，而且接头强度远低于母材。其中 Cu 的影响最大，在 Al－6%Zn－2.5%Mg 中只加入 $w_{Cu}=0.2\%$ 即可引起焊接裂纹。对于 Al－Zn－Mg 系合金，同样不允许 Cu、Mg 共存，Zn 及 Mg 增多时，强度增高但耐蚀性下降。

为改善超硬铝的焊接性，发展了 Al－Zn－Mg 系合金。它是在 Al－Zn－Mg－Cu 系基础上取消 Cu，稍许降低强度而获得比较优异的焊接性的一种时效强化铝合金。Al－Zn－Mg 合金焊接裂纹倾向小，焊后不经人工热处理而仅靠自然时效，接头强度即可基本恢复到母材的水平。合金的强度主要决定于 Mg 及 Zn 的含量。Mg 及 Zn 总量越高，强度也越高。Al－Zn－Mg 系合金所用焊丝不允许含有 Cu，且应提高 Mg 含量，同时要求 $w_{Mg}>w_{Zn}$。

2）焊丝成分的影响。不同的母材配合不同的焊丝，在刚性 T 形接头试样上进行 TIG 焊，具有不同的裂纹倾向，如图 5－8 所示。采用成分与母材相同的焊丝时，具有较大的裂纹倾向，不如改用其他合金组成的焊丝。采用 Al-5% Si 焊丝（国外牌号4043）和 Al-5% Mg 焊丝（5A05 或5556）的抗裂效果是令人满意的。

Al-Zn-Mg 合金专用焊丝 X5180（Al-4% Mg-2% Zn-0.15% Zr）也具有相当高的抗裂性能。从图 5-8 可见，易熔共晶数量很多且有很好“愈合”作用的焊丝“4145”，就抗裂性而言比焊丝“4043”更好。Al-Cu 系硬铝 2219 采用焊丝 2319 焊接具有满意的抗裂性。

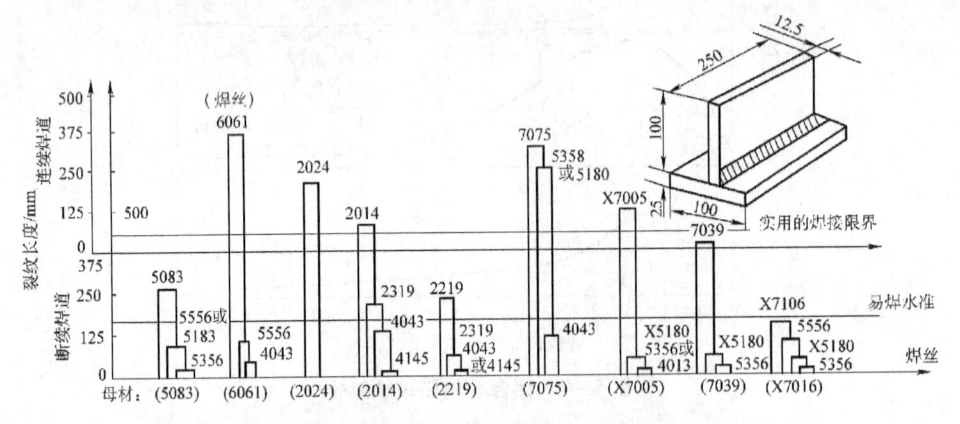

图 5-8　母材与焊丝组合的抗热裂性试验（刚性 T 形接头；TIG）

（括号中数字为母材代号，无括号的数字为焊丝代号）

3）焊接参数的影响。焊接参数影响凝固过程的不平衡性和凝固的组织状态，也影响凝固过程中的应力变化，因而影响裂纹的产生。

热能集中的焊接方法，可防止形成方向性强的粗大柱状晶，因而可以改善抗裂性。采用小焊接电流，可减少熔池过热，也有利于改善抗裂性。焊接速度的提高，促使增大焊接接头的应力，增大热裂纹的倾向。因此，增大焊接速度和焊接电流，都促使增大裂纹倾向。大部分铝合金的裂纹倾向都比较大，所以，即使是采用合理的焊丝，在熔合比大时，裂纹倾向也必然增大。

3. 焊接接头的“等强性”

表 5-8 中列出一些铝合金母材和 MIG 焊接头的力学性能。从表 5-8 可见，非时效强化铝合金（如 Al-Mg 合金），在退火状态下焊接时，接头与母材是等强的；在冷作硬化状态下焊接时，接头强度低于母材。表明在冷作状态下焊接时接头有软化现象。时效强化铝合金，无论是退火状态下还是时效状态下焊接，焊后不经热处理，接头强度均低于母材。特别是在时效状态下焊接的硬铝，即使焊后经人工时效处理，接头强度系数（即接头强度与母材

强度之比的百分数）也未超过60%。

表5－8　铝合金母材及焊接接头（MIG焊）的力学性能比较

合　金	母　材（最小值）				接头（焊缝余高削除）				
	状　态	抗拉强度σ_b/MPa	屈服强度σ_s/MPa	伸长率δ/%	焊　丝	焊后热处理	抗拉强度σ_b/MPa	屈服强度σ_s/MPa	伸长率δ/%
Al－Mg（5052）	退火	173	66	20	5356	—	200	96	18
	冷作	234	178	6	5356	—	193	82.3	18
Al－Cu－Mg（2024）	退火	220	109	16	4043	—	207	109	15
					5356	—	207	109	15
	固溶＋自然时效	427	275	15	4043	—	280	201	3.1
					5356	—	295	194	3.9
					同母材	—	289	275	4
					同母材	自然时效1个月	371	—	4
AL－Cu（2219）	固溶＋人工时效	463	383	10	2319	—	285	208	3
Al－Zn－Mg－Cu（7075）	固溶＋人工时效	536	482	7	4043	人工时效	309	200	3.7
Al－Zn－Mg（X7005）	固溶＋自然时效	352	225	18	X5180	自然时效1个月	316	214	7.3
	固溶＋人工时效	352	304	15	X5180	自然时效1个月	312	214	6.2
Al－Zn－Mg（7039）	—	461	402	11	5356	—	324	196	8
Al－Cu－Li TM（weldalite049）	固溶＋人工时效	—	650	—	2319	—	343	237	3.9

铝合金焊接时的不等强性表明焊接接头发生了某种程度的软化或性能上的削弱。接头性能上的薄弱环节可以存在于焊缝、熔合区或热影响区中的任何一个区域中。

就焊缝而言，由于是铸态组织，即使在退火状态以及焊缝成分与母材一致的条件下，强度可能差别不大，但焊缝塑性都不如母材。若焊缝成分不同于母材，焊缝性能将主要决定于所选用的焊接材料。为保证焊缝强度与塑性，固溶强化型合金系优于共晶型合金系。例如用4A01（Al－5%Si）焊丝焊接硬铝，接头强度及塑性在焊态下远低于母材。共晶数量越多，焊缝塑性越差。另外，焊接工艺条件也有一定影响。如在多层焊时，后一焊道可使前一焊道重熔一部分，由于没有同素异构转变，不仅看不到像钢材多层焊时的层间晶粒微细化的现象，还可发生缺陷的积累，特别是在层间温度过高时，甚至可能使层间出现热裂纹。一般说来，焊接热输入越大，焊缝性能下降的趋势也越大。

对于熔合区，非时效强化铝合金的主要问题是晶粒粗化而降低塑性；时效强化铝合金焊接时，除了晶粒粗化，还可能因晶界液化而产生显微裂纹。

无论是非时效强化的合金或时效强化的合金，热影响区（HAZ）都表现出强化效果的损失，即软化。

（1）非时效强化铝合金 HAZ 的软化。主要发生在焊前经冷作硬化的合金上。经冷作硬化的铝合金，热影响区峰值温度超过再结晶温度（200℃～300℃）的区域时就产生明显的软化现象。接头的软化主要取决于加热的峰值温度，而冷却速度的影响不很明显。由于软化后的硬度实际已低到退火状态的硬度水平，因此，焊前冷作硬化程度越高，焊后软化的程度越大。板件越薄，这种影响越显著。冷作硬化薄板铝合金的强化效果，焊后可能全部丧失。

（2）时效强化铝合金 HAZ 的软化。主要是焊接热影响区“过时效”软化，这是熔焊条件下很难避免的。软化程度决定于合金第二相的性质，也与焊接热循环有一定关系。第二相越易于脱溶析出并易于聚集长大时，就越容易发生“过时效”。

Al－Cu－Mg 合金比 Al－Zn－Mg 合金的第二相易于脱溶析出。如图 5－9 所示，自然时效状态下焊接时，Al－Cu－Mg 硬铝合金热影响区的强度明显下降，即发生明显的软化，这是焊后经 120h 自然时效后的情况；实际上经 1 440h（60 天）自然时效后，情况并未明显改善。而如图 5－10 所示，Al－Zn－Mg 合金焊后经 96h 自然时效时，热影响区的软化程度却在显著减小；经 2 160h（90 天）自然时效时，软化现象几乎完全消失。这说明，Al－Zn－Mg 合金在自然时效状态下焊接时，焊后仅经自然时效就可使接头强度性能逐步恢复或接近母材的水平。

时效强化铝合金中的超硬铝也和硬铝类似，热影响区有明显软化现象。因此，对于时效强化合金，为防止热影响区软化，应采用小的焊接热输入，见图 5－11。

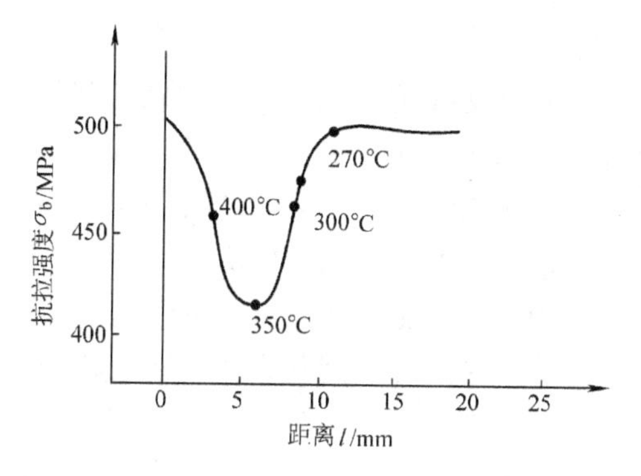

图5-9　Al-Cu-Mg（2A12）合金焊接热影响区的强度变化（手工TIG）

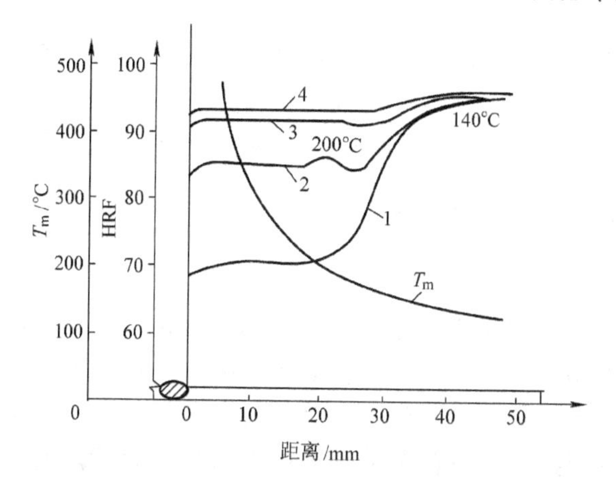

图5-10　Al-4.5Zn-1.2Mg合金焊接热影响区的硬度变化（焊前自然时效，MIG）

T_m—峰值温度；1，2，3，4—表示不同的焊后自然时效时间

1—3h；2—96h；3—720h；4—2 160h

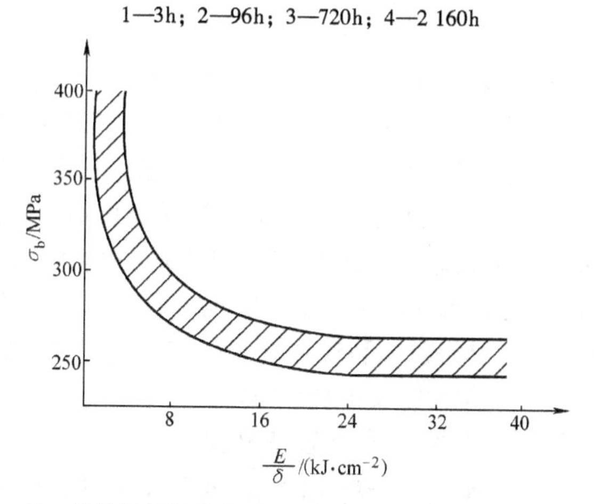

图5-11　单位板厚焊接热输入对焊接接头强度的影响（2A16）

4. 焊接接头的耐蚀性

铝合金焊接接头的耐蚀性一般低于母材，热处理强化铝合金（如硬铝）接头的耐蚀性降低尤其明显。接头组织越不均匀，越易降低耐蚀性。焊缝金属的纯度和致密性也是影响接头耐蚀性的因素。杂质较多、晶粒粗大以及脆性相（如 $FeAl_3$）析出等，耐蚀性会明显下降，不仅产生局部表面腐蚀，而且会出现晶间腐蚀。焊接应力也是影响铝合金耐蚀性的敏感因素。

对于铝合金焊接接头，主要在下列几方面采取措施来改善接头的耐蚀性。

（1）改善接头组织成分的不均匀性。主要是通过焊接材料使焊缝合金化，细化晶粒并防止缺陷；同时通过限制焊接热输入以减小热影响区，并防止过热。

（2）消除焊接应力。表面拉应力可采用局部锤击办法来消除；焊后热处理有良好效果。

（3）采取保护措施。例如，采取阳极氧化处理或涂层等。

（三）铝及铝合金的焊接工艺

1. 焊接方法

铝及铝合金具有较好的冷热加工性能和焊接性，可以采用常规的熔焊方法进行焊接。常用的焊接方法有氩弧焊（TIG、MIG）、等离子弧焊、电阻焊和电子束焊等，也可采用冷压焊、超声波焊、钎焊等。热功率大、能量集中和保护效果好的焊接方法对铝及铝合金的焊接较为合适。气焊和电弧焊在铝合金焊接中已逐渐被氩弧焊（TIG、MIG）取代，仅用于修复和焊接不重要的焊接结构。

2. 焊接材料

铝及铝合金焊丝分为同质焊丝和异质焊丝两大类。为了得到性能良好的焊接接头，应根据焊接构件使用要求，选择适合于母材的焊丝作为填充材料。

选择焊丝首先要考虑焊缝成分要求，还要考虑抗裂性、力学性能、耐蚀性等。选择熔化温度低于母材的填充金属，可减小热影响区液化裂纹倾向。非热处理强化铝合金的焊接接头强度，按1000系、4000系、5000系焊丝的次序增大。$w_{Mg}>3\%$的5000系的焊丝，应避免在使用温度65℃以上的结构中采用，因为这些合金对应力腐蚀裂纹很敏感，在上述温度和腐蚀环境中会发生应力腐蚀裂纹。表5-9为铝及铝合金焊丝的化学成分。

焊接铝及铝合金的惰性气体有氩气和氦气。氩气的技术要求为 $\varphi_{Ar}>99.9\%$，$w_O<0.005\%$，$w_H<0.005\%$，$w_{水分}<0.02mg/L$，$w_N<0.015\%$。氧、氮增多，均恶化阴极雾化作用。$w_O>0.3\%$使钨极烧损加剧，超过0.1%使焊缝表面无光泽或发黑。

TIG 焊时，交流加高频焊接选用纯氩气，适用大厚板；直流正极性焊接选用氩气 + 氦气或纯氦。

MIG 焊用于当板厚 <25mm 时，采用纯氩气；当板厚为 25 ~ 50mm 时，采用添加体积分数为 10% ~35% 氦气的 Ar + He 混合气体；当板厚为 50 ~ 75mm 时，采用添加体积分数为 35% ~50% 氦气的 Ar + He 混合气体；当板厚 >75mm 时，推荐用添加 50% ~75% 氦气的 Ar + He 混合气体。

表 5 -9　铝及铝合金焊丝的化学成分

牌号		化学成分/%											
		w_{Si}	w_{Fe}	w_{Cu}	w_{Mn}	w_{Mg}	w_{Cr}	w_{Zn}	w_V、w_{Zr}	w_{Ti}	其他		w_{Al}
											每种	合计	
1070	—	≤0.20	≤0.25	≤0.04	≤0.03	≤0.03	—	≤0.04	—	≤0.03	≤0.03	—	≤99.70
1100	HS301	$w_{Si}+w_{Fe}$≤1.0		0.05 ~0.2	≤0.05	—	—	≤0.10	—	—	≤0.05	≤0.15	≥99.00
1200	—	$w_{Si}+w_{Fe}$≤1.0		≤0.05	≤0.05	—	—	≤0.10	—	≤0.05	≤0.05	≤0.15	≥99.00
2319	—	≤0.20	≤0.30	5.8 ~6.8	0.2 ~0.4	≤0.02	—	≤0.10	w_V0.05 ~0.15 w_{Zr}0.10 ~0.25	0.10 ~0.20	≤0.05	≤0.15	余量
4043	HS311	4.5 ~6.0	≤0.8	≤0.30	≤0.05	≤0.05	—	≤0.10	—	≤0.20	≤0.05	≤0.15	余量
4047	HL400	11.0 ~13.0	≤0.8	≤0.30	≤0.15	≤0.10	—	≤0.20	—	—	≤0.05	≤0.15	余量
4145	HL402	9.3 ~10.7	≤0.8	3.3 ~4.7	≤0.15	≤0.15	≤0.15	≤0.20	—	—	≤0.05	≤0.15	余量
5554	—	≤0.25	≤0.40	≤0.10	0.50 ~1.0	2.4 ~3.0	0.05 ~0.20	≤0.25	—	0.05 ~0.20	≤0.05	≤0.15	余量
5654	—	$w_{Si}+w_{Fe}$≤0.45	≤0.05	≤0.01	3.1 ~3.9	0.15 ~0.35	≤0.20	—	0.05 ~0.15	≤0.05	≤0.15	余量	
5356	—	≤0.25	≤0.40	≤0.10	0.05 ~0.2	4.5 ~5.5	0.05 ~0.20	≤0.10	—	0.06 ~0.20	≤0.05	≤0.15	余量
5556	HS331	≤0.25	≤0.40	≤0.10	0.50 ~1.0	4.7 ~5.5	0.05 ~0.20	≤0.25	—	0.05 ~0.20	≤0.05	≤0.15	余量
5183	—	≤0.40	≤0.40	≤0.10	0.50 ~1.0	4.3 ~5.2	0.05 ~0.25	≤0.25	—	≤0.15	≤0.05	≤0.15	余量

3. 焊前清理和预热

（1）化学清理。效率高，质量稳定，适用于清理焊丝以及尺寸不大、批量生产的工件。小型工件可采用浸洗法。表 5－10 是去除铝表面氧化膜的化学处理方法。

表 5－10　去除铝表面氧化膜的化学处理方法

溶液	浓度	温度/℃	容器材料	工序	目的
硝酸	50%水 50%硝酸	18～24	不锈钢	浸 15min，在冷水中漂洗，然后在热水中漂洗，干燥	去除薄的氧化膜，供熔焊用
氢氧化钠 ＋硝酸	5%氢氧化钠 95%水	70	低碳钢	浸 10～60s，在冷水中漂洗	去除厚氧化膜，适用于所有焊接方法和钎焊方法
	浓硝酸	18～24	不锈钢	浸 30s，在冷水中漂洗，然后在热水中漂洗，干燥	
硫酸 铬酸	硫酸 CrO_3 水	70～80	衬铝的 钢罐	浸 2～3min，在冷水中漂洗，然后在热水中漂洗，干燥	去除因热处理形成的氧化膜
磷酸 铬酸	磷酸 CrO_3 水	93	不锈钢	浸 5～10min，在冷水中漂洗，然后在热水中漂洗，干燥	去除阳极化处理镀层

焊丝清洗后可在 150℃～200℃烘箱内烘焙 0.5h，然后存放在 100℃烘箱内随用随取。清洗过的焊件应立即进行装配、焊接。大型焊件受酸洗槽尺寸限制，难于实现整体清理，可在坡口两侧各 30mm 的表面区域用火焰加热至 100℃左右，涂擦 NaOH 溶液，并加以擦洗，时间略长于浸洗时间，除净焊接区的氧化膜后，用清水冲洗干净，再中和、光化后，用火焰烘干。

（2）机械清理。先用丙酮或汽油擦洗工件表面油污，然后根据零件形状采用切削方法，如使用风动或电动铣刀，也可使用刮刀、锉刀等。较薄的氧化膜可采用不锈钢钢丝刷清理，不宜采用砂纸或砂轮打磨。

工件和焊丝清洗后如不及时装配工件表面会重新氧化，特别是在潮湿环境以及被酸碱蒸气污染的环境中，氧化膜生长很快。清理后的焊丝、工件焊前存放时间一般不要超过 12h。

（3）焊前预热。焊前最好不进行预热，因为预热可加大热影响区的宽度，降低铝合金焊接接头的力学性能。但对厚度超过 5～8mm 的厚大铝件焊前需进行预热，以防止变形和未焊透，减少气孔等缺陷。通常预热到 90℃，即足以保证在始焊处有足够的熔深，预热温度很少超过 150℃，$w_{Mg}=4.0\%\sim5.5\%$ 的铝镁合金的预热温度不应超过 90℃。

4. *焊接工艺要点*

（1）铝及铝合金的气焊。气焊主要用于厚度较薄（0.5～10mm）的铝及铝合金件，以及对质量要求不高或补焊的铝及铝合金铸件。

1）气焊的坡口形式及尺寸。气焊铝及铝合金时，不宜采用搭接接头和T形接头，因为这种接头难以清理缝隙中的残留熔剂和焊渣，应采用对接接头。为保证焊件既焊透又不塌陷和烧穿，可采用带槽的垫板（一般用不锈钢或纯铜等制成），带垫板焊接可获得良好的反面成形，提高焊接生产率。

2）气焊熔剂的选用。气焊熔剂分含氯化锂和不含氯化锂两类。含氯化锂熔剂的熔点低，熔渣的熔点、黏度低，流动性和润湿性好，与氧化膜形成低熔点的渣上浮到焊缝表面，焊后焊渣易清除，适用于薄板和全位置焊接。缺点是吸湿性强，氯化锂价格较贵。不含锂的熔剂熔点高、黏度大、流动性差，焊缝易形成夹渣，适于厚件焊接。对于搭接接头、不熔透角焊缝和难以完全清理掉残留熔渣的焊缝，以及含镁较高的铝镁合金，不宜采用含钠组成物的熔剂。

将粉状熔剂和蒸馏水调成糊状（每100g熔剂约加入50mL蒸馏水）涂于焊件坡口和焊丝表面，涂层厚0.5～1.0mm。或用灼热的焊丝直接蘸熔剂干粉使用，这样可减少熔池中水分的来源，减少气孔。调制好的熔剂应在12h内用完。

3）气焊操作。气焊采用中性焰或微弱碳化焰。若用氧化较强的氧化焰会使铝强烈氧化；而乙炔过多，会促使焊缝产生气孔。

为防止焊件在焊接中产生变形，焊前需要定位焊。由于铝的线膨胀系数大、导热速度快、气焊加热面积大，因此，定位焊缝较钢件应密一些。定位焊用的填充焊丝与焊接时相同，定位焊前应在焊缝间隙内涂一层气剂。定位焊的火焰功率比气焊时稍大。

铝及铝合金加热到熔化颜色变化不明显，给操作带来困难，可根据以下现象掌握施焊时机。当加热表面由光亮银白色变成暗淡的银白色，表面氧化膜起皱，加热处金属有波动现象时，即达熔化温度，可以施焊；用蘸有熔剂的焊丝端头触及加热处，焊丝与母材能熔合时，可以施焊；母材边棱有倒下现象时，母材达熔化温度，可以施焊。

气焊薄板可采用左焊法，焊丝位于焊接火焰之前，这种焊法因火焰指向未焊冷金属，故热量散失一部分，有利于防止熔池过热、热影响区金属晶粒长大和烧穿。母材厚度大于5mm的可采用右焊法，焊丝在焊炬后面，火焰指向焊缝，热量损失小，熔深大，加热效率高。

4）焊后处理。焊后1～6h之内，应将熔剂残渣清洗掉，以防引起焊件腐蚀。

（2）铝及铝合金的钨极氩弧焊（TIG焊）。TIG焊适于焊接厚度小于3mm的铝及铝合金薄板，工件变形明显小于气焊。交流TIG焊具有去除氧化膜的清理作用，不用熔剂，避免了焊后熔剂残渣对接头的腐蚀，接头形式不受限制，焊缝成形良好、表面光亮。氩气流对焊接区的冲刷使接头冷却加快，改善了接头的组织性能，适于全位置焊接。由于不用熔剂，焊前清理要求比其他焊接方法严格。

焊接铝及铝合金最适宜的是交流 TIG 焊和交流脉冲 TIG 焊。交流 TIG 焊可在载流能力、电弧可控性以及电弧清理等方面实现最佳配合，故大多数铝及铝合金的 TIG 焊都采用交流电源。采用直流正接时，热量产生于工件表面，熔深大。即使是厚截面也不需预热，且母材几乎不发生变形。虽然很少采用直流反接 TIG 焊方法来焊接铝，但这种方法对连续焊或补焊壁厚 2.4mm 以下的铝合金件仍有着熔深浅、电弧易控制等优点。

表 5－11 为纯铝、铝镁合金手工 TIG 焊的工艺参数。为了防止起弧处及收弧处产生裂纹等缺陷，有时需要加引弧板和引出板。当电弧稳定燃烧，钨极端部被加热到一定的温度后，才能将电弧移入焊接区。自动 TIG 焊的工艺参数见表 5－12。

表 5－11　纯铝、铝镁合金手工 TIG 焊的工艺参数

板厚/mm	钨极直径/mm	焊接电流/A	焊丝直径/mm	氩气流量/（$L \cdot min^{-1}$）	喷嘴孔径/mm	焊接层数 正面/背面	预热温度/℃	备注
1	2	40～60	1.6	7～9	8	正 1	—	卷边焊
2	2～3	90～120	2～2.5	8～12	8～12			对接焊
4	4	180～200	3	10～15	10～12	1～2/1		—
6	5	240～280	4	16～20	14～16	1～2/1	—	
10		280～340	4～5			3～4/1～2	100～150	
14	5～6	340～380	5～6	20～24	16～20		180～200	
16～20	6	340～380		25～30	16～22	2～3/2～3	200～260	
22～25	6～7	360～400		30～35	20～22	3～4/3～4		

表 5－12　自动 TIG 焊的工艺参数

焊件厚度/mm	焊件层数	钨极直径/mm	焊丝直径/mm	喷嘴直径/mm	氩气流量/（$L \cdot min^{-1}$）	焊接电流/A	送丝速度/（$m \cdot h^{-1}$）
1	1	1.5～2	1.6	8～10	5～6	120～160	—
2		3	1.6～2		12～14	180～220	65～70
4	1～2	5	2～3	10～14	14～18	240～280	70～75
6～8	2～3	5～6	3	14～18	18～24		75～80
8～12		6	3～4			300～340	80～85

脉冲 TIG 焊扩大了氩弧焊的应用范围，特别适用于焊接铝合金精密零件。增加脉冲可减小热输入，有利于薄铝件的焊接。交流脉冲 TIG 焊有加热速度快、高温停留时间短、对熔池有搅拌作用的特点，焊接薄板、硬铝可得到满意的结果。对仰焊、立焊、管子全位置焊、单面焊双面成形等，也可得到较好的焊接效果。铝及铝合金交流脉冲 TIG 焊的工艺参数见表 5－13。铝及铝合金 TIG 焊的缺陷及防止措施见表 5－14。

表 5－13　铝及铝合金交流脉冲 TIG 焊的工艺参数

<table>
<tr><th>母材</th><th>板厚/
mm</th><th>钨极
直径/
mm</th><th>焊丝
直径/
mm</th><th>电弧
电压/
V</th><th>脉冲
电流/
A</th><th>基值
电流/
A</th><th>脉宽比/
%</th><th>气体流量/
(L·min⁻¹)</th><th>频率/
Hz</th></tr>
<tr><td rowspan="2">5A03</td><td>1.5</td><td rowspan="4">3</td><td rowspan="2">2.5</td><td>14</td><td>80</td><td>45</td><td rowspan="3">33</td><td rowspan="3">5</td><td>1.7</td></tr>
<tr><td>2.5</td><td>15</td><td>95</td><td>50</td><td>2</td></tr>
<tr><td>5A06</td><td>2</td><td rowspan="2">2</td><td>10</td><td>83</td><td>44</td><td>2.5</td></tr>
<tr><td>2A12</td><td>2.5</td><td>13</td><td>140</td><td>52</td><td>36</td><td>8</td><td>2.6</td></tr>
</table>

表 5－14　铝及铝合金 TIG 焊的常见缺陷及防止措施

缺　陷	产生原因	防止措施
气孔	氩气纯度低，焊丝或母材坡口附近有污物；焊接电流和焊速选择过大或过小；熔池保护欠佳，电弧不稳，电弧过长，钨极伸出过长	保证氩气纯度，选择合适气体流量；调整好钨极伸出长度；焊前认真清理，清理后及时焊接；正确选择焊接参数
裂纹	焊丝成分选择不当；熔化温度偏高；结构设计不合理；高温停留时间长；弧坑没填满	选择成分与母材匹配的焊丝；加入引弧板或采用电流衰减装置填满弧坑；正确设计焊接结构；减小焊接电流或适当增加焊接速度
未焊透	焊接速度过快，弧长过大，焊件间隙、坡口角度、焊接电流均过小，钝边过大；工件坡口边缘的毛刺、底边的污垢焊前没有除净；焊炬与焊丝倾角不正确	正确选择间隙、钝边、坡口角度和焊接参数；加强氧化膜、熔剂、焊渣和油污的清理；提高操作技能等
焊缝夹钨	接触引弧所致；钨极末端形状与焊接电流选择的不合理，使尖端脱落；填丝触及热钨极尖端和错用了氧化性气体	采用高频高压脉冲引弧；根据选用的电流，采用合理的钨极尖端形状；减小焊接电流，增加钨极直径，缩短钨极伸出长度；更换惰性气体
咬　边	焊接电流太大，电弧电压太高，焊炬摆幅不均匀，填丝太少，焊接速度太快	降低焊接电流与电弧长度；保持摆幅均匀；适当增加送丝速度或降低焊接速度

（3）铝及铝合金的熔化极氩弧焊（MIG 焊）。MIG 焊用于焊接铝及铝合金通常采用直流反极性。焊接薄、中等厚度板材时，可用纯 Ar 作保护气体；

焊接厚大件时，可采用（Ar + He）混合气体，也可采用纯 He 保护。焊前一般不预热，板厚较大时，也只需预热起弧部位。

根据焊件厚度选择坡口尺寸、焊丝直径和焊接电流等工艺参数。表 5 - 15 为纯铝、铝镁合金和硬铝自动 MIG 焊的工艺参数。MIG 焊熔深大，厚度 6mm 的铝板对接焊时可不开坡口。当厚度较大时一般采用大钝边，但需增大坡口角度以降低焊缝的余高。表 5 - 16 为纯铝半自动 MIG 焊的工艺参数。对于相同厚度的铝锰、铝镁合金，焊接电流应降低 20 ~ 30A，氩气流量增大 10 ~ 15L/min。

表 5 - 15 纯铝、铝镁合金和硬铝自动 MIG 焊的工艺参数

板材牌号	焊丝型号（牌号）	板材厚度/mm	坡口尺寸		焊丝直径/mm	喷嘴直径/mm	氩气流量/(L·min⁻¹)	焊接电流/A	电弧电压/V	焊接速度/(m·h⁻¹)	备注
			钝边/mm	坡口角度/(°)							
5A05	SAlMg - 5（HS331）	5	—	—	2.0	22	28	240	21 ~ 22	42	单面焊双面成形
1060 1050A	SAl - 3（HS39）	6 ~ 8	—	—	2.5	22	30 ~ 35	230 ~ 260	26 ~ 27	25	正反面均焊一层
		8	4	100				300 ~ 320		24 ~ 28	
		12	8		3.0	28		320 ~ 340	28 ~ 29	15	
		16	12		4.0		40 ~ 45	380 ~ 420	29 ~ 31	17 ~ 20	
		20	16		4.0		50 ~ 60	450 ~ 500		17 ~ 19	
		25	21		4.0			490 ~ 550		—	
5A02 5A03	SAlMn（HS331）	12	8	120	3.0	22	30 ~ 35	320 ~ 350	28 ~ 30	24	
		18	14		4.0	28	50 ~ 60	450 ~ 470	29 ~ 30	18.7	
		25	16		4.0	28	50 ~ 60	490 ~ 520	29 ~ 30	16 ~ 19	
2A11	SAlSi - 5（HS311）	50	6 ~ 8	75	—	28	—	450 ~ 500	24 ~ 27	15 ~ 18	采用双面 U 形坡口，钝边 6 ~ 8mm

注：1. 正面层焊完后必须铲除焊根，然后进行反面层的焊接。
2. 焊炬向前倾斜 10° ~ 15°。

表 5 - 16 纯铝半自动 MIG 焊的工艺参数

板厚/mm	坡口形式	坡口尺寸/mm	焊丝直径/mm	焊接电流/A	焊接电压/V	氩气流量/(L·min⁻¹)	喷嘴直径/mm	备注
6	对接	间隙 0 ~ 2	2.0	230 ~ 270	26 ~ 27	20 ~ 25	20	反面采用垫板仅焊一层焊缝

续表

板厚/mm	坡口形式	坡口尺寸/mm	焊丝直径/mm	焊接电流/A	焊接电压/V	氩气流量/（L·min^{-1}）	喷嘴直径/mm	备　注
8～12	单面V形坡口	间隙0～2 钝边2 坡口角度70°	2.0	240～320	27～29	25～36	20	正面焊两层，反面焊一层
14～18	单面V形坡口	间隙0～0.3 钝边10～14 坡口角度90°～100°	2.5	300～400	29～30	35～50	22～24	正面焊两层，反面焊一层
20～25	单面V形坡口	间隙0～0.3 钝边16～21 坡口角度90°～100°	2.5～3.0	400～450	29～31	50～60	22～24	

脉冲MIG焊可以将熔池控制地很小，容易进行全位置焊接，尤其焊接薄板、薄壁管的立焊缝、仰焊缝和全位置焊缝是一种较理想的焊接方法。脉冲MIG焊电源是直流脉冲，脉冲TIG焊的电源是交流脉冲。纯铝、铝镁合金半自动脉冲MIG焊的工艺参数见表5－17。

表5－17　纯铝、铝镁合金半自动脉冲MIG焊的工艺参数

牌号	板厚/mm	焊丝直径/mm	基值电流/A	脉冲电流/A	焊接电压/V	脉冲频率/Hz	氩气流量/（L·min^{-1}）	备　注
1035	1.6	1.0	20	110～130	18～19	50	18～20	喷嘴孔径16mm 焊丝牌号1035
	3.0	1.2		140～160	19～20		20	焊丝牌号1035
5A03	1.8	1.0	20～25	120～140	18～19		20	喷嘴孔径16mm 焊丝牌号5A03
5A05	4.0	1.2		160～180	19～20		20～22	喷嘴孔径16mm 焊丝牌号5A05

（四）典型案例——铝合金铁路货车底门的焊接

1. 铝合金底门组成制造主要技术要求

某新型出口铁路货车的底门组成主要由6061－T6及5083－H321铝合金型材组焊而成。该货车底门全长（2 351±1）mm，该货车底门宽（498±1）mm，折页孔心到底门距离155mm焊接应符合AS1665铝构件焊接标准的规定。

2. 焊接设备选用及焊接工艺参数

为了保证货车铝合金底门组成的焊接质量，采用福尼斯高性能 MIG 脉冲焊机，通过试验选用的消耗配件为铝合金焊接专用石墨送丝软管、压丝轮及导电嘴、喷嘴等。焊接材料选用铝合金焊接试验确定的 ER5356 焊丝，能够满足设计性能需求。焊丝储存要求：环境温度≥18℃，空气相对湿度≤60%。铝合金半自动脉冲气体保护焊焊接工艺参数见表 5-18。

表 5-18 铝合金半自动脉冲气体保护焊焊接工艺参数

焊丝牌号	焊丝直径 /mm	焊接位置	焊接电流 /A	电弧电压 /V	焊接速度 /mm·min^{-1}	脉冲控制	熔滴过渡	气体流量 /L·min^{-1}
ER5356	1.2	平位角接	270~330	24~26	330~410	中等	亚射流过渡	18~24
		平位对接	180~230	20~24	380~680			

3. 底门组成焊接结构分析

底门组成采用 6061-T6 及 5083-H321 铝合金型材组焊而成。由于铝合金的焊接性较差，对焊工的操作技能要求高，并且铝合金焊接收缩变形较大、不对称，会引起底门平面度及直线度的变化，直接导致后期底门安严门缝的控制困难；所以，底门组焊的焊接顺序及选用适宜的焊接方法是制造过程中的关键，焊后可采取矫正调直来进一步保证。底门组成结构如图 5-12 所示。

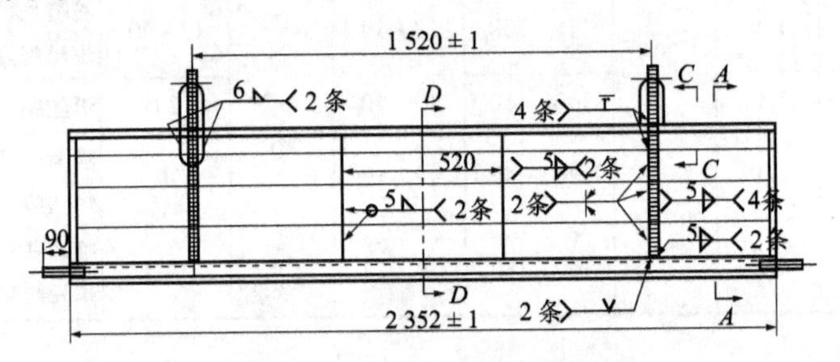

图 5-12 底门组成结构图

4. 底门组成制造工艺流程

底门组成制造工艺流程：来料尺寸检查→铝合金料件打磨→底门组对→底门翻转焊接→清理→矫正→交验。

5. 底门组成制造

(1) 来料尺寸检查。为保证产品质量、防止焊接缺陷的产生，需要控制组对间隙在 1mm 以内的所有料件进行尺寸检查，合格料件方可组对。

（2）料件打磨。由于铝合金的焊接对表面油污、杂质敏感，且铝合金表面存在一层致密的氧化膜，直接影响焊接后的质量，故焊前必须对坡口及其两侧 50mm 范围进行清理打磨。先用工业擦拭纸蘸上丙酮擦拭铝合金表面的油污；随后进行打磨，打磨时为防止打磨过程中 Fe、C、S 等杂质的带入，需要使用钢玉材质的铝合金专用砂轮片，不锈钢钢丝刷等打磨铝合金表面，到露出金属光泽；最后使用酒精擦拭铝合金表面，以去除打磨粉尘。

注意：采用上述方法处理好的料件应尽快组对并完成焊接，以防止裸露在空气中再次污染及氧化等；若超过 6h 需要重新处理。

（3）预热。铝合金折页厚度为 25.4mm，传热不均，与底门板定位焊及焊接前需对焊道及其附近 70mm 范围内均匀预热 200℃ ~250℃，以减少焊接缺陷的产生。其余肋板、底门板定位焊及焊接前可预热 40℃ ~60℃，防止焊接敏感气孔的产生。

（4）工艺措施。

1）首先在试板上调整好焊接工艺参数再进行工件的焊接。焊接时熔滴过渡形式采用亚射流过渡，焊接位置通过采用翻转装置调整，确保每道焊缝处于水平位置焊接，以提高焊接质量、保证焊缝强度。在翻转台架上长度方向预留 8 ~12mm 的反变形量，以保证焊后底门板的平面度。焊接顺序为先内后外、先中间后两边，以释放焊接应力。单层单道平角焊缝：焊枪的指向位置特别重要，焊枪与垂直于焊接方向平面的夹角为 5° ~10°，并指向焊缝尖角处，焊枪与垂直铝合金板的夹角为 45°，如图 5 -13 所示。

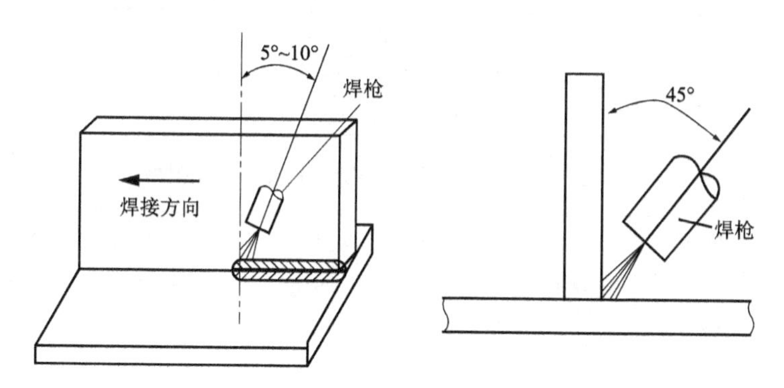

图 5 -13　铝合金平角焊缝焊接时焊枪角度示意图

2）若在焊接过程中发生断弧要进行接头时，先将需接头处打磨成斜面。在斜面顶部引弧，然后将电弧移至斜面底部，转一圈返回引弧处再继续焊接。

采用不锈钢丝刷及扁铲清理焊缝处飞溅污物等。采用机械矫正的方法对底门组成进行矫正。

经过批量铝合金底门组成的生产制造实践证明，采用上述工艺方法及工艺措施，铝合金焊接质量得到了保证，达到了相关的技术要求。

任务二　铜及铜合金的焊接

铜及铜合金具有优良的导电、导热性能，冷、热加工性能良好，具有高的强度、抗氧化性以及抗淡水、盐水、氨碱溶液和有机化学物质腐蚀的性能。在电气、电子、动力、化工等工业部门中应用广泛。

(一) 铜及铜合金的分类、成分及性能

1. 铜及铜合金的分类

铜及铜合金分为工业纯铜、黄铜、青铜及白铜等。纯铜为铜的质量分数不小于99.5%的工业纯铜。黄铜是Cu－Zn二元合金，表面呈淡黄色。不以Zn、Ni为主要组成而以Sn、Al、Si、Pb、Be等元素为主要组成的铜合金称为青铜，常用的有锡青铜、铝青铜、硅青铜、铍青铜等；为了获得特殊性能，青铜中还加少量的其他元素，如Zn、P、Ti等。白铜为镍的质量分数低于50%的Cu－Ni合金，如白铜中加入Mn、Fe、Zn等元素可形成锰白铜、铁白铜、锌白铜。铜及铜合金的分类见表5－19。

表5－19　铜及铜合金的分类

合金名称	合金系	性能特点	牌号
纯铜	Cu	导电性、导热性好、良好的常温和低温塑性，对大气、海水和某些化学药品的耐腐蚀性好	C11000 C10200
黄铜	Cu－Zn	在保持一定塑性情况下，强度、硬度高，耐蚀性好	C28000 C85700
青铜	Cu－Sn	较高的力学性能、耐磨性能、铸造性能和耐腐蚀性能，并保持一定的塑性焊接性能	QSn 6.5－0.4
	Cu－Al		QAl 9－2
	Cu－Si		C65800
	Cu－Be		QBe 2.5
白铜	Cu－Ni	力学性能、耐蚀性能较好，在海水、有机酸和各种盐溶液中具有较高的化学稳定性，优良的冷、热加工性能	B10

纯铜在退火状态（软态）下塑性好，但强度低。经冷加工变形后（硬

态），强度可提高一倍，但塑性降低了几倍。产生加工硬化的紫铜经550℃～600℃退火，可使塑性回复。焊接结构一般采用软态紫铜。黄铜具有比紫铜高得多的强度、硬度和耐蚀性能，并保持一定的塑性。青铜中除铍青铜外，其他青铜的导热性比紫铜和黄铜低几倍至几十倍，并且具有较窄的结晶区间，因而改善了焊接性。白铜可分为结构铜镍合金与电工铜镍合金。结构铜镍合金广泛用于化工、精密机械、海洋工程中，电工用白铜是重要的电工材料。在焊接结构中使用的白铜不多，一般是 $w_{Ni}=10\%\sim30\%$ 的铜镍合金。

2. 铜及铜合金的牌号、成分及性能

常用铜及铜合金的牌号、成分见表5－20，常用铜及铜合金的力学性能和物理性能见表5－21。

表5－20　铜及铜合金的牌号、化学成分

材料名称		牌号	化学成分/%								
			w_{Cu}	w_{Zn}	w_{Sn}	w_{Mn}	w_{Al}	w_{Si}	$w_{Ni}+w_{Co}$	其他	杂质≤
纯铜		C11000	≤99.95	—	—	—	—	—	—	—	0.05
无氧铜		C10200	≤99.97	—	—	—	—	—	—	—	0.03
黄铜	压力加工黄铜	H68	67.0～70.0	余量	—	—	—	—	—	—	0.3
		C28000	60.5～63.5	余量	—	—	—	—	—	—	0.5
	铸造黄铜	C85700	79～81	余量	—	1.5～2.5	—	2.5～4.5	—	—	2.8
		C86400	57～60	余量	—	—	—	—	—	w_{Pb} 1.5～2.5	2.5
青铜	压力加工青铜	QSn 6.5－0.4	余量	—	6.0～7.0	—	—	—	—	—	0.1
		QBe 2.5	余量	—	—	—	—	—	0.2～0.5	w_{Be} 2.3～2.6	0.5
	铸造青铜	C90700	余量	—	9～11	—	—	—	—	w_{Pb} 0.3～1.2	0.75
白铜		B10	余量	—	—	—	—	—	29～33	—	—

表 5－21 铜及铜合金的力学性能和物理性能

材料名称	牌号	材料状态或铸模	力学性能			物理性能			
			抗拉强度 σ_b/MPa	伸长率 δ_5/%	硬度 HBS	密度/(g·cm^{-2})	线膨胀系数/(K^{-1}×10^{-6})	热导率/(W·m^{-1}·K^{-1})	熔点/℃
纯铜	C11000	软态	196～253	50	—	8.94	1.68	395.80	1 300
		硬态	329～490	6	—				
黄铜	H68	软态	313.6	55	—	8.5	19.9	117.04	932
		硬态	646.8	3	150				
	C28000	软态	323.4	49	56	8.43	20.6	108.68	905
		硬态	588	3	164				
	C85700	砂模	245	10	100	8.3	17.0	41.8	900
		金属模	294	15	110				
青铜	QSn6.5－0.4	砂模	343～441	60～70	70～90	8.8	19.1	50.16	995
		金属模	686～784	7.5～12	160～200				
	QAl 9－2	软态	441	20～40	80～100	7.6	17.0	71.06	1 060
		硬态	584～784	4～5	160～180				
	C65800	软态	343～392	50～60	80	8.4	15.8	45.98	1 025
		硬态	637～735	1～5	180				
白铜	B10	软态	—	—	—	—	—	30.93	1 149
		硬态	—	—	—				

（二）铜及铜合金的焊接性

铜及铜合金的化学成分、物理性能有独特的方面，焊接时以内在和外在的缺陷综合评价其焊接性的好坏。考虑到焊接结构应用主要是纯铜及黄铜，故焊接性分析是结合纯铜及黄铜熔焊来讨论的。

1. 难熔合及易变形

焊接纯铜及某些铜合金时，如果采用的焊接参数与焊接低碳钢差不多，母材散热太快、就很难熔化，填充金属与母材不能很好地熔合（有时候误认为是裂纹，实际是未熔合）。另外，铜及铜合金焊后变形也较严重。这与铜及铜合金的热导率、线膨胀系数和收缩率有关。铜与铁物理性能比较见表 5－22。

表 5－22 铜和铁物理性能的比较

金属	热导率/（W·m^{-1}·K^{-1}）		线膨胀系数/（K^{-1}×10^{-6}）	收缩率/%	熔点/℃
	20℃	1 000℃	20℃～100℃		
Cu	393.6	326.6	16.4	4.7	1 300
Fe	54.8	29.3	14.2	2.0	1 580

铜的热导率大，20℃时铜的热导率比铁大7倍多，1 000℃时大11倍多。焊接时热量迅速从加热区传导出去，使母材与填充金属难以熔合。因此焊接时不仅要使用大功率的热源，在焊前或焊接过程中还要采取加热措施。

铜中加入合金元素后导热性能下降，H60黄铜20℃时的热导率为110W/m·K，只相当于铁的2倍，熔合性明显改善。但是又产生了锌的蒸发问题。

铜熔化温度时的表面张力比铁小1/3，流动性比铁大1～1.5倍，表面成形能力较差，接头背面须加垫板等成形装置。垫板材料一般与被焊材料相同，也可以采用不锈钢、石墨或陶瓷。铜的线膨胀系数和收缩率也比较大。如表5－22所示，铜的线膨胀系数比铁大15%，收缩率比铁大1倍以上。再加上铜及铜合金导热能力强，使焊接热影响区加宽，焊接时如被焊件刚度不大，又无防止变形的措施，必然会产生较大的变形。当工件刚度很大时会产生很大的焊接应力。

2. 热裂纹

铜与杂质形成多种低熔点共晶，如熔点为326℃的（Cu＋Pb）共晶、熔点为1 064℃的（Cu_2O＋Cu）共晶和熔点为1 067℃的（Cu＋Cu_2S）共晶等。氧对铜的危害性最大，它不但在冶炼时以杂质的形式存在于铜中，在焊接过程中还会以氧化亚铜的形式溶入。从图5－14可见，Cu_2O可溶于液态铜不溶于固态铜而生成熔点低于铜的易熔共晶。

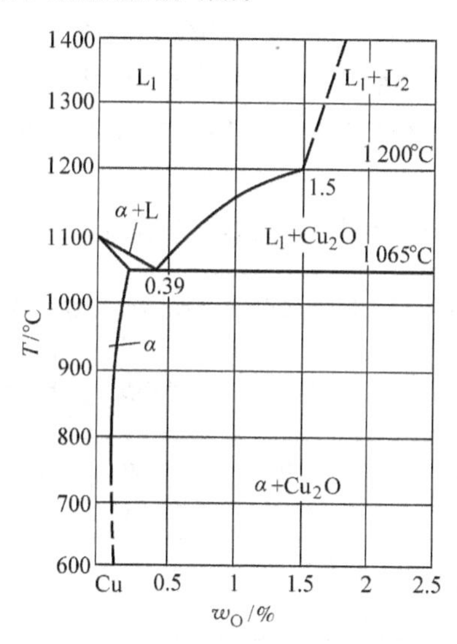

图5－14　铜－氧相图

当焊缝含有质量分数为0.2%以上的Cu_2O（含氧约为0.02%）时会出现热裂纹。作为焊接结构的纯铜，氧的质量分数不应超过0.03%。对于重要的焊接结构件，氧的质量分数不应超过0.01%，磷脱氧铜可符合此要求。为解决铜的高温氧化问题，应对熔化金属进行脱氧。常用的脱氧剂有Mn、Si、C、P、Al、Ti、Zr等。Pb、Bi、S是铜及其合金中的有害杂质。Bi不溶解于铜，而与铜形成低熔点共晶，析出于晶间。（Cu+Bi）的共晶温度为270℃。Pb微量溶于铜，但Pb量稍高时与Cu形成共晶温度为955℃的低熔点共晶（Cu+Pb）。这些共晶降低了焊缝金属的抗热裂纹能力。

焊缝中$w_{Pb}>0.03\%$、$w_{Bi}>0.005\%$时会出现热裂纹。应严格限制用于制造焊接结构的纯铜的Pb及Bi含量。S能较好地溶解在熔融态铜中，但当凝固结晶时，在固态铜中的溶解度几乎为零。S与Cu形成Cu_2S。（Cu_2S+Cu）共晶温度为1 067℃，低于铜的熔点，可使焊缝形成热裂纹，故须严格限制焊缝中的S含量。纯铜焊接时，焊缝为单相α组织，由于纯铜导热性强，焊缝易生长成粗大晶粒，加剧了热裂纹的生成。纯铜及黄铜的收缩率及线膨胀系数较大，焊接应力较大，也是促使热裂纹形成的一个重要原因。黄铜焊接时，为使焊缝的力学性能与母材接近，应使焊缝为（$\alpha+\beta'$）双相组织，细化晶粒，焊缝抗热裂纹性能才能有所改善。

熔焊铜及其合金时可根据具体情况采取一些冶金措施，避免接头裂纹的出现，如：

1）严格限制铜中的杂质含量。

2）增强对焊缝的脱氧能力，通过焊丝加入Si、Mn、C、P等合金元素；C与O生成气体逸出，其余脱氧产物进入熔渣浮出。

3）选用能获得双相组织的焊丝，使焊缝晶粒细化，使易熔共晶物分散、不连续。

表5-23是焊丝成分对铜焊缝热裂纹的影响。

表5-23　焊丝成分对铜焊缝热裂纹的影响

母材牌号	焊丝牌号	焊剂牌号	焊缝组织	焊缝出现裂纹时的质量分数/%	
				Pb	Bi
C11000	HSCu	HJ430	α	0.03	0.005
H62	HSCu	HJ430	α	0.12	0.006
QAl9-2	HSCu	HJ150	α	0.03	0.005
QAl9-2	HSCuAl	HJ150	$\alpha+\beta$	6.2（仍未裂）	0.088（仍未裂）

3. 气孔

气孔是铜及其合金焊接时的一个主要问题。纯铜、黄铜及铝青铜埋弧焊时，只有氢及水蒸气易使铜及其合金焊缝出现气孔。纯铜氩弧焊时，只要在氩气中加入微量的氢和水蒸气，焊缝即出现气孔，结果如图 5－15 及图 5－16 所示（横坐标中 P_{H_2} 及 P_{H_2O} 是很小的）。可以看出，含氧铜焊缝比无氧铜焊缝形成气孔的敏感性要强。

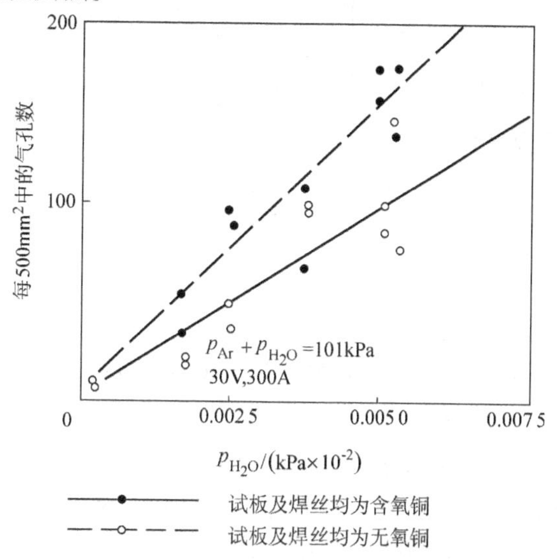

图 5－15　加入氩中水汽量对纯铜氩弧焊焊缝气孔的影响

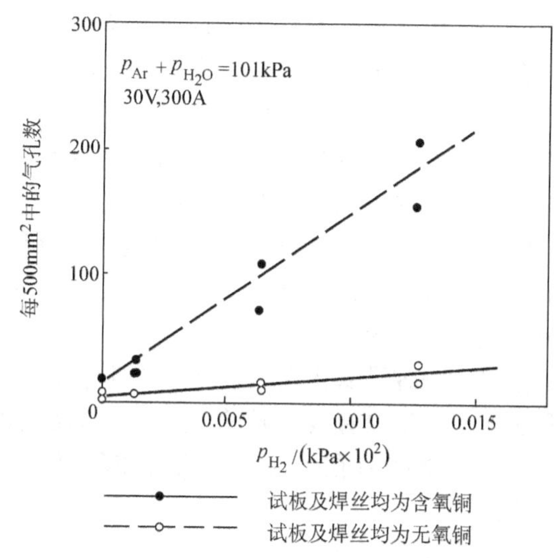

图 5－16　加入氩中氢气量对纯铜氩弧焊焊缝气孔的影响

由氢引起的气孔称为扩散气孔。氢在铜中的溶解度如图 5－17 所示。氢在铜中的溶解度随温度下降而降低。由液态转为固态时（1 083℃），氢的溶解度突变，而后随温度降低，氢在固态铜中的溶解度继续下降。

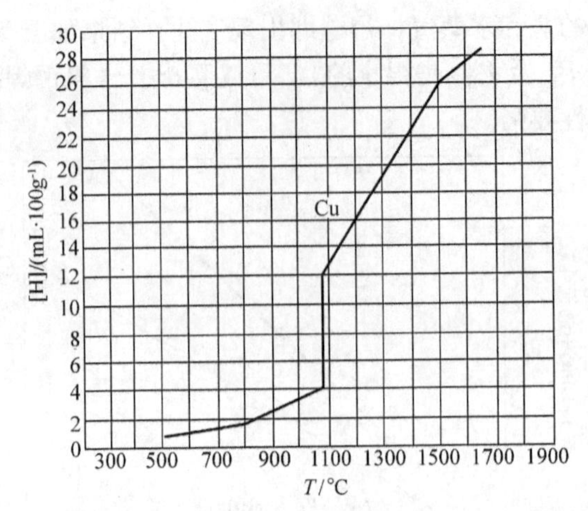

图 5－17　氢在铜中的溶解度和温度的关系（P_{H_2}＝101kPa）

4. 焊接接头性能的变化

纯铜焊接时焊缝与焊接接头的抗拉强度，可与母材接近，但塑性比母材有一些降低。例如用纯铜焊条焊接纯铜时，焊缝金属的抗拉强度虽与母材相近，但伸长率只有10%～25%，与母材相差很大；又如纯铜埋弧焊时，焊接接头的抗拉强度虽与母材接近，但伸长率约为20%，也与母材相差较大。发生这种情况的原因，一是由于焊缝及热影响区晶粒粗大；二是由于为了防止焊缝出现裂纹及气孔，加入一定量的脱氧元素（如Mn、Si等），这样虽可提高焊缝的强度性能，但也在一定程度上降低了焊缝的塑性，并使焊接接头的导电性也有所下降。埋弧焊和惰性气体保护焊时熔池保护良好，如果焊接材料选用得当，那么焊缝金属纯度高，导电能力可达到母材的90%～95%。在熔焊过程中，Zn、Sn、Mn、Ni、Al等合金元素的蒸发和氧化烧损会不同程度地使接头耐蚀性降低。焊接应力的存在使对应力腐蚀比较敏感的高锌黄铜焊接接头在腐蚀环境中过早地受到破坏。

此外，黄铜焊接时，锌容易氧化和蒸发（锌的沸点为907℃）。锌的蒸气对人的健康有不利影响，须采取有效的通风措施。为了防止锌的氧化和蒸发，可采取含硅的填充金属。焊接时在熔池表面会形成一层致密的氧化硅薄膜，阻碍锌的氧化和蒸发。

（三）铜及铜合金的焊接工艺

1. 焊接方法和焊接材料

焊接铜及铜合金需要大功率、高能束的焊接热源。热效率越高、能量越集中对焊接越有利。铜及铜合金熔焊方法的选用见表5－24。

表 5－24　铜及铜合金熔焊方法的选用

焊接方法（热效率 η）	纯铜	黄铜	锡青铜	铝青铜	硅青铜	白铜	说明
钨极氩弧焊（0.65～0.75）	薄板好	较好	较好	较好	好	好	用于薄板（小于 12mm），纯铜、黄铜、锡青铜、白铜采用直流正接，铝青铜用交流，硅青铜用交流或直流
熔化极氩弧焊（0.70～0.80）	好	较好	较好	好	好	好	板厚大于 3mm 可用，板厚大于 15mm 优点更显著，采用直流反接
等离子弧焊（0.80～0.90）	较好	较好	较好	较好	较好	好	板厚在 3～6mm 可不开坡口，一次焊成，最适合 3～15mm 中厚板焊接
焊条电弧焊（0.75～0.85）	可	差	可	较好	可	好	采用直流反接，操作技术要求高，使用板厚 2～10mm
埋弧焊（0.80～0.90）	厚板好	可	较好	较好	较好	—	采用直流反接，适用于 6～30mm 中厚板
气焊（0.30～0.50）	可	较好	可	差	差	—	变形，成形不好，用于厚度小于 3mm 的不重要结构中

熔焊时焊接材料是控制冶金反应、调整焊缝成分以保证获得优质焊缝的重要手段。根据对铜及铜合金焊接接头性能的要求，不同熔焊方法所选用的焊接材料有很大的差别。

（1）焊丝。选用铜及铜合金焊丝时，最重要的是控制杂质的含量和提高其脱氧能力，防止焊缝出现热裂纹及气孔等缺陷。常用的铜及铜合金焊丝见表 5－25。

表 5－25　铜及铜合金焊丝的化学成分和主要用途

牌号	名称	主要化学成分/%	熔点/℃	主要用途
HSCu	特别纯铜焊丝	$w_{Sn}1.1$，$w_{Si}0.4$，$w_{Mn}0.4$，w_{Cu}余量	1 050	纯铜氩弧焊或气焊（和焊剂 CJ301 配用），埋弧焊（和焊接 431 或 150 配用）
HSCu	低磷铜焊丝	$w_{P}0.3$，w_{Cu}余量	1 060	纯铜气焊或碳弧焊
HSCuZn－2	锡黄铜焊丝	$w_{Cu}59$，$w_{Sn}1$，w_{Zn}余量	886	黄铜气焊或惰性气体保护焊，铜及铜合金钎焊
HSCuZn－4	钛黄铜焊丝	$w_{Cu}58$，$w_{Sn}0.9$，$w_{Si}0.1$，$w_{Fe}0.8$，w_{Zn}余量	860	黄铜气焊、碳弧焊；铜、白铜、等钎焊

续表

牌号	名称	主要化学成分/%	熔点/℃	主要用途
HSCuZn－5	硅黄铜焊丝	w_{Cu}62，w_{Si}0.5，w_{Zn}余量	905	黄铜气焊、碳弧焊；铜、白铜、等钎焊
非国际牌号（SCuAl）	铝青铜焊丝	w_{Al}7～9，w_{Mn}≤2.0，w_{Cu}余量	—	铝青铜的TIG和MIG焊，或用作焊条电弧焊用焊芯

（2）焊剂。为防止熔池金属氧化和其他气体侵入，改善液态金属的流动性，铜及其合金气焊、碳弧焊、埋弧焊、电渣焊都使用焊剂。由于熔焊中各种热源的功率及温度差异很大，不同焊接方法所用的焊剂不同。

铜气焊、碳弧焊用的焊剂主要由硼酸盐、卤化物或它们的混合物组成，见表5－26。

表5－26　铜及铜合金气焊、碳弧焊用焊剂

牌号		化学成分/%						熔点/℃	应用范围
		$w_{Na_2B_4O_7}$	$w_{H_3BO_3}$	w_{NaF}	w_{NaCl}	w_{KCl}	其他		
标准	CJ301	17.5	77.5	—	—	—	w_{AlPO_4}5	650	铜及铜合金气焊、钎焊
标准	CJ401	—	—	7.5～9.0	27～30	49.5～52	w_{LiAl} 13.5～15	560	青铜气焊
非标准	01	20	70	10	—	—	—	—	铜及铜合金气焊及碳弧焊通用
非标准	04	w_{LiCl}15	—	w_{KF}7	30	30	45	—	铝青铜气焊用

（3）焊条。焊条电弧焊用的铜焊条分为纯铜焊条、青铜焊条两类，应用较多的是青铜焊条。黄铜中的锌易蒸发，极少采用焊条电弧焊，必要时可采用青铜焊条。铜及铜合金焊条的用途见表5－27。

表5－27　铜及铜合金焊条的用途

国标	药皮类型	焊接电源	焊缝主要成分/%		焊缝金属性能	主要用途
ECu	低氢型	直流反接	纯铜＞99		σ_b≥176MPa	在大气及海水介质中具有良好的耐蚀性，用于焊接脱氧或无氧铜构件
ECuSi	低氢型	直流反接	硅青铜	w_{Si}3 w_{Mn}＜1.5 w_{Sn}＜1.5 w_{Cu}余量	σ_b≥340MPa δ_5≥20% 110～130HV	适用于纯铜、硅青铜及黄铜的焊接，以及化工管道等内衬的堆焊

续表

国标	药皮类型	焊接电源	焊缝主要成分/%	焊缝金属性能	主要用途
ECuSnB	低氢型	直流反接	w_{Sn}8 磷青铜 w_P≤0.3 w_{Cu}余量	σ_b≥270MPa δ_5≥20% 80～115HV	适用于焊纯铜、黄铜、磷青铜，堆焊磷青铜轴衬、船舶推进器叶片等
ECuAl	低氢型	直流反接	w_{Al}8 铝青铜 w_{Mn}≤2 w_{Cu}余量	σ_b≥410MPa δ_5≥15% 120～160HV	用于铝青铜及其他铜合金，铜合金与钢的焊接以及铸件焊补

2. 焊前准备

（1）焊丝及焊件表面的清理。铜及铜合金焊前清理及清洗方法见表5－28。经清洗合格的焊件应及时施焊。

表5－28　铜及铜合金的焊前清理及清洗方法

目的		清理内容及工艺措施
去油污		1)去氧化膜之前,将待焊处坡口及两侧各30mm内的油、污、脏物等杂质用汽油、丙酮等有机溶剂进行清洗 2)用10%氢氧化钠水溶液加热到30℃～40℃对坡口除油→用清水冲洗干净→置于35%～40%（或硫酸10%～15%）的硝酸水溶液中浸渍2～3min清水洗刷干净，烘干
去除氧化膜	机械清理	用风动钢丝轮或钢丝刷或砂布打磨焊丝和焊件表面，直至露出金属光泽
	化学清理	置于70ml/L HNO_3＋100ml/L H_2SO_4＋1ml/L HCl混合溶液中进行清洗后，用碱水中和，再用清水冲净，然后用热风吹干

（2）接头形式及坡口制备。由于搭接接头、丁字接头、内角接接头散热快，不易焊透，焊后清除焊件缝隙中的熔剂和焊渣很困难，因此尽可能不采用。应采用散热条件对称的对接接头、端接接头，并根据母材厚度和焊接方法的不同，制备相应的坡口。不同厚度（厚度差超过3mm）的紫铜板对接焊时，厚度大的一端须按规定削薄。采用单面焊接接头，特别是开坡口的单面焊接接头又要求背面成形时，须在接头背面加成形垫板。一般情况下，铜及铜合金工件不易实现立焊和仰焊。

3. 焊接工艺及参数

（1）焊条电弧焊工艺要点。焊条电弧焊所用的焊条能使铜及铜合金焊缝中含氧量、含氢量增加，其中Zn蒸发严重，容易形成气孔。因此在焊接过程中应控制焊接参数。

焊条要经200℃～250℃×2h烘干，去除药皮中吸附的水分。焊接前和多层焊的层间应对工件进行预热，预热温度根据材料的热导率和工件厚度等确定。为了改善焊接接头的性能，同时减小焊接应力，焊后可对焊缝和接头进行热态和冷态的锤击。对性能要求较高的接头，采用焊后高温热处理消除应力和改善接头韧性。铜及铜合金焊条电弧焊的工艺参数见表5-29。

表5-29　铜及铜合金焊条电弧焊的工艺参数

材料	板厚/mm	坡口形式	焊条直径/mm	焊接电流/A	说　明
紫铜	2~4	I形	3.2，4	110~220	铜及铜合金采用焊条电弧焊时所选用的电流一般可按公式 $I=(3.5\sim4.5)d$（其中 d 为焊条直径）来确定，并要求： ①随着板厚增加，热量损失大，焊接电流选用上限，甚至可能超过直径的5倍； ②在一些特殊的情况下，工件的预热受限制，也可适当提高焊接电流予以补充
	5~10	V形	4~7	180~380	
黄铜	2~3	I形	2.5，3.2	50~90	
铝青铜	2~4	I形	3.2，4	60~150	
	6~12	V形	5，6	230~300	
锡青铜	1.5~3	I形	3.2，4	60~150	
	4~12	V形	3.2~6	150~350	
白铜	6~7	I形	3.2	110~120	平焊
	6~7	V形	3.2	100~150	平焊和仰焊

（2）埋弧焊工艺要点。铜及铜合金埋弧焊时，板厚小于20mm的工件在不预热和不开坡口的条件下可获得优质接头，使焊接工艺大为简化，特别适于中厚板长焊缝的焊接。纯铜、青铜埋弧焊的焊接性能较好，黄铜的焊接性尚可。

1）焊丝与焊剂的选择。焊接铜及铜合金可选用高硅高锰焊剂（如HJ431）以获得满意的工艺性能。对接头性能要求高的工件可选用HJ260、HJ150或选用陶质焊剂、氟化物焊剂。

2）焊接参数。铜及铜合金埋弧焊的工艺参数见表5-30。铜的埋弧焊通常是采用单道焊进行。厚度小于20~25mm的铜及铜合金可采用不开坡口的单面焊或双面焊。厚度更大的工件最好开U形坡口（钝边为5~7mm）并采用并列双丝焊接，丝距约为20mm。

表5-30　铜及铜合金埋弧焊的工艺参数

材料	板厚/mm	接头、坡口形式	焊丝直径/mm	焊接电流/A	焊接电压/V	焊接速度/($m\cdot h^{-1}$)	备注
纯铜	5~12	对接不开坡口	—	500~800	38~44	15~40	—
	16~20		—	850~1 000	45~50	12~8	—
	25~50	对接U形坡口	—	1 000~1 400	45~55	4~8	—

续表

材料	板厚/mm	接头、坡口形式	焊丝直径/mm	焊接电流/A	焊接电压/V	焊接速度/($m \cdot h^{-1}$)	备注
	16~20	对接、单面焊	—	850~1 000	45~50	12~8	—
	25~60	角接U形坡口	—	1 000~1 600	45~55	3~8	—
黄铜	4~8	—	2	180~300	24~30	20~25	单、双面焊封底焊缝
	12~18	—	2，3	450~750	30~34	25~30	单面焊封底焊缝
铝青铜	10~15	V形坡口	焊剂层厚度25~30	450~650	35~38	20~25	双面焊
	20~26	X形坡口	>3	750~800	36~38	20~25	双面焊

加垫板埋弧焊使用的焊接热输入较大，熔化金属多，为防止液态铜的流失和获得理想的反面成形，无论是单面焊还是双面焊，接头反面均应采用各种形式的垫板。

（3）氩弧焊工艺（TIG、MIG）要点。钨极氩弧焊（TIG）具有电弧能量集中、保护效果好、热影响区窄、操作灵活的优点，已经成为铜及铜合金熔焊方法中应用最广的一种，特别适合中、薄板和小件的焊接和补焊。铜及铜合金TIG焊的工艺参数见表5-31。

表5-31　铜及铜合金TIG焊的工艺参数

材料	板厚/mm	钨极直径/mm	焊丝直径/mm	焊接电流/A	氩气流量/($L \cdot min^{-1}$)	预热温度/℃	备　注
纯铜	3	3~4	2	200~240	14~16	不预热	不开坡口对接
	6	4~5	3~4	280~360	18~24	400~450	钝边1.0mm
	10	5~6	4~5	340~400		450~500	正面焊2层，反面焊一层，V形坡口
硅青铜	3	3	2~3	120~160	12~16	不预热	不开坡口对接
	9	5~6	3~4	250~300	18~22		V形坡口对接
	12		4	270~330	20~24		
锡青铜	1.5~3.0	3	1.5~2.5	100~180	12~16	不预热	不开坡口对接
	7	4	4	210~250	16~20		V形坡口对接
	12	5	5	260~300	20~24		

续表

材料	板厚/mm	钨极直径/mm	焊丝直径/mm	焊接电流/A	氩气流量/(L·min^{-1})	预热温度/℃	备 注
铝青铜	3	4	4	130~160	12~16	不预热	V形坡口对接
	9	5~6	3~4	210~330	16~24		
	12			250~325			
白铜	<3	3~5	3	300~310	18~24	不预热	焊条电弧焊，V形坡口
	3~9		3~4	300~310			

熔化极氩弧焊（MIG）可用于所有的铜及铜合金的焊接。厚度大于3mm的铝青铜、硅青铜和铜镍合金一般选用熔化极氩弧焊，主要由于MIG焊的熔化效率高、熔深大、焊速快。焊丝的选用与TIG焊几乎相同。铜及铜合金熔化极氩弧焊的工艺参数见表5-32。

表5-32 铜及铜合金MIG焊的工艺参数

材料	板厚/mm	坡口形式	焊丝直径/mm	焊接电流/A	焊接电压/V	氩气流量/(L·min^{-1})	预热温度/℃
纯铜	3	I形	1.6	300~350	25~30	16~20	—
	10	V形	2.5~3	480~500	32~35	25~30	400~500
	20	V形	4	700	28~30	25~30	600
	22~30	V形	4	700~750	32~36	30~40	600
黄铜	3	I形	1.6	275~285	25~28	16	—
	9	V形	1.6	275~285	25~28	16	—
	12	V形	1.6	275~285	25~28	16	—
锡青铜	3	I形	1.0	140~160	26~27	—	—
	9	V形	1.6	275~285	28~29	18	100~150
	12	V形	1.6	315~335	29~30	18	200~250
铝青铜	3	I形	1.6	260~300	26~28	20	—
	9	V形	1.6	300~330	26~28	20~25	—
	18	V形	1.6	320~350	26~28	30~35	—

（四）典型案例——船舶铜质螺旋桨的修复技术

1. 铜质螺旋桨的焊接特点

目前，制造铜质螺旋桨的材料主要有Cu1（1级锰青铜）、Cu2（2级镍锰青铜)、Cu3（3 级镍铝青铜)、Cu4（4 级锰铝青铜）4 种类型的铜合金。除此之外，还有 GB 1176 及 GB 818 中的几十种合金牌号的铜合金。铜质螺旋桨的焊接特点有：

（1）铜的氧化使塑性降低，并易引起裂纹。

（2）由于导热性强，对于厚大焊件，还需采用预热措施。

（3）对刚性较大的焊件，易产生裂纹。

（4）合金元素的蒸发和烧损促使热裂纹、气孔以及夹渣等缺陷的产生。

（5）气孔是铜及铜合金焊接中常见的缺陷之一。若在焊缝金属凝固前，气体未能全部逸出则会在焊缝中形成气孔。

（6）铜在高温时的低强度和低塑性、过饱和氢的聚集析出等作用，是形成裂纹的主要因素。

（7）铜合金螺旋桨焊接后，在使用中有产生应力腐蚀裂纹的趋向，亦称“自裂”，原因是焊接引起残余应力的存在和热影响区快速冷却过程中脆性组织的出现。

2. 焊接准备的技术工作

（1）清洗焊丝及焊件表面的油污和氧化物。

（2）恰当制备坡口。坡口制备恰当与否将影响焊接质量好坏。

（3）根据螺旋桨的材质、修复部位和技术要求，选择合适的焊接方法（气焊、手工电弧焊、钨极氩弧焊、熔化极氩弧焊等）。

（4）焊接材料的选择。焊接材料必须具备良好的抗水腐蚀性能、焊接工艺性能和一定的机械性能。

3. 焊接过程中的技术问题

（1）焊接变形的控制及定位焊。螺旋桨在焊接修复时变形大，会影响其几何尺寸。为此，应在焊接过程中用焊接胎架固定法或反变形法控制其变形。

（2）预热

1）预热温度的确定。根据焊接方法不同，预热温度应有所区别。采用气焊时，预热温度应在 350℃ ~450℃；采用手工电弧焊时，预热温度应在 200℃ ~300℃。预热温度过高，机械性能降低，会影响焊接质量；温度过低，熔池达不到要求，会影响焊接强度。

2）预热方法的选择。预热方法的正确与否，将形成两种完全相反的结果。正确的预热，能改善焊接应力分布，减少应力腐蚀开裂的危险程度，防止预热过程中裂纹进一步扩展。反之，将造成应力集中、金属组织变坏、使预热过程中裂纹进一步扩展。通常用远红外线、焦炭、柴油等软性火焰进行加热，尽可能不用氧气、乙炔等热能量集中的热源。预热中心位置应选择在裂纹根部以外的部位，以防裂纹扩展。

（3）焊接方法。裂纹及断块焊补，采用分段退焊的措施。在分段退焊过程中，采用多层焊，而退焊的长度，以使焊缝两端不产生拉裂为宜，或根据接缝处厚度来确定。因铜液流动性大，铜合金焊接较难实现全位置。采取立向或横向位置时，应采用阶梯平面的焊接次序，使每一焊道处于平焊条件下，这是焊接获得成功的关键。

4. 减少焊接焊接应力变形的措施

铜质螺旋桨时，在工艺上可采用以下几种方法来减小焊接应力及变形。

（1）选择合理的装焊顺序。在焊接断裂铜质螺旋桨时可对焊接工件的断裂部分先进行定位点焊，然后将工件固定在模具内（或加复板）。这样在焊接过程中，刚性及焊缝到焊件中心线间距离都未发生变化，因此两边焊缝引起的变形相互抵消，最后保持桨叶的原来状态。

（2）选择合理的焊接顺序。合理的焊接顺序是减少焊接应力及变形最有效的方法之一。在选择焊接顺序时，通常遵循以下原则：

1）尽可能使焊缝能自由收缩。螺旋桨较厚或焊缝较大的焊接，应从中间向四周展开。在进行焊缝对接焊时，无论采用什么样的焊接工艺，横向收缩都会在焊缝内引起很大的应力，甚至产生裂纹，所以应设法使它能自由收缩。为此，可将焊缝留出一段后焊，使对接接头的横向收缩能自由地进行，即从中间向四周焊接。

2）采用对称焊。对称的焊缝最好由成双的焊工对称地进行焊接，如在桨毂圆筒体附近进行对接焊时，为减小变形，应按对称的顺序，由两名焊工对称地焊接。

3）采用不同焊接顺序。在焊接较长焊缝时，可采用逐步退焊法、分中逐步退焊法、跳焊法、交替焊法；对中等长度的焊缝，可采用分中对称焊法。一般退焊法和跳焊法每段焊缝长度100mm～350mm（较大螺旋桨）较为适宜。交替焊法因工作位置移动次数太多，故较少采用。

（3）采取合理的防变形方法。

1）反变形法。反变形法就是焊前给予焊件一个与焊后方向相反的变形，以此来减少焊件的变形。实践表明，这种方法是切实可行的。

2）刚性固定法。刚性固定法是采用强制的手段来减小焊后变形的焊接方法。在焊接薄板时，为了减少它的变形，多用这种方法。

3）敲击法。用手锤或风锤敲击焊缝金属，能促使金属的塑性变形，从而使焊接应力及变形减小。敲击时，必须做到要均匀，防止在桨叶表面形成凸凹现象。如果桨叶表面不光滑，会影响螺旋桨的过水量。

4）冷却法。将容易散热的物体放置在焊接区域的周围，使焊件迅速冷却，以减小焊接受热区域，变形会因之减小。冷却方法有多种，有时可将焊缝四周的焊件都浸在水中。

5）预热法。把焊件预先加热到一定的温度（一般150℃～350℃），然后再焊接。预热的目的是使焊接部分金属和周围基本金属的温度差比较接近，可以均匀的同时冷却，以减少焊件的内应力。对于易裂的焊接材料及修补刚性较大的焊件的裂缝，通常应用此法。

6）回火法。对焊接结构进行回火处理，是消除内应力最好的一种方法。回火温度一般在500℃～600℃。在这种温度下，金属的屈服极限已经降低到最低值，金属具有很大的塑性，原有的内应力在产生了一定的塑性变形后就会完全消失。但在进行这种工作时，要注意结构的均匀加热和冷却，否则可能引起更严重的应力。大构件的加热速度不应超过25/℃～60℃/h，冷却时，应随炉一起冷却到50℃左右，才可以从炉内取出。

5. 桨叶的弯曲矫正

（1）弯曲矫正方法。桨叶的弯曲矫正方法可分为锤击动载法和用千斤顶压重载等缓慢矫正法。根据加热状态，又可分为动载冷态矫正法和动载热态矫正法。动载冷态矫正法温度小于200℃，能防止击伤叶面，适用于桨叶边缘弯曲部位厚度小于20mm时的矫正，但其工作量大。动载热态矫正法相应的工作量小，速度快，但需保证温度保持在550℃～760℃，并且此方法修复的桨叶容易发脆，需要二次回火。

（2）弯曲矫正注意事项。

1）动载冷态矫正法可在任何希望的温度下使用。但是，经过压力矫正后的螺旋桨，应进行热处理，以消除内应力。

2）动载热态矫正法一般需要加热到铜合金的再结晶温度以上，用此法矫正应注意温度的变化，矫正必须在金属透明状态下或锤击时没有清脆的金属声。

3）经过焊补、矫正修复的螺旋桨，一般应进行校正，测量螺距直径，并进行静平衡试验，以便保证螺旋桨的修复质量。

船用铜质螺旋桨进行焊接修复时，一定要通过选择合理的焊接顺序和采取相应的技术措施，来减少焊接应力变形，从而快速、高质量地完成修复工作。

任务三 钛及钛合金的焊接

钛是地壳中储量十分丰富的元素，居于第四位。钛及钛合金是一种优良的结构材料，具有密度小、比强度高、耐热耐蚀性好、可加工性好等特点，因此在航空航天、化工、造船、冶金、仪器仪表等领域得到了广泛的应用。

(一) 钛及钛合金的分类和性能

1. 工业纯钛

工业纯钛的纯度越高，强度和硬度越低，塑性越高，越容易加工成形。钛在885℃时发生同素异构转变。在885℃以下为密排六方晶格，称为α钛；在885℃以上，为体心立方晶格，称为β钛。钛合金的同素异构转变温度随着加入的合金元素的种类和数量的不同而变化。工业纯钛的再结晶温度为550℃~650℃。

工业纯钛中的杂质有H_2、O_2、Fe、Si、C、N_2等。其中O、N、C与Ti形成间隙固溶体，Fe、Si等元素与Ti形成置换固溶体，起固溶强化作用，显著提高钛的强度和硬度，降低其塑性和韧性。H以置换方式固溶于Ti中，微量的H即能使Ti的韧性急剧降低，增大缺口敏感性，并引起氢脆。

工业纯钛根据杂质（主要是氧和铁）含量以及强度差别分为TA1、TA2、TA3几个牌号。随着工业纯钛牌号的顺序数字增大，杂质含量增加，强度增加，塑性降低。

钛的主要物理性能如表5-33所示。钛及钛合金的比强度很高，是很好的热强合金材料。钛的热膨胀系数很小，在加热和冷却时产生的热应力较小。钛的导热性差，摩擦系数大，其切削、磨削加工性能和耐磨性较差。

表5-33 钛的主要物理性能（20℃）

密度/ $g\cdot cm^{-3}$	熔点/ ℃	比热容/ $[J\cdot(kg\cdot K)^{-1}]$	热导率/ $[J\cdot(m\cdot s\cdot K)^{-1}]$	电阻率/ $(\mu\Omega\cdot cm^{-1})$	热膨胀系数/ $(K^{-1}\times10^{-6})$	弹性模量/ $(MPa\times10^{-5})$
4.5	1668	522	16	42	8.4	16

工业纯钛具有良好的耐腐蚀性、塑性、韧性和焊接性。其板材和棒材可用于制造350℃以下工作的零件，如飞机蒙皮、隔热板、热交换器、化学工业中的耐蚀结构等。

2. 钛合金

工业纯钛的强度不高，但加入合金元素后可使钛合金强度、塑性、抗氧化性等显著提高，同时相变温度和结晶组织也发生相应的变化。

钛合金根据其退火组织分为三大类：α钛合金、β钛合金和α+β钛合金。其牌号分别以T加A、B、C和顺序数字表示。TA4～TA10表示α钛合金，TB2～TB4表示β钛合金，TC1～TC12表示α+β钛合金。表5－34为钛及钛合金的主要牌号及化学成分。表5－35为常用钛及钛合金的力学性能。

表5－34　钛及钛合金的主要牌号及化学成分

合金牌号	合金组分	主要化学成分/%					杂质/%，不大于				
		w_{Ti}	w_{Al}	w_{Sn}	w_{V}	w_{Mn}	w_{Fe}	w_{C}	w_{N}	w_{H}	w_{O}
TA1	工业纯钛	基	—	—	—	—	0.25	0.10	0.03	0.015	0.20
TA2	工业纯钛	基	—	—	—	—	0.30	0.10	0.05	0.015	0.25
TA3	工业纯钛	基	—	—	—	—	0.40	0.10	0.05	0.015	0.30
TA4	Ti－3Al	基	2.0～3.3	—	—	—	0.30	0.10	0.05	0.015	0.15
TA6	Ti－5Al	基	4.0～5.5	—	—	—	0.30	0.10	0.05	0.015	0.15
TA7	Ti－5Al－2.5Sn	基	4.0～6.0	2.0～3.0	—	—	0.50	0.10	0.05	0.015	0.20
TC1	Ti－2Al－1.5Mn	基	1.0～2.5	—	—	0.7～2.0	0.30	0.10	0.05	0.012	0.15
TC2	Ti－4Al－1.5Mn	基	3.5～5.0	—	—	0.8～2.0	0.30	0.10	0.05	0.012	0.15
TC3	Ti－5Al－4V	基	4.5～6.0	—	3.5～4.5	—	0.30	0.10	0.05	0.015	0.15
TC4	Ti－6Al－4V	基	5.5～6.8	—	3.5～4.5	—	0.30	0.10	0.05	0.015	0.20

表5－35　常用钛及钛合金的力学性能

合金系	合金牌号	材料状态	板材厚度/mm	室温力学性能（不小于）			
				抗拉强度 σ_b/MPa	伸长率 δ_5/%	规定残余伸长应力 $\sigma_{r0.2}$/MPa	弯曲角 α/（°）
工业纯钛（α型）	TA1	退火	0.3～2.0 2.1～10.0	370～530	40 30	250	140 130
钛铝合金（α型）	TA6	退火	0.8～2.0 2.1～10.0	685	15 12	—	50 40
钛铝锡合金（α型）	TA7	退火	0.8～2.0 2.1～10.0	735～930	20 12	685	50 40
钛铝钼铬合金（β型）	TB2	淬火 淬火和时效	1.0～3.5	≤980 1320	20 8	—	120

续表

合金系	合金牌号	材料状态	板材厚度/mm	室温力学性能（不小于）			
				抗拉强度 σ_b/MPa	伸长率 δ_5/%	规定残余伸长应力 $\sigma_{r0.2}$/MPa	弯曲角 α / (°)
钛铝锰合金（α+β型）	TC1	退火	0.5~2.0	590~735	25	—	70
			2.1~10.0		20		60
钛铝钒合金（α+β型）	TC4	退火	0.8~2.0	895	12	830	35
			2.1~10.0		10		30

（1）α钛合金。是通过加入α稳定元素Al和中性元素Sn、Zr等固溶强化而形成的。α钛合金有时也加入少量的β稳定元素，因此α钛合金又分为由α单相组成的α钛合金、β稳定元素质量分数小于20%的α钛合金和能够时效强化的α钛合金（如 w_{Cu} <2.5%的Ti-Cu合金）。

α钛合金中的主要合金元素是Al，Al溶入钛中形成α固溶体，从而提高再结晶温度。含 w_{Al} =5%的钛合金，再结晶温度从600℃提高到800℃；耐热性和力学性能也有所提高。Al还能扩大氢在钛中的溶解度，减小氢脆敏感性。但Al的加入量不宜过多，否则易出现 Ti_3Al 相而引起脆性，通常Al的质量分数不超过7%。

α钛合金具有高温强度高、韧性好、抗氧化能力强、焊接性好、组织稳定等特点，比工业纯钛强度高，但加工性能较β和α+β钛合金差。α钛合金不能进行热处理强化，但可通过600℃~700℃的退火处理消除加工硬化；或通过不完全退火（550℃~650℃）消除焊接时产生的应力。

（2）β钛合金。β钛合金的退火组织完全由β相构成。β钛合金含有很高比例的β稳定化元素，使马氏体转变β→α进行得很缓慢，在一般工艺条件下，组织几乎全部为β相。通过时效处理，β钛合金的强度可得到提高。β钛合金在单一β相条件下的加工性能良好，并具有加工硬化性能，但室温和高温性能差，脆性大，焊接性较差，易形成冷裂纹，在焊接结构中应用的较少。

（3）α+β钛合金。α+β钛合金的组织是由α相和β相两相组织构成的。α+β钛合金中含有α稳定元素Al，同时为了进一步强化合金，添加了Sn、Zr等中性元素和β稳定元素，其中β稳定元素的加入量其质量分数通常不超过6%。

α+β钛合金兼有α和β钛合金的优点，即具有良好高温变形能力和热加工性，可通过热处理强化得到高强度。但是，随着α相比例的增加，加工性能变差；随着β相比例增加，焊接性变差。α+β钛合金退火状态时断裂韧性高，热处理状态时比强度大，硬化倾向较α和β钛合金大。α+β钛合金的室温、中温强度比 α 钛合金高。由于 β 相溶解氢等杂质的能力较 α 相大，因此，氢对 α + β 钛合金的危害较 α 钛合金小。由于 α + β 钛合金力学性能可在较宽的范围内变化，从而可使其适应不同的用途。

（二）钛及钛合金的焊接性

钛及钛合金具有特定的物理、化学性和良好的性能。为正确制定钛及钛合金的焊接工艺和提高焊接质量，必须深入了解钛及钛合金的焊接性特点。如果仅用焊接接头强度来评价焊接性，那么几乎所有退火状态的钛合金接头强度系数都接近 1，难分优劣。因此往往采用焊接接头的韧、塑性和获得无缺陷焊缝的难易程度来评价钛及钛合金的焊接性。

1. 焊接接头区的脆化

钛及钛合金焊接区易受气体等杂质的污染而产生脆化。造成脆化的主要元素有 O_2、N_2、H_2、C 等。常温下钛及钛合金比较稳定。但随着温度的升高，钛及钛合金吸收 O_2、N_2、H_2的能力也随之明显上升，如图 5－18 所示。由图可见，Ti 从 250℃开始吸收氢，从 400℃开始吸收氧，从 600℃开始吸收氮。

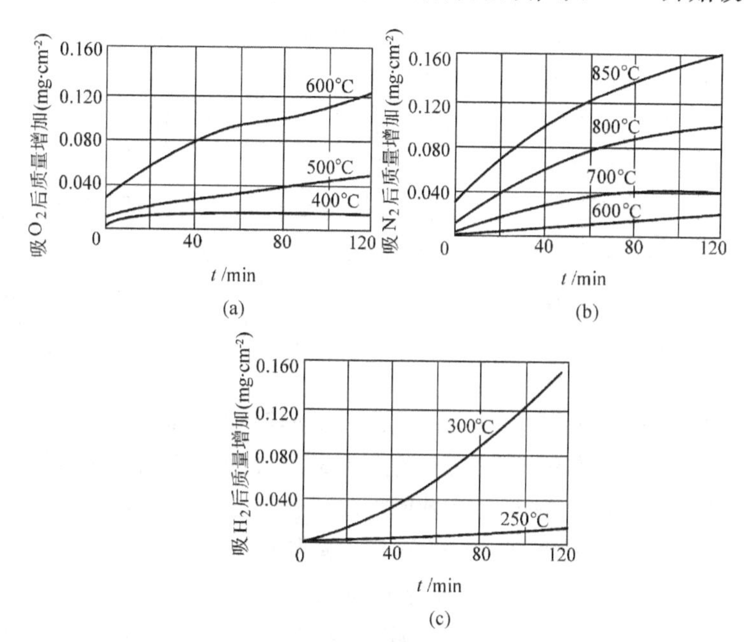

图 5－18　钛吸收氧、氮、氢的强烈程度与温度时间的关系

（质量增加是用试件单位面积上增加的毫克表示）

2. 焊接区裂纹倾向

（1）热裂纹。由于钛及钛合金中含 S、P、C 等杂质较少，很少有低熔点共晶在晶界处生成，而且结晶温度区间很窄，焊缝凝固时收缩量小，因此热裂纹敏感性低。但当母材和焊丝质量差，特别是当焊丝有裂纹、夹层等缺陷时，会在夹层和裂纹处积聚有害杂质而使焊缝产生热裂纹。

（2）冷裂纹。当焊缝含氧、氮量较高时，焊缝性能变脆，在较大的焊接应力作用下，会出现裂纹，这种裂纹是在较低温度下形成的。

在焊接钛合金时，热影响区有时也会出现延迟裂纹，这种裂纹可以延迟到几小时、几天甚至几个月后发生。氢是引起延迟裂纹形成的主要原因。TC1钛合金焊接热影响区氢含量明显提高，是由于氢由高温熔池向较低温度的热影响区扩散的结果。氢含量提高使该区析出 TiH_2 量增加，增大热影响区的脆性。另外，析出氢化物时体积膨胀引起较大的组织应力，再加之氢原子向该区的高应力部位扩散及聚集，以致最后形成裂纹。防止延迟裂纹的办法，主要是减少焊接接头处氢的来源，必要时可进行真空退火处理，以减少焊接接头的氢含量。

3. 焊缝气孔

气孔是钛及钛合金焊接中较常见的缺陷，O_2、N_2、H_2、CO_2、H_2O 都可能引起气孔。影响焊缝中气孔产生的主要因素包括材质和工艺因素两个方面。

（1）材质的影响。主要是氩气及母材、焊丝中的不纯气体，如 O_2、H_2、N_2、H_2O 等。氩气及母材、焊丝中含 H_2、O_2 及 H_2O 量提高，会使焊缝气孔明显增加。N_2 对焊缝气孔的影响较弱。

材质表面对生成气孔也有影响。钛板及焊丝表面常受到外部杂质的污染，包括水分、油脂、氧化物（常带有结晶水）、含碳物质、砂粒、磨料质点（表面用砂轮磨后或砂纸打磨后的残余物）、有机纤维及吸附的气体等。这些杂质对钛及钛合金焊缝气孔的生成都有一定的影响，特别是对接端面处的表面污染对气孔形成的影响更为显著。

（2）工艺因素的影响。氢是钛及钛合金焊接时形成气孔的主要气体。通过增氢处理及真空减氢处理改变焊丝及母材中含氢量变化，或通过在氩气中加入不同量的氢气时，焊缝含氢量增加，气孔数量随之也增加。这是工件及焊丝表面的水汽及结晶水等引起的气孔，主要是由于氢的作用（$Ti+2H_2O \rightarrow TiO_2+2H_2$）；另一原因是高熔点的磨料质点及氧化物能作为形成气泡的核心，促使气孔的生成；氧参与的化学反应生成的 CO 及 H_2O 等也是生成气孔的原因。

焊接熔池存在时间很短时，因氢的扩散不充分，即使有气泡核存在，也来不及长大形成气泡；熔池存在时间逐渐增长后，氢向气泡核扩散，使形成宏观气泡的条件变得有利，于是焊缝气孔逐渐增多，直到出现最大值；此后再延长熔池存在时间，气泡逸出熔池的条件变得有利，故进一步增长熔池存在时间，气孔将逐渐减少。

工件表面不清理状态下进行对接氩弧焊（无间隙或间隙很小）时焊缝有大量气孔，但在同样不清理的板材上进行堆焊时，一般不产生气孔。对接间隙增大时，气孔也相应减少。这表明，紧密接触的对接端面表面层是形成气孔的重要原因。

焊缝中的气孔不仅造成应力集中，而且使气孔周围金属的塑性降低，甚至导致整个焊接接头的断裂破坏，因此须严格控制气孔的生成。防止焊接区气孔产生的关键是杜绝气体的来源，防止焊接区被污染，通常采取以下措施：

1）严格限制原材料中氢、氧、氮等杂质气体的含量；采用机械方法加工坡口端面，并除去剪切痕迹；焊前仔细清除焊丝、母材表面的氧化膜及油污等；或焊前对焊丝进行真空去氢处理来改善焊丝的含氢量和表面状态。

2）尽量缩短焊件清理后到焊接的时间间隔，一般不要超过2h。否则要妥善保存焊件，以防吸潮。

3）正确选择焊接参数，延长熔池停留时间，以便于气泡的逸出；控制氩气流量，防止紊流现象。

4）采用真空电子束焊或等离子弧焊；采用纯度大于99.99%的低露点氩气；焊炬上通氩气的管路不宜采用橡胶管，以尼龙软管为好。

（三）钛及钛合金的焊接工艺

1. 焊接方法及焊接材料

钛及钛合金的性质活泼，溶解氮、氢、氧的能力很强，常规的焊条电弧焊、气焊、CO_2气体保护焊不适用于钛及钛合金的焊接。用于钛及钛合金的主要焊接方法及其特点见表5－36。应用最多的是钨极氩弧焊和熔化极氩弧焊。等离子弧焊、电子束焊、钎焊和扩散焊等也有应用。

表5－36　钛及钛合金的主要焊接方法及其特点

焊接方法	特　点
钨极氩弧焊	1）可以用于薄板及厚板的焊接，板厚3mm以上时可以采用多层焊 2）熔深浅，焊道平滑 3）适用于修补焊接
熔化极氩弧焊	1）熔深大，熔敷量大 2）飞溅较大 3）焊缝外形较钨极氩弧焊差

续表

焊接方法	特点
等离子弧焊	1）熔深大 2）10mm 的厚板可以一次焊成 3）手工操作困难
电子束焊	1）熔深大，污染少 2）焊缝窄，热影响区小，焊接变形小 3）设备价格高
扩散焊	1）可以用于异种金属或金属与非金属的焊接 2）形状复杂的工件可以一次焊成 3）变形小

钛及钛合金焊接时的填充金属与母材的成分相似。为了改善接头的韧性和塑性，有时采用强度低于母材的填充材料，例如，用工业纯钛（TA1、TA2）作填充材料焊接 TA7 和厚度不大的 TC4，一般采用纯氩（$w_{Ar} \geqslant 99.99\%$）作保护气体，只有在深熔焊和仰焊位置焊接时才用氦气，前者为增加熔深，后者为改善保护。

2. 焊前准备

（1）焊前清理。焊接前应认真清理钛及钛合金坡口及其附近区域。清理不彻底时，会在焊件和焊丝表面形成吸气层，导致焊接接头形成裂纹和气孔。

1）采用剪切、冲压和切割下料的工件需对其接头边缘进行机械清理。对焊接质量要求不高或酸洗有困难的焊件，如在 600℃以上形成的氧化皮很难用化学方法清除，这时可用细砂布或不锈钢丝刷擦刷，或用硬质合金刮刀刮削待焊边缘去除表面氧化膜，刮削深度约 0.025mm。采用气割下料的工件，机械加工切削层的厚度应不小于 1～2mm。然后用丙酮或乙醇、四氯化碳或甲醇等溶剂去除坡口两侧的有机物及油污等。除油时使用厚棉布、毛刷或人造纤维刷刷洗。

焊前经过热加工或在无保护情况下热处理的工件，需进行清理。通常采用喷丸或喷沙方法清理表面，然后进行化学清理。

2）化学清理。钛板热轧后已经过酸洗，但存放较久又生成新的氧化膜时，可将钛板浸泡在体积分数为（2～4）% HF +（30～40）% HNO_3 + H_2O（余量）的溶液中 15～20min，然后用清水冲洗干净并烘干。

热轧后未经酸洗的钛板，由于氧化膜较厚，应先进行碱洗。碱洗时，将钛板浸泡在含烧碱 80%、碳酸氢钠 20% 的浓碱水溶液中 10～15min，溶液的温度保持 40℃～50℃。碱洗后取出冲洗，再进行酸洗。酸洗液的配方为：每升溶液中硝酸 55 ~ 60mL、盐酸 340 ~ 350mL、氢氟酸 5mL。酸洗时间为 10 ~ 15min。取出后用热水、冷水冲洗，并用白布擦拭、晾干。

经酸洗的焊件、焊丝应在 4h 内焊接，否则要重新酸洗。焊丝可放在温度为 150℃ ~ 200℃的烘箱内保存，随取随用，取焊丝应戴洁净的白手套，以免污染焊丝。

（2）坡口的制备与装配。钛及钛合金 TIG 焊的坡口形式及尺寸见表 5 - 37。搭接接头由于背面保护困难，尽可能不采用。母材厚度小于 2.5mm 的不开坡口对接接头，可不添加填充焊丝进行焊接。厚度大的母材需开坡口并添加填充金属，尽量采用平焊。钛板的坡口加工时应采用刨、铣等冷加工工艺，以减小热加工时容易出现的坡口边缘硬度增高现象。

表 5 - 37　钛及钛合金 TIG 焊的坡口形式及尺寸

<table>
<tr><th rowspan="2">坡口形式</th><th rowspan="2">板厚 δ/mm</th><th colspan="3">坡口尺寸</th></tr>
<tr><th>间隙/mm</th><th>钝边/mm</th><th>角度 α/(°)</th></tr>
<tr><td rowspan="2">不开坡口</td><td>0.25 ~ 2.3</td><td>0</td><td>—</td><td>—</td></tr>
<tr><td>0.8 ~ 3.2</td><td>0 ~ 0.1δ</td><td>—</td><td>—</td></tr>
<tr><td rowspan="2">V 形</td><td>1.6 ~ 6.4</td><td rowspan="5">0 ~ 1.0δ</td><td rowspan="5">0.1 ~ 0.25δ</td><td>30 ~ 60</td></tr>
<tr><td>3.0 ~ 13</td><td>30 ~ 90</td></tr>
<tr><td>X 形</td><td>6.4 ~ 38</td><td>30 ~ 90</td></tr>
<tr><td>U 形</td><td>6.4 ~ 25</td><td>15 ~ 30</td></tr>
<tr><td>双 U 形</td><td>19 ~ 51</td><td>15 ~ 30</td></tr>
</table>

3. 焊接工艺及参数

（1）钨极氩弧焊。钨极氩弧焊是钛及钛合金最常用的方法，用于焊接厚度 3mm 以下的薄板，分为敞开式焊接和箱内焊接两种。敞开式焊接是在大气环境中施焊，利用焊枪喷嘴、拖罩和背面保护装置通以适当流量的 Ar 或 Ar + He 混合气体，把焊接高温区与空气隔开，以防止空气侵入而沾污焊接区的金属，这是一种局部气体保护的焊接方法。当焊件结构复杂，难以实现拖罩或背面保护时，应采用箱内焊接。箱体在焊接前先抽真空，然后充 Ar 或 Ar + He 混合气体，焊件在箱体内的惰性气氛下施焊，是一种整体气体保护的焊接方法。

1）氩气流量。氩气流量的选择以达到良好的焊接表面色泽为准，过大的流量不易形成稳定的气流层，而且增大焊缝的冷却速度，容易在焊缝表面出现钛马氏体。拖罩中的氩气流量不足时，接头表面呈现不同的氧化色泽；流量过大时，将对主喷嘴气流产生干扰。焊缝背面的氩气流量过大也会影响正面第一层焊缝的气体保护效果。

2）气体保护。钛及钛合金对空气中的氧、氮、氢等气体具有很强的亲和力，因此须在焊接区采取良好的保护措施，以确保焊接熔池及温度超过350℃的热影响区正反面与空气隔绝。钛及钛合金 TIG 焊的保护措施及特点见表5－38。

表5－38 钛及钛合金 TIG 焊的保护措施及特点

类别	保护位置	保护措施	用途及特点
局部保护	熔池及其周围	采用保护效果好的圆柱形或椭圆形喷嘴，相应增加氩气流量	适用于焊缝形状规则、结构简单的焊件，操作方便，灵活性大
	温度≥400℃的焊缝及热影响区	1）附加保护罩或双层喷嘴 2）焊缝两侧吹氩 3）适应焊件形状的各种限制氩气流动的挡板	
	温度≥400℃的焊缝背面及热影响区	1）通氩垫板或焊件内腔充氩 2）局部通氩 3）紧靠金属板	
充氩气保护	整个工件	1）柔性箱体（尼龙薄膜、橡胶等），采用不抽真空多次充氩的方法提高箱体内的氩气纯度。但焊接时仍需喷嘴保护 2）刚性箱体或柔性箱体附加刚性罩，采用抽真空（10^{-2}～10^{-4}Pa）再充氩的方法	适用于结构形状复杂的焊件，焊接可达性较差
增强冷却	焊缝及热影响区	1）冷却块（通水或不通水） 2）用适用焊件形状的工装导热 3）减小热输入	配合其他保护措施以增强保护效果

为了改善焊缝金属的组织，提高焊缝和热影响区的性能，可采用增强焊缝冷却速度的方法，即在焊缝两侧或焊缝反面设置空冷或水冷铜压块。已脱离喷嘴保护区，但仍在350℃以上的焊缝及热影响区表面，仍需继续保护。通常采用通有氩气流的拖罩。拖罩的长度可根据焊件形状、板厚、工艺参数等确定，但要使温度处于350℃以上的焊缝及热影响区金属得到充分的保护。

3）工艺参数。钛及钛合金焊接参数的选择，既要防止焊缝在电弧作用下不发生晶粒粗化，又要避免焊后冷却过程中形成脆硬组织。钛及钛合金焊接有晶粒粗化的倾向，尤以β钛合金最为显著。所以应采用较小的焊接热输入。如果热输入过大，焊缝容易被污染而形成缺陷。

表5－39是钛及钛合金手工 TIG 焊的工艺参数，适用于对接焊缝及环焊缝。一般采用具有恒流特性的直流弧焊电源，直流正接，以获得较大的熔深和较窄的熔宽。已加热的焊丝也应处于气体的保护之下。多层焊时，应保持层间温度尽可能的低，等到前一层焊道冷却至室温后再焊下一道焊缝，以防止过热。

表5-39　钛及钛合金手工TIG焊的工艺参数

板厚/mm	坡口形式	钨极直径/mm	焊丝直径/mm	焊接层数	焊接电流/A	氩气流量/(L·min^{-1})			喷嘴孔径/mm	备注
						主喷嘴	拖罩	背面		
0.5~1.5 2.0~2.5	I型坡口对接	1.5~2.0 2.0~3.0	1~2 1~2	1 1	30~80 80~120	8~12 12~14	14~16 16~20	6~10 10~12	10~12 12~14	对接接头的间隙为0.5mm，不加钛丝时的间隙为1.0mm
3~4 4~6 7~8	V形坡口对接	3.0~4.0 3.0~4.0 4.0	2~3 2~4 3~4	1~2 2~3 3~4	120~150 130~160 140~180	12~16 14~16 14~16	16~25 20~26 25~28	10~14 12~14 12~14	14~20 18~20 20~22	坡口间隙2~3mm，钝边0.5mm。焊缝反面加钢垫板，坡口角度60°~65°
10~13 20~22 25~30	对称双Y形坡口	4.0 4.0 4.0	3~4 3~4 3~5	4~8 10~16 12~18	160~240 200~250 200~260	14~16 15~18 16~18	18~24 20~38 26~30	12~14 18~26 20~26	20~22 20~22 20~22	坡口角度60°，钝边1mm；坡口角度55°，钝边1.5~2.0mm。间隙1.5mm

厚度0.1~2.0mm的纯钛及钛合金板材、对焊接热循环敏感性强的钛合金以及薄壁钛管焊接时，宜采用脉冲氩弧焊。这种方法可成功地控制钛焊缝的成形，减少焊接接头过热和粗晶倾向，提高焊接接头的塑性。而且焊缝易于实现单面焊双面成形，获得质量高、变形小的焊接接头。

4）焊后热处理。钛及钛合金接头在焊后存在很大的残余应力，如果不及时消除，会引起冷裂纹，增大接头对应力腐蚀开裂的敏感性，因此焊接后须进行消除应力处理。处理前，焊件表面必须进行彻底的清理，然后在惰性气氛中进行热处理。几种钛及钛合金焊后热处理的工艺参数见表5-40。

表5-40　钛及钛合金焊后热处理的工艺参数

材料	工业纯钛	TA7	TC4	TC10
加热温度/℃	482~593	533~649	538~593	482~649
保温时间/h	0.5~1	1~4	2~1	1~4

（2）熔化极氩弧焊（MIG）。对于钛及钛合金厚板，采用熔化极氩弧焊（MIG）可减少焊接层数，提高焊接速度和生产率。MIG焊是细颗粒过渡，填充金属受污染的可能性大，因此对保护的要求较TIG焊更严格。此外，MIG焊飞溅较大，影响焊缝成形和保护效果。

MIG焊时的填丝较多，焊接坡口角度较大。厚度15~25mm的板材，可选用90°单面V形坡口。钨极氩弧焊的拖罩可用于MIG焊，但由于MIG焊焊速高、高温区长，拖罩应加长，并采用流动水冷却。MIG 焊时焊材的选择与 TIG 焊相同，但对气体纯度和焊丝表面清洁度的要求更高。表5－41是TC4钛合金 MIG 焊的工艺参数。

表 5－41　TC4 钛合金 MIG 焊的工艺参数

材料	焊丝直径/mm	焊接电流/A	电弧电压/V	焊接速度/(cm·s⁻¹)	送丝速度/(cm·s⁻¹)	焊枪至工件距离/mm	坡口形式	氩气流量/(L·min⁻¹)		
								焊枪	拖罩	背面
纯钛	1.6	280～300	30～31	1	14.4	27	Y形70°	20	20～30	30～40
钛合金	1.6	280～300	31～32	0.8	14.4	25	Y形70°	20	20～30	30～40

（3）等离子弧焊。等离子弧焊具有能量密度高、热输入大、效率高的特点，适用于钛及钛合金的焊接。液态钛的表面张力大、密度小，有利于采用小孔法等离子弧焊。采用小孔法可以一次焊透厚度5～15mm的板材，并可有效防止气孔的产生。熔透法适合于焊接各种板厚，但一次焊透的厚度较小，3mm 以上的厚板一般需开坡口。

等离子弧焊的工艺参数见表5－42。TC4 钛合金 TIG 焊和等离子弧焊接头的力学性能见表5－43，表中 TIG 焊采用 TC3 作填充焊丝，等离子弧焊不填充焊丝。焊接接头拉伸试样都断在过热区。从表5－43可见两种焊接方法的接头强度均达到母材的93%，等离子弧焊的接头塑性可达到母材的70%左右，TIG 焊只有50%左右。

表 5－42　钛及钛合金等离子弧焊的工艺参数

厚度/mm	喷嘴孔径/mm	焊接电流/A	电弧电压/V	焊接速度/(cm·s⁻¹)	送丝速度/(cm·s⁻¹)	焊丝直径/mm	氩气流量/(L·min⁻¹)			
							离子气	保护气	拖罩	背面
0.2～1.0	0.8～1.5	5～35	16～18	0.2～0.4	—	—	0.25～0.5	10～12	—	2
3～6	3.0	150～160	24～30	0.6～0.5	1.6～1.9	1.6	4～7	15～25	20～25	6～15
8～10	3.0～3.5	170～230	30～38	0.5～0.25	2～1.2	1.6	6～7	25	25	15

注：电源极性为直流正接，坡口形式为I形。厚度 $\delta < 4$mm 的采用熔透法焊接，其余采用小孔法。

表5-43　TC4合金焊接接头的力学性能

焊接方法	抗拉强度/MPa	屈服强度/MPa	伸长率/%	断面收缩率/%	冷弯角/(°)
等离子弧焊	1 005	954	6.9	21.8	53.2
钨极氩弧焊	1 006	957	5.9	14.6	6.5
母材	1 072	983	11.2	27.3	16.9

纯钛等离子弧焊的气体保护方式与TIG焊相似，可采用拖罩，但随着板厚的增加和焊速的提高，拖罩要加长，使处于350℃以上的金属得到良好的保护。背面垫板上的沟槽尺寸一般宽深各2~3mm即可，同时背面保护气流的流量也要增加。厚度15mm以上的钛材焊接时，一般开6~8mm钝边的V形或U形坡口，用小孔法封底，然后用熔透法填满坡口。氩弧焊封底时，钝边仅1mm左右。用等离子弧焊封底可减少焊道层数，减少填丝量和焊接角变形，并能提高生产率。熔透法多用于厚度3mm以下的薄件，比TIG焊容易保证焊接质量。等离子弧焊时易产生咬边缺陷，可采用加填充焊丝或加焊一道装饰焊缝的方法消除。

(四) 典型案例——钛及钛合金板对接钨极氩弧焊

钛合金TA7（$\delta=8$mm）对接焊手工钨极氩弧焊焊接。

1. 焊前清理

(1) 机械清理。焊前用细纱布或不锈钢丝刷擦拭焊件和焊丝，最好是用硬质合金刮刀刮削钛板待焊区边缘，刮深0.025mm去除表面氧化膜。如果焊前经过热加工或在无保护气体的情况下热处理的工件，需要进行喷丸或喷砂处理清除焊接区的污物和氧化皮等，然后进行化学清理。

(2) 化学清理。热轧后未经酸洗的钛板氧化膜较厚，应将焊件及焊丝先进行碱洗再进行酸洗（见表5-44和表5-45）；热轧后已经酸洗但由于存放较久又生成新的氧化膜的钛板，可直接进行酸洗（见表5-46）。酸洗后的焊件、焊丝应在4h内焊完，否则要重新酸洗，焊丝放在温度为150℃~200℃的烘箱内保存，随取随用，取焊丝要戴洁净的白手套，以免污染焊丝。

2. 焊接设备的选择

TA7板氩弧焊应选用具有下降外特性、高频引弧的直流氩弧焊电源。

3. 坡口形式选择

试件开钝边V形坡口，坡口角度60°~70°，钝边高度0.5~1.0mm。随着焊接层数的增多，焊缝累计吸气量增加，以至影响焊接接头性能，焊接时尽量减少焊接层数和焊缝金属填充量。因此8mm厚的TA7板焊接层数选3层比较合适。

表 5-44 钛合金 TA7 的碱洗溶液配方

碱洗溶液配方	碱洗工艺
烧碱 70%~80%、碳酸氢钠 10%~20% 的浓碱水溶液	溶液温度 40℃~50℃；浸泡时间 10~15min；碱洗后冲洗，进行酸洗

表 5-45 钛合金 TA7 的酸洗溶液配方

酸洗溶液配方	酸洗工艺
每升溶液中，硝酸 55~60mL，盐酸 340~350mL，氢氟酸 5mL	室温下浸泡；浸泡时间 10~15min；酸洗后清水冲洗，烘干

表 5-46 钛合金 TA7 的酸洗溶液配方

酸洗溶液配方	酸洗工艺
氢氟酸 2%~4%，硝酸 30%~40% 的水溶液	室温下浸泡；浸泡时间 15~20min；酸洗后清水冲洗

4. 定位焊要求

为了使焊接过程顺利进行，同时减少焊接变形，焊前必须进行定位焊，要求焊缝间隙留 1~2mm，定位焊间距为 100~150mm，长度为 10~15mm。定位焊所用的焊丝、焊接工艺参数及气体保护条件应与正式焊接时相同。

5. 焊接材料选择

（1）氩气。TA7 钨极氩弧焊使用一级氩气，纯度不低于 99.99%，露点在 -40℃以下，杂质总的质量分数小于 0.02%，相对湿度小于 5%。当氩气瓶中的压力降至 0.98MPa 时，应停止使用，以防止影响焊接接头质量。

（2）焊丝。钛板焊接时原则上应选择与基本金属成分相同的钛丝，但 TA7 板焊接为了提高焊缝金属的塑性，经常采用纯钛焊丝。同时要保证焊丝中的杂质含量应比母材金属低，表面不得有烧皮、裂纹、氧化色、非金属夹杂等缺陷。

6. 气体保护措施

钛及钛合金焊接时，不仅要保护焊缝区和熔池区，并且对加热温度超过 400℃的热影响区和焊缝背面也要进行保护，一般背面有专人用拖罩跟随熔池进行保护，所以只要背面空间够大，保护就不成问题，不过有时候为适应不同结构形式，拖罩的形状要仔细选择，必要时专门制作。如果背面空间较小可以考虑整个工件充氩保护，焊前应提前 10~15s 送气，断弧及焊缝收尾时，要继续通氩气保护，直到焊缝及热影响区金属冷却到 350℃以下时方可移开焊枪。避免焊接接头遭受到氧化、污染。

7. 焊接工艺参数选择

（1）通过对不同工艺下的焊接接头性能对比，摸索出较合适的焊接工艺规范。理论上讲8mm厚钛合金钨极氩弧焊焊接电流应在140～180A，但在这个范围焊接经常使焊接接头表面呈现出深蓝、暗灰色，说明接头氧化较严重。同时力学性能弯曲试验出现不合格现象，说明焊接接头塑性显著降低，达不到技术要求。这是因为钛合金焊接时，都有晶粒粗大倾向，直接影响到焊接接头的力学性能。因此焊接工艺参数的选择不仅要考虑到焊缝金属氧化及形成气孔问题，还应考虑晶粒粗化因素，所以应尽量采用较小的焊接热输入。在实际焊接中，8mm厚TA7板钝边V形坡口焊接需要焊接3层，每一层焊接电流应有区别，第一层的根部焊接要防止烧穿，焊接电流适当小一些，后面两层为了提高生产率且保证熔透，可逐层提高焊接电流。工艺参数见表5－47。

表5－47　TA7钛板（$\delta=8$mm）钨极氩弧焊工艺参数选择

钨极直径/mm	焊丝直径/mm	焊接电流/A			氩气流量/L·min^{-1}			喷嘴孔径/mm
		根部	2层	盖面	主喷嘴	托罩	背面	
3.0	2.0	100	115	125	15	24	12	18

（2）气体流量的选择。气体流量以达到良好的保护效果为准，过大的流量不易形成稳定的层流，并增大焊缝的冷却速度，使焊缝表面层出现较多的α相，以至引起微裂纹。拖罩中的氩气流量不足时，焊缝呈现出不同的氧化色泽；而流量过大时，将对主喷嘴的气流产生干扰作用。焊缝背面的氩气流量也不能太大，否则会影响到正面第一层焊缝的气体保护效果。按以上参数施焊，焊缝表面呈银白、浅黄色，说明保护效果良好，X射线探伤合格；力学性能弯曲试验、拉伸强度试验也符合要求，焊接接头各项指标达到技术条件。

8. 焊后热处理

钛合金的接头在焊接后存在着很大的残余应力，如果不消除，将会引起冷裂纹，增大应力腐蚀开裂的敏感性，降低接头的疲劳强度，因此焊后必须进行消除应力处理。TA7钛板通常采用焊后退火处理，退火温度533℃～649℃，保温时间1～4h。

9. 焊后检查

对钛合金焊接部位进行目视检查，主要是为了评估气体保护的好坏。当表面呈银白色时，表示气体保护非常好；而当表面为浅黄色或深黄色，表示钛合金受到轻微污染，但仍然还是可以接受的；表面为深蓝色、金色或灰色时表示污染严重，几乎不可能使用。对于比较重要的钛合金板，除了目视检查外，还需要进行力学性能试验和射线探伤，以检验结构内部是否存在钛合金焊接时的脆化现象、裂纹和气孔等，从而全面检验产品的合格性。

钛合金焊接时只要严格按照焊接工艺要求施焊，并采取有效的气体保护措施，即可获得质量符合的焊接接头。

思考题

1. 铝及其合金是如何分类的，各以何种途径强化？铝合金焊接时存在什么问题？

2. 铝及其合金焊接时产生气孔的原因是什么，如何防止气孔？

3. 纯铝及不同类型的铝合金焊接应选用什么成分的焊丝比较合理？

4. 焊后热处理对焊接接头性能有什么影响？什么情况下应对铝合金接头进行焊后热处理？

5. 铜及铜合金的物理化学性能有何特点？焊接性如何？不同的焊接方法对铜及铜合金焊接接头质量有什么影响？

6. 分析氩弧焊焊接中等厚度纯铜板的焊接工艺特点。

7. 分析 O_2、H_2、H_2对钛及钛合金焊接接头质量的影响。

8. 分析钛及钛合金焊后焊接接头表面颜色变化的原因及其对焊接接头力学性能的影响。

参考文献

［1］周振丰．焊接冶金学（金属焊接性）［M］．北京：机械工业出版社，2000.

［2］李亚江．特殊及难焊材料的焊接［M］．北京：化学工业出版社，2003.

［3］美国金属学会．金属手册．第6卷焊接与钎焊［M］.8版．北京：机械工业出版社，1984.

［4］中国机械工程学会焊接学会．焊接手册：第2卷材料的焊接［M］.2版．北京：机械工业出版社，2004.

［5］周振丰．金属熔焊原理及工艺（下册）［M］．北京：机械工业出版社，1981.

［6］周振丰．铸铁焊接冶金与工艺［M］．北京：机械工业出版社，2001.

［7］中国机械工程学会，中国材料研究学会，中国材料工程大典编委会．中国材料工程大典：第23卷材料焊接工程［M］．北京：化学工业出版社，2006.

［8］张其枢，堵耀庭．不锈钢焊接［M］．北京：机械工业出版社，2003.

［9］于文辉，吴明清．工字梁焊接［J］．现代焊接，2008（12）.

［10］刘淼，闫军成，白树华.20MnMo大型模锻压机C型特厚板的焊接［J］．大型铸锻件，2010（5）.

［11］杨杰．中碳调质钢齿轮焊接［J］．现代焊接，2010（1）.

［12］刘冬菊，刘德胜，徐楷等.09MnNiDR低温钢压缩机机壳的焊接［J］．焊接，2005（10）.

［13］杨海仁.35CrMo耐热钢的焊接［J］．焊接，1995（3）.

［14］单利，韩光亮.15CrMoR钢板的焊接工艺［J］．焊接技术，2007（2）.

［15］孙国华.1Cr18Ni9Ti不锈钢小径管的焊条电弧焊［J］．焊接技术，2010（1）.

[16] 李卫平．破裂2Cr13不锈钢阀杆补焊工艺［J］．安装，2004（6）．

[17] 赵海鸿，祁励春．00Cr22Ni5Mo3N双相不锈钢焊接工艺研究［J］．焊管，2008（1）．

[18] 高天奇．0Cr18Ni9不锈钢与16Mn法兰的焊接［J］．黑龙江科技信息，2012（4）．

[19] 王新彦．灰铸铁气缸的焊补［J］．热加工工艺，2008（5）．

[20] 张立国．铝合金铁路货车底门的焊接［J］．焊接技术，2012（4）．

[21] 兰现卿，韦玮，谭宏武等．船舶铜质螺旋桨的修复技术［J］．黄河水利职业技术学院学报，2011（1）．

[22] 魏晓棠．钛及钛合金板对接钨极氩弧焊［J］．钛工业进展，2008（6）．